心理统计基础教程

孟迎芳　刘　荣　郭春彦　编著

图书在版编目(CIP)数据

心理统计基础教程/孟迎芳,刘荣,郭春彦编著.—北京:北京大学出版社,2010.9
(21世纪高等院校心理学教材)
ISBN 978-7-301-17710-5

Ⅰ.①心… Ⅱ.①孟… ②刘… ③郭… Ⅲ.①心理统计-高等学校-教材 Ⅳ.①B841.2

中国版本图书馆 CIP 数据核字(2010)第 169161 号

书　　　名:	心理统计基础教程
著作责任者:	孟迎芳　刘　荣　郭春彦　编著
责 任 编 辑:	陈小红
封 面 设 计:	张　虹
标 准 书 号:	ISBN 978-7-301-17710-5/B · 0920
出 版 发 行:	北京大学出版社
地　　　址:	北京市海淀区成府路 205 号　100871
网　　　址:	http://www.pup.cn　电子邮箱:zpup@pup.pku.edu.cn
电　　　话:	邮购部 62752015　发行部 62750672　编辑部 62752021　出版部 62754962
印 刷 者:	河北滦县鑫华书刊印刷厂
经 销 者:	新华书店
	787 毫米×980 毫米　16 开本　20 印张　426 千字
	2010 年 9 月第 1 版　2020 年 10 月第 4 次印刷
印　　　数:	7001—10000 册
定　　　价:	46.00 元

未经许可,不得以任何方式复制或抄袭本书之部分或全部内容。
版权所有,侵权必究
举报电话:010-62752024　电子邮箱:fd@pup.pku.edu.cn

前　言

近年来,应用心理学专业在不同类型本科大学的心理学院系相继建立。适用于应用心理学专业的教材受到关注。北京大学出版社策划了"21世纪高等院校心理学教材系列",目标明确定位于实用性教材,该系列分为两部分,基础课教材突出基础知识的可衔接性,为后面的专业技术学习做好准备;专业课教材突出实用性,为今后就业提供必要的训练。在教材的编写中注意读者本身现有基础知识的储备,尤其是专业课教材,不做过多的理论性内容的介绍,突出实用环境信息,使读者真正掌握使用技能。

心理科学越来越受到社会的广泛重视,从而促进了心理统计学的快速发展,心理统计学的教学水平和手段得到了极大的提高,学生对统计方法的和技术的需求也不断增长。受北京大学出版社陈小红编辑的邀请,首都师范大学郭春彦教授承担组织编写本系列教材之一:《心理统计基础教程》。作为从事心理科学研究的人员来说,在进行研究时,一般的方法是采用实验或调查等方法获得实验数据,即,将一个心理问题转换成数量化的研究。然而,实验与调查中获得的数据特点通常是大量的、随机的、变异的,但具有一定的规律性,这就需要使用统计分析的方法对其进行搜集、整理、分析和推断,从而使事物的特征和规律显现出来,因而心理统计学成为心理专业学生的必修基础课程之一。

但在教学的实践过程中,我们往往会发现,多数学生对心理统计学抱着一种畏难和焦虑的情绪,他们虽然花费很多的时间和精力去学习心理统计,但收效甚微,在面临实际问题时常常手足无措。究其原因,很大程度上是源于统计思想的缺乏,常常纠结于统计公式的简单套用和演算。当然这对于初学统计学的学生来说,是有必要的,但针对统计方法的应用来说,SPSS等统计软件已经将我们从繁重的数学计算中解脱出来,记忆大量的运算公式及其演算过程,已无多大实际意义。对统计学的学习来说,最主要的是掌握统计思想,理解相应的统计原理,能够根据实际情境提出解决问题的一个或几个合适方案,并懂得选择其中的最优方案。

基于此,并结合应用心理学专业的特点,在《心理统计基础教程》一书的编写过程中,突出以下一些特点:

(1)在理论上侧重统计思想、原理和方法,不拘泥于数学证明。在本书中几乎没有冗长的公式推导过程,而是用浅显易懂的语言及样例来描述统计公式的来源与原理。

例如,对方差分析公式的介绍中,主要从变异性的角度切入,有利于学生理解方差分析公式的原理。在抽样分布理论的介绍中,加入中心极限定理,帮助学生理解研究者为何能够从样本数据去推论出总体的数据特征。

(2) 在公式上区分出定义公式和计算公式,减轻学生记忆负担。统计必然涉及公式,有些公式有助于学生理解计算原理,而有些公式只是方便于计算。在本书中我们将这两种公式进行区分,通过定义公式的分析帮助学生理解原理,同时也简单罗列出其他的计算公式,方便学生必要的时候进行手工操作演算。

(3) 在内容选择上,主要偏重实验研究中较为常用的一些统计方法,侧重于实用性。在内容安排上注重衔接性,方便学生理解上下章节之间的联系。并且每章都配有各种题型的练习题,同时提供参考答案,既有助于教师考核学生,也方便学生自行检查学习结果。

在本书的写作过程中,我们参考了国内外多本优秀的统计教材,博采众家之长。但本书不是简单的译或编写,本书的编写者都有着多年的心理统计课程的教学经历,在教学实践的基础上,结合多年的思考和摸索,同时北京大学出版社陈小红编辑也对本书提出了宝贵意见,才有现在编写的这本教程,以期能够为应用心理学专业的学生提供一本合适的教材。虽然本书写作时力求在概念、公式和解释等方面符合专业特点,但由于水平所限,难免有不妥甚至错误之处,恳请读者批评指正。

郭春彦

2010 年于首都师范大学

目 录

1 绪论 ··· (1)
    第一节 心理统计学概述 ·· (1)
    第二节 心理统计学的内容 ··· (4)
    第三节 心理统计基本概念 ··· (5)

第一部分 描述性统计

2 频数分析 ·· (13)
    第一节 数据的整理 ·· (13)
    第二节 频数分布表 ·· (17)
    第三节 频数分布图 ·· (21)

3 集中趋势的度量 ··· (30)
    第一节 众数与中数 ·· (31)
    第二节 算术平均数 ·· (34)
    第三节 平均数与中数、众数的关系 ··· (39)

4 离散趋势的度量 ··· (43)
    第一节 全距、百分位差和四分位差 ··· (44)
    第二节 方差与标准差 ·· (46)
    第三节 标准分数 ··· (53)

5 相关关系 ·· (60)
    第一节 相关概述 ··· (61)
    第二节 积差相关 ··· (64)
    第三节 等级相关与点二列相关 ··· (74)

第二部分 推论性统计

6 概率与概率分布 ··· (87)
    第一节 概率及概率分布概述 ·· (88)

第二节　二项分布 …………………………………………………… (93)
　　第三节　正态分布 …………………………………………………… (98)
7　抽样理论与参数估计 ……………………………………………………… (114)
　　第一节　随机抽样与点估计 ………………………………………… (115)
　　第二节　抽样分布 …………………………………………………… (118)
　　第三节　区间估计 …………………………………………………… (124)
8　单样本的假设检验 ………………………………………………………… (133)
　　第一节　假设检验原理 ……………………………………………… (134)
　　第二节　平均数的显著性检验 ……………………………………… (146)
　　第三节　相关系数的显著性检验 …………………………………… (150)
9　双样本的假设检验 ………………………………………………………… (155)
　　第一节　平均数差异的检验原理 …………………………………… (155)
　　第二节　独立样本的平均数差异检验 ……………………………… (156)
　　第三节　相关样本的平均数差异检验 ……………………………… (161)
　　第四节　方差齐性检验 ……………………………………………… (167)
10　方差分析 ………………………………………………………………… (172)
　　第一节　方差分析基本原理 ………………………………………… (172)
　　第二节　单因素方差分析 …………………………………………… (181)
　　第三节　多因素方差分析简介 ……………………………………… (191)
11　计数数据分析 …………………………………………………………… (203)
　　第一节　χ^2 检验概述 ……………………………………………… (203)
　　第二节　拟合度检验 ………………………………………………… (206)
　　第三节　列联表分析与独立性检验 ………………………………… (210)
12　非参数检验 ……………………………………………………………… (221)
　　第一节　非参数检验概述 …………………………………………… (221)
　　第二节　组间设计的非参数检验 …………………………………… (222)
　　第三节　组内设计的非参数检验 …………………………………… (230)
13　线性回归分析 …………………………………………………………… (241)
　　第一节　一元线性回归模型的建立 ………………………………… (242)
　　第二节　一元线性回归模型的检验 ………………………………… (249)
　　第三节　多元线性回归分析简介 …………………………………… (256)
自测题参考答案 ……………………………………………………………… (261)
附录 …………………………………………………………………………… (275)
主要参考文献 ………………………………………………………………… (313)

1

绪　　论

【评价目标】
1. 掌握心理统计学的概念与性质，了解心理统计学的发展历史。
2. 了解心理统计学要学习的主要内容及其相关的注意事项，掌握心理统计学的基本概念。

第一节　心理统计学概述

一、心理统计学的定义与性质

在心理学的各项研究中，会遇到大量的具有随机性质的数字资料，如何充分利用这些数字资料所提供的信息，如何通过这些数字资料找出一定的规律，得到科学的结论，并用之于实际生活中，指导人们的学习、工作与生活，是摆在所有心理学工作者面前的重要问题。随着近年来心理学知识在人们日常生活中的普及和推广，心理学研究也受到了更加广泛的关注。由于心理研究中收集到的数据一般都是从局部范围内获取的，从局部得到的数据得出一般性的客观规律，则必须要借助于心理统计学所提供的科学方法才能实现，因此，心理统计是心理科学研究的重要科学工具。

什么是心理统计学呢？心理统计学是应用统计学的一个分支，是数理统计的一般原理在心理学领域中的应用，它是研究如何运用统计学原理和方法搜集、整理、分析由心理实验、心理测验等方面获得的数字资料，并以此为根据，进行科学推断，揭示出客观规律的一门科学。

心理统计是心理科学研究领域中使用最广泛的一种量化工具，是一门应用统计学科。与数理统计学相比，心理统计学比较强调数理统计的基本原理在心理研究领域中的应用，对于统计公式的推导和证明等内容不进行详细的讲解，比较重视各种数理统计公式在心理研究中的适用条件。

二、心理统计学的历史与发展

由于心理统计学是统计学基础原理的应用,因此首先介绍有关统计学的发展历史。

1. 统计学的发展历程

统计工作的历史很悠久,早在古埃及时期,法老就曾对全国人口和财产进行过统计和登记。古希腊及罗马时期,许多国家也用统计方法进行人口调查。统计学(statistics)真正的形成则是在19世纪。英语中的"statistics"一词源于拉丁文"status",意为"对各种现象或基本情况进行简单的估量"。意大利人把"status"演变成意大利文"stato",含义为"国家概念、国家机构和国力的总称"。到了18世纪,德国人又将其发展为德文"statistika",即"统计学"。不过当时的统计学多数还没有使用文字陈述,还没有成为真正的科学。后来,英国的数学家配第(William Petty,1623—1687)把德文的"statistika"改成了英文"statistics",意为"专门研究各种数量",它的专用语言形式就是数字。

随着社会经济和社会科学技术的进步,统计学的应用范围日益广泛,且不断地丰富和扩展其自身的知识系统,形成了经济统计学与数理统计学两个系统。数理统计的发展又经历了两个阶段:描述统计学与推论统计学。在统计学不断发展过程中,产生了许多应用分支学科为社会各个领域的科学研究提供了有力的研究手段。

2. 统计在心理研究中的应用

19世纪后,由于心理学的独立,心理学由过去的思辨研究方法转向注重实验、观察等客观的研究方法,开始注重用数据进行分析和推理。

作为一门应用统计分支学科,心理统计基本上随着数理统计的发展而发展,但是,心理学自身的研究需要也对统计技术提出了强烈的要求,在一定意义上推动了统计学的发展。统计学家高尔顿、皮尔逊、斯皮尔曼等人都对积极地将统计方法应用于心理学研究,做出了重大贡献,如将误差理论、相关系数、χ^2检验、因素分析等统计方法应用于心理学中,用来处理心理实验的结果。此后,各国心理学研究人员都相继创设了与心理学有关的研究中心,致力于统计方法在心理学中的应用,如卡特尔、桑代克等人。到了20世纪30年代,各种心理和教育统计专著陆续出版,并且得到了各个高等院校以及研究院所的积极使用,从此统计学在心理和教育领域的应用愈来愈多。

3. 心理统计在中国的应用与发展

辛亥革命后,随着欧美各国的科学技术进入中国,心理统计方法也一并被介绍进来。20世纪20年代后,我国陆续出版了大量的有关心理与教育统计的书籍,如1925年薛鸿志著的《教育统计法》、1930年朱君毅著的《教育统计学》、1935年王书林著的《教育测验与统计》和《心理与教育测量》等,并且同时代出版了众多的国外统计学的翻译书籍。当时中国的许多高等院校都开设了心理与教育统计学的必修课程,因此心理与教育统计学在当时的中国得到了广泛的普及和应用。

20世纪50年代后,由于心理学研究受到了很大的挫折,心理统计也不再受到重视,各所高校也停开心理与教育统计学的相关课程。20世纪80年代后,心理学开始复苏,随之心理与教育统计学也开始受到重视,有关心理统计的书籍开始陆续出版,至今仍然有影响的是张厚粲、孟庆茂著的《心理与教育统计》(1982),郝德元编著的《教育与心理统计》(1982)等。随着各高校对心理学研究的重视,以及对心理与教育统计方法的应用,近年来不断出版了许多的书籍,如《心理与教育统计学》(张厚粲主编,1988)、《心理与教育统计学》(张敏强,1992)、《教育统计学》(王孝玲编著,1993)等。另外,一些方便快捷的统计软件也被介绍进中国,最常见的有SPSS、SAS、STATISTICA等。

三、学习心理统计应注意事项

1. 注重掌握条件性知识

学习心理统计时需要重点掌握各种统计方法使用的条件。由于心理统计中介绍的各种统计方法是在一定的理论假设条件下推导来的,所以在学习和使用时必须注意各种统计方法适用的原假设。例如,t检验的公式的推导,其前提假设就是总体为正态分布、方差相等。因此,在使用t检验时就需要注意数据的总体分布及方差情况是否满足上述条件。除此之外,同样的问题可以使用不同方法解决,但是要注意应该采用最贴切、最能反映数据原始面貌的统计方法。例如,在解决物体之间的相关关系问题时,首先要注意各种相关分析方法的使用条件,积差相关处理的是两列连续数据,两个变量总体都要服从正态分布。不过对于两列连续性的数据资料,也可以转换成等级资料进行计算,也就是使用等级相关分析进行统计,但是需要注意的是,适用于积差相关条件的数据资料转换成等级相关方法来处理,其结果的精确性将会下降。

同样道理,在使用各种测量工具时也要考虑其适用条件,各种不同类型的测验都有其特定的服务目的,其命题内容、范围、难度水平都不同,因此在使用时如果不加以区分的任意使用,就不能达到特定的测验目的。

2. 注重练习

虽然心理统计重在对统计公式的应用,但不要求一定记住所有的计算公式,而是理解所教授的内容,理解各种统计公式的应用。较好地运用各种统计知识,却并不容易,因此在一定程度上说,多做练习,完成一定量的作业,对熟悉和理解统计知识具有较大的促进作用。

虽然当前随着计算机技术和统计软件的发展,很多繁重的统计计算都可以使用统计软件进行处理,但是,自动化的软件使用往往对于初学者理解统计公式及其相应知识并不一定有好处,初学者只有在亲自动手进行手工处理各种数据资料时,才会对心理统计的内容有较深刻的掌握。

3. 注重科研道德

做科学研究首先要注重科研道德,应用统计方法时也是如此。首先,不能仅凭主观经验对教育与心理学中获取的数据资料进行判断，对科学研究过程的处理以及结论的得出，都需要在科学和客观的基础上推导出，不能主观臆断。由于误差的存在，仅凭数字表面的差异作出主观判断，就容易得出错误结论。例如，我们可能会遇到两个数字差异比较大的情况，这种差异可能是由于两组数字之间的真正差异造成的，但也有可能是由于偶然误差造成的（即在本质上没有差异），如果凭主观经验判断就可能得出两者具有较大差异的结论，但是这个结论并不是建立在科学严谨的方法之上，也可能两组表面数值差异很大的资料之间并没有本质上的区别，仅仅是误差带来的差异。因此，我们要建立科学、客观的统计思想，正确地使用统计方法，可以帮助我们发现数据资料中的客观规律，正确地认识客观事物。

但是，另一方面，我们也要正确地认识统计的功能和作用，不能将统计方法的作用扩大化，要清楚统计不是万能的，它不能改变客观事物本来的面貌。因此，切忌滥用统计方法，切忌随意解释统计结果。如果明知道所收集的数据资料不符合相关的统计条件，却硬性使用相关的统计方法进行处理，或者对于实验数据进行任意删改，保留有利于实验假设的数据，这些都是缺少科研道德的表现，是每一位科学工作者都要反对的。

第二节　心理统计学的内容

心理统计学可以按照不同的分类标准，将其研究内容分为不同类别，但是目前多数认可的常见的分类方法是按照心理统计方法的功能进行分类，即将心理统计学的内容划分为描述性统计和推断性统计。

一、描述性统计

描述性统计（descriptive statistics）是对心理实验或者调查中得来的数据进行初步的整理，主要目的是简缩数据和归纳数据，把数据按特征分类，然后绘制成合适的图表，把一堆杂乱无章的数据初步整理成有规律的数据，并计算出这些数据的特征量，揭示它们的本质特征。

描述性统计的具体内容包括数据整理、集中趋势、离散趋势及相关关系。

数据整理主要涉及如何将一些杂乱无章的数据进行分组，并将其绘制成各种统计表与统计图，使之成为人们易懂的形式。统计表和统计图能够初步地描述一组数据的分布情况，是呈现统计资料的最直观的一种形式。

集中趋势是对数据的集中性质或者集中程度进行的描述。集中趋势的统计量主要包括算术平均数、中数、众数、几何平均数、调和平均数等，这些量数都有其各自不同的计算方法，并且其使用条件各不相同。例如，我们最常使用的表达数据集中趋势的是算术平均数，但是算术平均数的使用前提是要求数据具有同质性，数据要全面，不可模糊或缺失，另外极端数据的存在会对算术平均数产生极大影响，因此如果上述条件不满足，就需要采用其他的指标如中数或者众数来描述数据的集中趋势。

离散趋势是对数据的分散程度或变异情况进行的描述。离散趋势的统计量主要包括标准差或方差、全距、四分位差、平均差以及各种百分位差等。这些统计量各有优缺点，计算方法各自不同，在使用时要特别注意这些统计量的适用条件。

相关关系是对一种事物的两种或两种以上属性之间的相互关系进行的描述。相关关系的分析指标包括积差相关、等级相关、质与量相关等，且每类相关都有不同的适用条件，计算方法亦不同。

描述性统计在平时的教育或者心理工作中经常被使用，例如选拔考试中，教育部门需要计算全体考生的平均成绩、优秀率、及格率，以及考试分数的划定等，都要使用描述性统计方法。

二、推断性统计

推断性统计（inferential statistics）是在统计原理基础上，依据抽样样本的信息去估计和推测总体信息。在教育和心理学的研究中，很难做到对所研究问题的总体进行观察，往往只能得到样本的数据信息，因此就需要我们从获得的样本的数据中得到相关信息，并把这些信息合理地推广到应用于总体中去，得出科学的结论。

推断性统计部分要讲授的内容主要包括参数估计和假设检验。当我们在研究中获得样本数据后，如何通过样本提供的信息对总体特征进行估计，就是总体参数估计的内容。参数估计的理论依据是样本分布理论。参数估计包括点估计和区间估计两种方法。推断性统计的另一个内容是假设检验。假设检验所关心的是从样本统计量得出的差异能否做出其总体参数之间存在真正差异的推论，进行这种推论的过程称作假设检验。从样本统计量中得到的差异可能是由于两方面原因造成的，一个是抽样误差造成的差异，另一个则是总体之间存在实质性的差异，那么如何判断是哪种原因带来的差异呢？根据统计学原理，经过检验，如果所得统计量的差异超过了统计学规定的某一个误差限度，则表明这个差异不是由于抽样误差造成的，而是总体之间具有实质性差异。反之，如果统计量的差异没有达到规定限度，说明该差异来自抽样误差。假设检验要讨论的内容一般分为两种，一种是样本统计量与总体参数的差异，另一种是两个样本统计量之间的差异。具体内容见后续章节。

第三节 心理统计基本概念

一、实验类型

心理学实验最重要的一步就是实验设计。实验设计决定着实验的结果及其意义，因此实验设计的好坏起着至关重要的作用。实验设计一般分成三种类型：组间设计、组内设计、混合设计。

1. 组间设计

组间设计的基本思想是使用两组或两组以上的被试参加实验,分别对每个组进行不同的实验处理,然后进行多组之间的比较,从而估计实验处理的效应,因此也称作被试间实验设计。组间设计还可以细化为不同的类型,如实验组和控制组前后测实验设计、实验组和控制组后测实验设计等。采用组间设计的实验在其结果的分析处理上比较简单,由于不同的被试接受了不同的实验处理,因此只要作相应的统计检验就可以看出接受实验处理和未接受实验处理的被试组之间是否存在显著差异,从而显示出实验处理的效应。组间实验设计的优点较多,主要表现在降低了被试的疲劳效应和练习效应;其缺点则是被试间的差异需要进行控制,对分配到各个实验处理组的被试要进行匹配,可以采用随机组设计或匹配组设计等方法来克服其缺点。

2. 组内设计

组内设计是每一个被试要接受所有的实验处理,即把相同的被试分配到不同的自变量或自变量的不同水平下。这种设计的主要优点在于需要的被试较少,设计起来较为方便和有效,将被试的个别差异对实验的影响减少到了最低程度。但是组内实验设计的缺点也很明显,如被试参与所有不同水平的实验处理时产生的顺序效应,且容易产生疲劳或练习效应。因此,如果实验时间较长,且每个实验条件都需要较长的恢复时间,就不适宜使用组内设计。对于组内设计的上述缺点,可以采用随机区组设计、ABBA 平衡法及拉丁方等方法进行克服。

3. 混合设计

混合设计是指在一个研究中,有些自变量按组内设计安排,有些自变量按组间设计安排。一般说来,如果某一个自变量可能会影响另一个自变量,那么对这些自变量按组间设计安排,其余的自变量则按组内设计安排。具体设计方案是首先从总体中随机挑选一些被试,其次将被试随机分成若干组,每组随机接受自变量 A 的一个水平的处理,同时所有被试都接受自变量 B 的所有水平的处理。例如,用混合设计的方法对比抑郁者和非抑郁者的记忆成绩。实验中,要求抑郁组和非抑郁组完成 20 项记忆任务,其中 10 项记忆任务在完成之前被打断。在全部任务完成后,要求被试回忆记忆任务的名称或尽可能多地描述记忆任务。这个实验中被试变量是组间设计(抑郁与非抑郁),任务类型是组内设计(任务连续与打断)。由于心理学研究领域中的大多数研究都会同时涉及多个自变量,因此混合设计是很好的一种实验设计方法。

二、数据类型

心理学或教育学研究中获取的数据并不单一,而是具有不同的性质和特点,根据不同的标准,可以把数据分为几种类型。数据类型不同,采用的统计分析方法也不同。

1. 计数数据与测量数据

计数数据(count data)是计算出个数的数据,也就是我们数出来的物体的个数,比如参加实验的男生和女生的人数、各种类型的学校的个数等。计数数据一般应该是整数形式。对计数数据进行统计分析时,一般可以使用频次分析、χ^2 检验等方法。

测量数据(measurement data)是通过一定的测量工具或者某种测量标准获取的数据,如反应时、身高或体重、考试分数、能力分数等。测量数据可以是整数,也可以是小数形式。对测量数据进行统计分析时,一般可以使用相关分析、t 检验、F 检验等统计方法。

2. 称名数据、顺序数据、等距数据与等比数据

称名数据(nominal data)只能说明各个事物之间的不同属性,不能说明事物的大小排序,如邮政编码、姓名、电话号码等,仅仅是在不同事物之间加以区分,不能说明其高低、大小等特点。

顺序数据(ordinal data)可以说明事物之间的不同属性,同时也能对事物进行排序,如考试名次、喜爱程度、职称等。顺序数据可以对数据排出一个顺序,但是它不具有相等的单位,比如考试名次,我们只能说第一名比第二名的分数高,但是第一名与第二名,第二名与第三名之间的相差水平不一定相等,即各个考试名次之间的水平间隔不一定相等,因此顺序数据不能进行加减运算。

等距数据(interval data)除了以上两种数据的特点外,还具有相等的单位,因此,等距数据可以进行加减运算,如温度,不仅可以排序,而且可以判断各个温度之间是否相等。等距数据由于其具有相等单位的优势,在心理学研究中运用较广。一些顺序数据可以通过一定的程序转化为等距数据,然后再进行统计分析。但是等距数据没有绝对零点,因此无法进行乘除运算,限制了它更广泛的应用。

等比数据(ratio data)不仅涵盖了以上三种数据的特点,而且具有绝对零点,因此,这类数据可以进行加减乘除所有运算,如反应时、感觉阈限值等,都属于等比数据。这类数据可以判断大小、距离,还能判断它们相互之间的倍数关系。因此等比数据在心理学研究中是最理想的数据。

3. 连续数据与离散数据

连续数据(continuous data)是指任意两个数据点之间都可以无限度地划分出大小不同的数值,如长度、重量等。连续数据表示的是数轴上的一段距离,而不是一个点值,如连续数据 5 反映的是数轴上 [4.5,5.5) 这段距离,包含 4.5 这个值但不包含 5.5 在内。一般而言,测量数据都属于连续数据。离散数据(discrete data)则是不连续的,任意两个数据点之间所取得数值个数是有限的,也就是说,离散数据表达的是数轴上的一个点值,而不是一段距离。一般而言,计数数据属于离散数据。

三、几种常见的统计术语

1. 变量与观测值

心理学研究中的各种数据的数值在获取前具有不确定性,也就是说某一个事物的属性可以取不同的数值,事先无法确定其数值,这种具有不确定性的实验数据称为变量(variables)。如我们在调查中获得的学习成绩就是一个变量,它可以取从 0 到 100(百分制)的任何数值。心理学研究中诸如情绪调节能力、职业压力、个人满意度等都是变量。如果确定了某个变量的数值(即具体数据),我们就称之为观测值(observation),也就是具体数据(data)。

由于变量在取值之前,不能准确地预料会获得什么样的值,在统计学上,把取值之前不能预料取到什么值的变量,称为随机变量。在心理学中,一般用大写的英文字母如 X、Y 表示随机变量。与变量相反的是常数(constant),其数值在一定范围内不会随意改变。如圆周率为 3.1415926…。

2. 总体与样本

总体(population)是具有某种特征的一类事物的总称,凡是具有相同特征的事物我们都可以将其看做一个总体。总体的大小不确定,根据研究问题和研究目的,总体可大可小,或者有限,或者无限。如研究小学生的注意控制能力,总体可以是世界各国各个年龄段的小学生,也可以是中国各城乡各年龄段的小学生,要依据研究问题的推论范围而定。

总体是由一个个的个体构成的,从总体中抽取出的一部分个体,称为样本(sample)。样本中包含的个体数量称为样本容量或样本大小。一般情况下,样本大小超过 30 称为大样本,等于或者小于 30 称为小样本。大样本和小样本在统计分析时要采用不同的方法。样本越大,对总体的代表性越强。但是需要注意的是,在实际研究中,并不是抽取的样本越大越好,过大的样本容量会导致人力、财力的浪费,且对统计结果的精确性没有很大的提高。

3. 频数与频率

在一项研究中,我们对随机现象进行观察试验,在一定条件下,本质不同的事情可能出现,也可能不出现,这种事情称为随机事件,简称为事件。频数(frequency)是指一项研究中某一类型事件出现的数目,也称为次数,用 $f(X)$ 或 $f(Y)$ 来表示。例如某班有 61 人,其中男生 25 人,女生 36 人,即表示为:男生 $f(X)=25$,女生 $f(Y)=36$。

频率,又称为相对次数,是指某一事件出现的次数与总事件次数之比,亦即某一数据出现的次数与这组数据的总数目之比。频率通常用比例(proportion)来表示。例如上例中男生的频率为 $25/61=0.4098$,女生的频率为 $36/61=0.5902$。百分数(percent)或百分比(percentage)是频率的另一种表现形式,即把频率乘以 100 后所得的数值。

4. 参数与统计量

参数(parameter)是描述事物总体特性的统计指标,也称为总体参数。参数是从研究的总体中得出的。与此对应,统计量(statistics)是描述样本特性的统计指标,也称为特征值。统计量是从研究的样本中得出的。参数代表总体的特性,它是一个常数。统计量代表样本的特性,它是一个变量,随着样本的变化而变化。

参数与统计量所使用的统计符号完全不同,参数常用希腊字母表示,样本统计量常用英文字母表示,如总体的算术平均数为 μ,标准差为 σ,相关系数为 ρ 等,而样本统计量的算术平均数为 $\bar{X}$ 或者 $\bar{Y}$,标准差为 S,相关系数为 r 等,详见下表。

统计指标	统计量	参数
算术平均数	$\bar{X}$ 或者 $\bar{Y}$	μ
标准差	S	σ
相关系数	r	ρ
回归系数	b	β

【自测题】

一、单选题

1. 研究如何通过局部数据所提供的信息来推论总体情形的是:_____
   A. 描述性统计　　　B. 推论性统计　　　C. 结果统计　　　D. 实验统计
2. 具有某种特征的一类事物的全体称为:_____
   A. 样本　　　　　　B. 集合　　　　　　C. 样本点　　　　D. 总体
3. 某一事件出现次数与总事件次数之比是:_____
   A. 次数　　　　　　B. 频数　　　　　　C. 概率　　　　　D. 频率
4. 下列_____是用来描述一个总体情况的统计指标。
   A. 统计量　　　　　B. 频率　　　　　　C. 参数　　　　　D. 概率
5. 三位研究者评价人们对四种速食面品牌的喜好程度。研究者甲让评定者先挑出最喜欢的品牌,然后挑出剩下三种品牌中最喜欢的,最后再挑出剩下两种品牌中比较喜欢的。研究者乙让评定者将四种品牌分别给予 1—5 的喜好等级评定(1 表示非常不喜欢,5 表示非常喜欢),研究者丙只是让评定者挑出自己最喜欢的品牌。研究者甲、乙、丙所使用的数据类型分别是:_____
   A. 称名型——顺序型——计数型　　　　B. 顺序型——等距型——称名型
   C. 顺序型——等距型——顺序型　　　　D. 顺序型——等比型——计数型
6. 一位研究者做某项心理实验,选取年龄作为单一变量,把被试分为青年组、中年组和老年组,则他的研究设计是属于_____
   A. 组间设计　　　　B. 组内设计　　　　C. 混合设计　　　D. 跟踪设计

7. 某实验欲了解不同的文章难度对不同年级的小学儿童阅读理解能力是否产生不同的影响。选取了一年级和五年级各 30 名学生,每位学生都阅读两篇文章,其中一篇较难,一篇较容易,并完成每篇文章后的 10 道题,记录每位学生的答题成绩。该实验是属于_____
   A. 组间设计　　　　　　　　　　B. 组内设计
   C. 单因素设计　　　　　　　　　D. 混合设计
8. 等距量表的特点是:_____
   A. 无绝对零点,无相同单位　　　B. 无绝对零点,有相同单位
   C. 有绝对零点,无相同单位　　　D. 有绝对零点,有相同单位
9. 以下对心理学与教育学研究数据的特点描述错误的是:_____
   A. 数据与结果多用数字形式呈现
   B. 数据具有随机性和变异性
   C. 研究目标是通过部分数据来推测总体特征
   D. 呈正态分布
10. 统计学的理论基础是:_____
    A. 概率论　　　　　　　　　　　B. 样本分布
    C. 偏态分布曲线方程　　　　　　D. 频率曲线方程
11. 下列观察值中,属离散变量的数据是:_____
    A. 面积 50 平方米　　　　　　　B. 标准差 10 分
    C. 缺课 5 次　　　　　　　　　　D. 温度 10℃

二、名词解释

1. 样本
2. 变量
3. 计数数据
4. 连续数据

三、简答题

1. 简述心理统计学的概念及其主要学习内容。
2. 举例说明称名数据、顺序数据、等距数据和等比数据的性质。

第一部分
描述性统计

在心理研究中,当我们借助一定的工具对某一研究对象进行观测,得到有关这一研究对象某一方面属性的数量化表述——变量时,利用第二章介绍的数据的初步整理方法,对这些变量进行列表和图示,可以对其分布特征有一直观而形象的概要了解。但是,如果要对这批变量所蕴含的规律性作更进一步的推论和更精确的了解,仅借助统计图、表显然不够。为此,需要计算出一些有代表性的数据,对变量所蕴含的规律性作出更简洁明了的数量化描述,对其频数分布的特征作出更精确的定量描述。

一组变量的频数分布,一般至少有以下两个方面的基本特征:

(1) 集中趋势用以描述数据分布中大量数据向某方向集中的程度,而用于描述数据集中趋势程度的统计量称为集中量数。

(2) 离散趋势用以描述数据分布中数据的分散程度,而用于描述数据离散趋势程度的统计量称为差异量数。

对任何一个已知的频数分布,均可以计算出反映上述统计特征的描述性统计量。这些统计量是所有统计程序的基础,但它们也有局限性,即它们无法描述出两个或更多个变量之间的关系。科学研究的一个目的是找出事物之间的系统关系,相关分析将为我们提供这方面的帮助,它能让我们描述出两列变量之间的系统变化关系。

2

频 数 分 析

【评价目标】
1. 掌握几种主要统计图和统计表的基本结构及其制作要求。
2. 能够绘制频数分布表、列联表以及各种形式的频数分布图。
3. 能够根据不同的数据类型,从各种统计图表中选取适当的图表对收集到的数据资料进行描述。

第一节 数据的整理

心理学研究中获取的各种数据最初是杂乱无章、毫无规律可循的,要提取这些数据中所蕴含的信息和规律,就要对数据进行初步整理,即对大量的原始数据进行统计分组,并进而整理成统计图表的形式。

一、统计分组

1. 统计分组的类别

统计分组就是根据研究对象的特征,将原始数据分类并归到各个组别中去。一般地,可以按照数据的性质和数量两种特性进行分组。

(1) 按性质分组

按照数据的性质分组就是根据事物的不同属性把原始数据加以划分,这种分组方式只是说明事物在种类、属性上的差异,不说明事物之间的数量差异。如可以将实验中获取的数据按照年龄划分为小学生、中学生、大学生,还可以按照学习成绩划分为优秀组、普通组等。

(2) 按数量分组

按照数据的数量特点分组就是以原始数据的取值大小为分类标志,对原始数据进行排序或分组,从而便于观察其数量信息。如果数据的数量比较少,则可以直接进行进一步的计算；如果数据的数量比较多，那么我们可以进行进一步的图表制作，以便于了解数据的总体情况。

2. 统计分组时注意的问题

（1）分组前的准备

将数据进行分组前，先要对观测数据做进一步的核对和校验。校核数据的目的是为了尽可能地消除记录误差，以便使后续的统计分析建立在一个坚实的基础上。

在研究中，采用一定的观测手段会得到大量数据。但这些数据在获得过程中，由于不同研究者掌握的观测标准不同，观测仪器的灵敏度不稳，以及观测时某些异常因素的影响，都可以使观测结果产生一些因过失而造成的误差。因此，在对数据进行分组之前，要进一步核实，如果有充分的理由证明某个数据是受到了这些过失的影响，那就要将这些数据删除，以免它们影响对结果的分析。在这个过程中，切忌随心所欲地删除那些不符合自己主观假设的数据。如果那样做，不仅违背科学原则，更是缺乏科研道德的表现。

（2）分组要以被研究对象的本质特性为基础

面对大量原始数据进行分组时，有时需要先做初步的分类，分类或分组一定是要选择与被研究对象的本质有关的特性为依据，才能确保分类或分组的正确性。在心理研究方面，专业知识的了解和熟悉对分组的正确进行有着重要的作用。例如，在学业成绩研究中按学科性质分类；在整理智力测验结果时，按言语智力、操作智力和总的智力分数分类等。

（3）分类标志要明确，要能包括所有的数据

对数据进行分组时，所依据的特性称为分组或分类的标志。整理数据时，分组标志要明确并且在整理数据的过程中前后一致。这就是说，对于被研究对象本质特性的概念要明确，不能既是这个又是那个。另外，所依据的标志必须能将全部数据包括进去，不能有遗漏，也不能中途改变。

二、统计表

将所得到的数据绘制成统计图表是对资料进行整理的重要一步。将统计资料的结果整理成表格的形式，称之为统计表。统计表的种类很多，其基本的结构包含表号、名称、标目、数字、表注等几个基本项目，具体的编制要求如下。

1. 表号

表号即表的序号，是用来说明文章（或图书）中各个表出现的前后顺序，一般位于表的左上方。

2. 名称

表的名称就是表的标题，用来简明扼要的说明该表的内容，一般位于表的上方，跟随于表号之后，表的名称和表号之间一般间隔一个汉字的空格。表的名称应该简练，字

数不宜过多。

3. 标目

表的标目就是对数据进行分类的项目,一般可以放在表的上面一行和(或)左列。当标目较多时,需要注意各个标目之间的逻辑关系,让读者一目了然,以免混淆。

4. 数字

数字就是统计表的主要内容,书写数字时要整齐,如有小数,则应以小数点为准上下对齐。需要注意的是,数字后面不可写单位、百分号等,单位、百分号等都应罗列在标目后面的小括号内。

5. 表注

表注的目的是对统计表自身或者统计表内需要解释的某些内容进行补充性说明,表注一般放在表的下方。

一般而言,在统计表的制作中,表的各个横行之间与各个纵列之间要用线条隔开(见表 2-1),但是心理学研究中常用简单的三线表,即只用简单的三条线,分别是顶线、底线和栏目线,且各个纵列之间没有竖线(见表 2-2)。

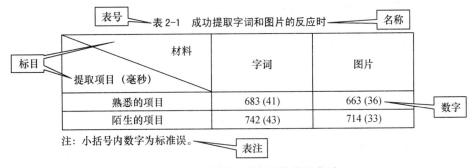

表 2-2 成功提取字词和图片的反应时

提取项目(毫秒)	材料	
	字词	图片
熟悉项目	683(41)	663(36)
陌生项目	742(43)	714(33)

注:小括号内数字为标准误。

三、统计图

采集到的数据除了可以使用统计表的形式呈现,还可以使用统计图来展示其规律和特点。统计图是利用几何图形来表示统计事项的数量关系图形,它能够更加直观、形象地反映出所收集数据的规律。

统计图一般采用直角坐标系,横坐标表示事物的自变量,纵坐标表示事物的因变量。一般地,统计图主要由图号、图标、图目、图尺、图形、图例、图注等构成(见图 2-1)。

1. 图号及图标

图号就是图的序号,反映了统计图排列的顺序位置,以便于查找。图号要放在图标的前面。图标就是图的标题,也称之为图题。图号与图标都要写在图的正下方,图号与图标之间空出一个汉字的空格。图标一定要言简意赅,使人一目了然,能够大致了解统计图所呈现的主要内容,即掌握图中表达的主题、时间和地点等。

2. 图目

图目就是统计图的标目,是写在横坐标上的单位名称,一般包括事物的不同类别、名称或者时间、空间等。

3. 图尺

图尺又称为尺度或坐标分度,在统计图的横坐标和纵坐标上都有尺度,是用坐标上一定的距离来表示各种单位。图尺要包括所收集到的所有数据,遇到原始数据相差悬殊时,可以采用断尺法来减少图幅。图尺主要包括算术尺度、几何尺度、百分尺度、对数尺度等,可以根据统计资料的性质等具体情况加以选用。

4. 图形

图形是统计图的主体部分。图形线条要清晰明朗,不要有文字书写。需要呈现不同结果时,可以使用不同颜色的线条加以区分。图形的线条可以使用各种直线或者曲线,研究者根据实际情况加以选择。

5. 图例

图例是对各种图形含义的标注。图例呈现在图形之中或图形以外的位置均可,注意保持整个图形的完美。

6. 图注

图注是对图形或者图形的局部进行补充性的文字说明或数字说明,以便帮助读者理解图形资料。一般图注部分的文字不宜过多。

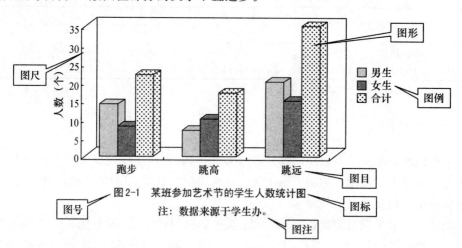

图2-1　某班参加艺术节的学生人数统计图
注:数据来源于学生办。

第二节 频数分布表

频数分布是指原始数据中各类事件出现频数的分布情况。它主要表示数据在各个分组区间内的散布情况,其中频数分布表和频数分布图就是各种频数分布的列表形式和图示形式。在心理统计中,数据分布的规律有着重要的意义,因为不同的统计方法有着不同的数据要求,如果当前数据不适合某种统计方法时,统计的结果将没有任何意义。编制良好的频数分布表或图可以帮助我们快速地了解一组数据的分布情况,并为进一步的统计计算奠定重要的基础。

一般而言,当我们面临杂乱无章的大量的数据时,制作频数分布表是整理这些资料的第一步。频数分布表的种类主要有简单频数分布表、分组频数分布表、累加频数分布表及列联表。

一、简单频数分布表

简单频数分布表反映的是每一个数据在一列数据中出现的次数。除了表格制作的基本结构外,简单频数分布表的内容主要包括标目和频数(次数),例见表 2-3。简单频数分布表在一般性调查如学习态度、兴趣爱好等人数调查中使用非常普遍,这种分布表既适用于计数数据,也适用于测量数据。

表 2-3 正确提取字词和图片的人数

提取项目(人次)	材料	
	字词	图片
熟悉项目	13	16
陌生项目	17	19
合计	30	35

二、分组频数分布表

当研究数据非常多时,使用上述简单频数分布表就不太适当了,这时最常用的方法是制作分组频数分布表。分组频数分布表的内容主要包含分组区间、组中值、频数、频率等。以下结合例题讲解分组频数分布表的具体制作步骤。

【例 2-1】 如下数据是某班 40 名学生的数学考试成绩,请对这些成绩作一个初步的整理。

67 68 80 80 80 70 65 83 66 70 **89** 70 69 78 66 74 60 78
67 64 72 77 78 74 68 66 72 75 80 88 79 76 68 74 73 **55**
72 64 73 71

解:制作分组频数分布表的步骤如下:

(1) 求全距(R)

全距指数据中最大值与最小值之间的差距,用最大值减去最小值就得到了全距。全距用符号 R 表示,计算公式为:

$$R = X_{max} - X_{min}$$

例 2-1 中,$R=89-55=34$。

(2) 确定组数(K)

确定组数的目的是为了将大量的数据划归到若干个分组中。我们首先要确定出分组的个数,即组数。一般地,组数的多少没有严格的限制和要求,可以根据数据的多少而定。习惯上,如果原始数据在 100 个以上,则可以将数据分成 10—20 组(或者 12—16 组);如果原始数据较少,则可以分为 7—9 组。

假如已知数据来自一个正态的总体,那么组数可以根据下面的经验公式进行计算,即

$$K = 1.87(N-1)^{\frac{2}{5}} \quad (N \text{ 为数据个数},K \text{ 取近似整数})$$

例 2-1 中的原始数据较少,那么按照经验可以分为 7—9 组。根据经验公式计算,组数 $K=1.87(40-1)^{\frac{2}{5}}=8.10\approx 8$。

需要注意的是,可能事先确定好了组数,与最后实际的组数并不相同,原因就是组数的确定会受到我们分组时最低组的下限值和组距大小的影响。不过,组数的稍微变化对频数分布表的准确性不会产生很大影响,因此对组数并不做严格要求,可以以实际划归的组数为准。

(3) 确定组距(i)

组距(i)就是任意一组的起点和终点之间的距离。组距一般可以用全距除以组数得到,即

$$i = \frac{R}{K}$$

上述例题中的组距 $i=R/K=4.25$。组距一般是取整数。组数的确定与组距有很大关系,可以根据具体情况确定组数和组距。在本例题中,可定组距为 5,则组数调整为 7。

(4) 列出组限

组限就是每个组的起始点和终点之间的距离。组的起点值称为下限,终点值称为上限。组限有表述组限和实际组限(或精确组限)两种。

上述例题中,最小值为 55,组距定为 5,则最低组的下限就是 55,上限是 59,最低组的表述组限是 55—59(或者写作 55—)。前文讲到,连续型变量代表的是数轴上的一段距离,而不是一个点,因此例中的下限 55 实际上代表的是[54.5,55.5),59 代表的是[58.5,59.5),注意:包含下限,而不包含上限。55—59 这组实际代表的范围就是

[54.5,59.5),其中 54.5 称为组的精确下限,59.5 称为组的精确上限。

在列出所有组限时,最高组的上限应该包含原始数据中的最大值,而最低组的下限应该包含原始数据中的最小值;列出组限时,一般地从下向上纵向排列各个组限,最低组在下方,最高组在上方;通常只用整数写出组限,也可以只写出下限值,如 55—59 这个组的组限也可以写作"55—"。

(5) 求出组中值(X_C)

组中值(X_C)反映的是各组数据分布的中心位置的数值,是各组数据的代表值,计算公式为 $X_C=$(组的精确上限+组的精确下限)$/2$,或者组的精确下限加上二分之一的组距。

上述例题中,最低组 55—59 这组的组中值 $X_C=(59.5+54.5)/2=57$,或者 $X_C=54.5+5/2=57$。

(6) 归类划记

将原始数据一一归到各个组限(即分组区间)中,可以使用"正"字划记,以便于计数检查,见表 2-4 中的第三列。

(7) 登记频数(f)

根据上面的归类划记结果,计算各组的频数,将频数记录在相应的表栏中(见表 2-4 第四列)。频数一般使用符号 f 表示。

表 2-4 某班 40 名学生数学成绩的次数登记表

组限	组中值(X_C)	归类划记	频数(f)
85—89	87		2
80—84	82	正	5
75—79	77	正	7
70—74	72	正正	12
65—69	67	正正	10
60—64	62	下	3
55—59	57	一	1
合计			40

最后,我们需要对上面制成的表格进行整理,保留组限、组中值、频数这几列,形成了基本的分组频数分布表,见表 2-5 中第一、二、三列。第四、五列为相对频数,这两列可根据需要决定是否列出。

表 2-5　某班 40 名学生数学成绩的频数分布表

组限	组中值(X_C)	频数(f)	频率(P)	百分比(%)
85—89	87	2	0.05	5
80—84	82	5	0.125	12.5
75—79	77	7	0.175	17.5
70—74	72	12	0.3	30
65—69	67	10	0.25	25
60—64	62	3	0.075	7.5
55—59	57	1	0.025	2.5
合计		40	1.00	100

三、累加频数分布表

累加频数(cumulative frequency)就是将分组频数分布表中各组对应的频数累加起来,计算出数据的总频数。累加次数时可以从上(即最高组)向下(即最低组)的频数累加,也可以从下(即最低组)向上(即最高组)的频数累加,见表 2-6。

表 2-6　某班 40 名学生数学成绩的累加频数分布表

组限	次数(f)	从上向下累加		从下向上累加	
		累加频数	累加频率	累加频数	累加频率
85—89	2	2	0.05	40	1.00
80—84	5	7	0.175	38	0.95
75—79	7	14	0.35	33	0.825
70—74	12	26	0.65	26	0.65
65—69	10	36	0.9	14	0.35
60—64	3	39	0.975	4	0.1
55—59	1	40	1.00	1	0.025

从分组频数分布表中,只能看到某一个组的代表值(即组中值)和频数,而累加频数分布表则可以了解到位于某个数值以下(或者以上)的数据有多少个。如表 2-6 中,可以看出成绩在 69.5 分以下的人次共有 14 人,79.5 分以上的人次共有 7 人。

四、列联表

列联表是根据原始数据的两个或者更多属性所列出的次数表。例如,对随机抽取的 1000 人按照性别和色觉两个属性分类,就会得到二行二列的列联表(表 2-7),也可以称为 2×2 表或四格表。

表 2-7　根据性别和色觉分类的列联表

色觉	性别		合计
	男	女	
正常	442	514	956
色盲	38	6	44
合计	480	520	1000

表 2-7 是一个二维列联表,即根据两个属性分类。如果根据两个以上的属性分类,也可以按照类似的方式做出列联表,称为多维列联表。

第三节　频数分布图

一、常用频数分布图

频数分布图是在频数分布表的基础上绘制的,可对原始数据的频数分布有一个更直观的认识。常用的频数分布图有直方图、次数多边图和累加频数分布图。

1. 直方图

直方图(histogram)是以矩形的面积表示连续数据频数分布的图形,又称等距直方图。直方图是由若干宽度相等、高度不一的直方条紧密排列在同一个基线上构成。直方图的绘制步骤主要如下:

(1) 建立一个直角坐标系,横轴和纵轴的比例一般为 5∶3。

(2) 在横轴上标出等距分组点,即各组的上、下限,也可以使用组中值表示;纵轴上标出数据的频数。一般来说,纵轴和横轴的尺度比例不同,纵轴刻度从 0 开始,而横轴刻度可以根据最低一组的下限从任何一个合适的数字开始。

(3) 以频数分布的组距为底边,以分组区间的上、下限为底边两个端点,以频数为高,画出矩形直条,各个矩形之间没有间隔,沿着横轴,依顺序紧密治理排列。

(4) 在直方图横轴下方标上图号和图标。

直方图矩形的面积与每组的频数分布大小是等价的,如果将直方图的总面积定为1,那么直方图中每一个矩形的面积就是该矩形表示的某一个分组的频数与总频数的比值。

与频数分布表相比,直方图比较直观形象,能方便的看出各组频数之间的相对大小以及形态变化,使人印象深刻。

图 2-2 是根据表 2-5 的资料绘制而成的,显然比表 2-5 反映的信息更直接生动。

2. 频数多边图

频数多边图(frequency polygon)是利用封闭的折线构成多边形以反映次数变化情况的一种图形,见图 2-3。频数多边图的绘制步骤主要如下:

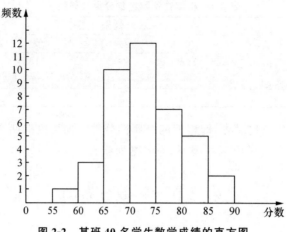

图 2-2　某班 40 名学生数学成绩的直方图

(1) 如同直方图一样，首先画直角坐标系，画出横轴和纵轴，纵轴的刻度从 0 开始，横轴的刻度需要根据频数分布表中最低组的下限选用适合的数据。

(2) 横轴用各个分组的组中值表示，纵轴是数据分布的频数。

(3) 基于横轴的组中值和纵轴的频数之上标出各个点，使用折线连接各点，注意不要用曲线。

(4) 在横轴上的最低组和最高组外各增加一个次数为 0 的分组，使用虚线与所增加分组的组中值相连接，形成一个封闭的图形，即频数多边图。

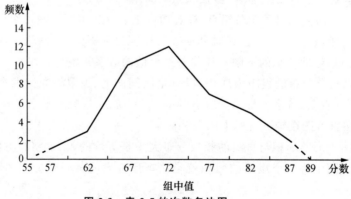

图 2-3　表 2-5 的次数多边图

频数多边图是一种线形图，凡是等距分组的可以使用直方图表示的数据，都可以用频数多边图来表示。当收集的数据个数比较少时，所绘制的频数多边图是一个不规则的多边形，当数据个数足够多时，由于分组时的组距变小，频数多边图就会越来越光滑，逐渐形成一条分布曲线，根据该曲线可找到频数分布的经验公式，这样就能够对于某总体的理论频数分布的分析提供很多有用的信息。

数据分布的规律有着重要的意义,因为不同的统计方法有着不同的数据要求,如果当前数据不适合某种统计方法时,统计的结果将没有任何意义。在心理学研究中,大部分统计方法要求数据的分布符合"钟型"或正态分布形状。关于正态分布的特性我们将在第六章第三节进行详细说明。这里我们简单了解正态分布曲线的几个特定特征。正态分布曲线的形状类似于钟的外形,并且它是一个对称的图形,即如果在分布曲线的中间画一条直线,直线两边的图形是对称的。正态分布描述了心理学研究中的许多现象,因此在统计中具有重要的意义,特别是在推论性统计中,它是一个极为重要的推论依据。因此读者应该牢记正态分布的形状。

描述数据分布的一个特征是它的峰度(kurtosis)。峰度描述了分布中的大部分数据是集中在某一部分值周围还是分散在整个分布中。图 2-4 表明了三种不同峰度的分布形状。可见,虽然每个曲线都呈现出钟型且对称的特征,但它们的峰度是不同的。图 2-4A 中绝大部分的数据集中在分布的中央,称之为高狭峰。而图 2-4C 中数据较为平均地分布在整个横轴各个尺度上,称之为低阔峰。最后,图 2-4B 位于 A 和 C 的中间,它被称为正态分布的峰度。

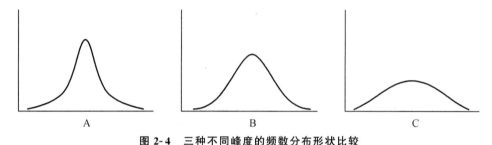

图 2-4　三种不同峰度的频数分布形状比较

描述数据分布的另一个特征是它的偏度(skew)。当次数分布的一端集中了较多的数据,从而使数据的分布呈现非对称性时,其"尾巴"向左或向右延伸,称这时的数据分布为偏态分布。图 2-5 表明了三种不同偏度的分布形状。图 2-5A 中,较多数据位于横轴的左侧,"尾巴"向右延伸,称为正偏态;而图 2-5C 相反,较多数据位于横轴的右侧,"尾巴"向左延伸,称为负偏态。图 2-5B 则为正态分布的曲线。

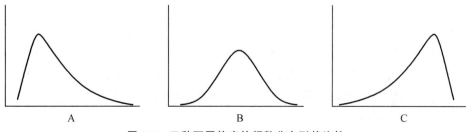

图 2-5　三种不同偏度的频数分布形状比较

3. 累加频数分布图

累加频数分布图是根据累加频数分布表绘制而成的，有直方图式和曲线图式两种，只是曲线图式更为常用。

累加直方图的绘制方法与直方图（如图2-2）类似，横坐标是各个分组的上、下限，不同的是累加直方图的纵坐标是累加频数。累加直方图有利于直接了解某一个上限以下的累加频数。

累加曲线图的画法与频数多边图类似，不同点在于累加曲线图的横坐标是每个分组的上限或者下限，纵坐标为每个分组的累加频数，以横坐标和纵坐标的数值标出各个交点后，用平滑的曲线连接各个交点，即绘制成了累加曲线图。图2-6是利用表2-6的数据绘制的累加曲线图（从上向下的频数累加）。

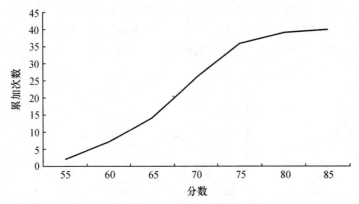

图2-6　表2-6的累加频数分布图

累加曲线图与频数多边图不同，它的形状不会由于分组组距的不同而使得图形的形状发生较大的变化，具有较高的稳定性。

二、其他常用统计图

心理学研究与教育学研究中常用的统计图还有条形图、饼图、线形图和散点图等，下面分别叙述各种图形的特点。

1. 条形图

条形图（bar charts）是以宽度相同的长条来表示事物之间数量的大小及其差异情况，也称为直条图。条形图和直方图有类似之处，即两者都是由直长条构成，但不同的是，直方图中的直长条是紧密排列的，而条形图的长条之间则有间隔；另外，直方图适用于连续性的测量数据，而条形图则常用于描述离散性数据（或计数数据）。

条形图的绘制步骤主要包括：

（1）绘制分类轴，用来表示类别；另一个轴则是数量轴，表示大小、多少。

（2）分类轴和数量轴的尺度都要从零点开始，等距连续的分点，如果遇到特殊情况必须断开分点,应在折断的数值之处进行标明。

(3) 各个直长条的宽度要相同,相邻直长条之间的间隔要适当;直长条和间隔的比例要恰当,一般而言,直长条之间的间隔大约是直长条宽度的0.5~1倍。

(4) 要把握图形结构的协调美观,如果遇到直长条过长的情况,可以改变图尺的刻度单位,即改变每一个间隔的增量,或者使用断尺法,即采用在图尺中间有间隙的断线。

条形图按照排列分,有纵式图(图2-7A)和横式图(图2-7B);按照图示现象的种类分,可以分为简单条形图(图2-7A 和图2-7B)、分组条形图(图2-8A)、分段条形图(图2-8B)等。

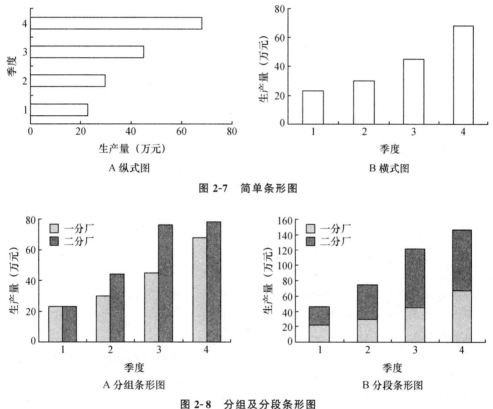

图2-7 简单条形图

图2-8 分组及分段条形图

在绘制分组条形图和分段条形图时,一般是用两类或者三类不同色调的直长条来表示多个特征分类下的事物之间的数量关系。需要注意的是,不同类型的直长条宜用不同的色调加以区别,并在图形适当位置上标明图例。另外,在绘制分组条形图时,要把直接比较的事物的直长条靠在一起,中间不留间隔,而横轴上标明的分类项目的直长条之间要相互间隔开来,其间距一般取直长条宽度的0.5~1倍。绘制分段条形图时,则是将需要比较的事物放在同一个直长条上,且使用不同的色调将其区分开,其他与分组条形图的绘制方法类似,见图 2-8B。

2. 饼图

饼图(pie)又称为圆形图,是以单位圆内各个扇形面积所占整个圆形面积的百分比来表示各个事物在其总体中所占相应比例的一种图示方法。饼图多用来显示相对频率资料,如百分数等,见图 2-9。

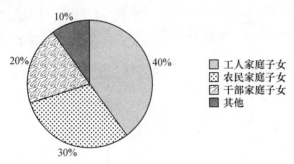

图 2-9　某年级学生家庭身份的调查

饼图的绘制步骤主要包括:

(1) 以适当的半径作一个圆,代表事物的总体。

(2) 分别以所统计事物在其总体中所占比例乘以圆周角 360°,求出各个相应扇形的圆心角,如图 2-9 中,假如某年级学生总人数为 50 人,农民家庭出生的学生为 15 人,占学生总人数的 30%,因此,对应这些学生的扇形的圆心角为 $360°×30\%=108°$;同理可以计算出其他类型学生所占扇形的圆心角。

(3) 依次用量角器把整个圆分成若干个扇形部分,并在其中标注上各自的百分比数值。

(4) 对不同的扇形区域用不同的色调加以区分,并用图例加以标注。

(5) 将图号与图标写在饼图的下方,饼图就此完成。

3. 线形图

线形图(line graph)是以折线来表示某种事物的发展变化趋势的图形,更多的使用在对连续性数据的描述上。线形图可以用来描述某种事物在时间上的变化,也可以用来对多种事物进行比较,见图 2-10。绘制线形图时,横坐标上往往标注的是欲研究的自变量,纵坐标上则表示因变量;在比较多种事物时,图的各条线可以是虚线、实线、点线等不同的线形以便区分,且要有图列进行说明。需要注意的是,在同一个线形图中进行比较的事物不要过多,否则容易混淆,也影响图形的美观协调。

4. 散点图

散点图(scatter plots)是用直角坐标系上大小相同的点的疏密散布来反映两种事物之间联系的图形,适合于描述二元变量之间的相关关系,在心理学研究中有广泛的应用,见图 2-11。散点图的横坐标既可以是连续数据,也可以是离散数据,而纵坐标则必

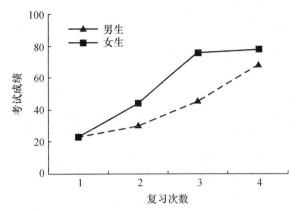

图 2-10 某班学生复习次数和考试成绩的关系

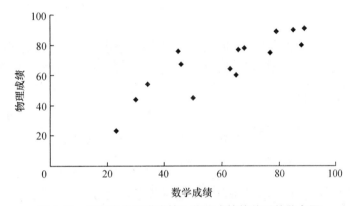

图 2-11 某班学生数学成绩和物理成绩的关系的散点图

须是连续数据。散点图的内容在后面的相关分析一章中会详细讲解。

　　这些常用的统计图形,根据它们表现的作用和内容,可把它们分成五类。第一种类型是表现分布的图形,比如直方图。第二种类型是表现内容的图,如条形图和饼图。第三种类型是表现变化的图,如线形图。第四种类型的图形主要用于表现比较,如内容的比较、分布的比较、变化的比较等,前面介绍的几种图形都能采用。第五种类型是表现相关的图形,即散点图。究竟在研究中应选用哪种图形,要针对表现的对象,充分发挥各种图的优势,择优选用。

【自测题】

一、单选题

1. 心理学统计中一般采用下列哪种表格:_____
　　A. 两线表　　　　B. 三线表　　　　C. 四线表　　　　D. 五线表
2. 分组区间是指:_____

A. 最大数与最小数两个数据值之间的差距
B. 组与组之间的距离
C. 一个组的起点值与终点值之间的距离
D. 分组的数目多少

3. 有联系的两列变量可采用：_____
   A. 相对频数分布表　　　　　　B. 累加频数分布表
   C. 双列频数分布表　　　　　　D. 简单频数分布表

4. 可以看出某一区间上限以下频数多少的累加方式是：_____
   A. 向上累加　　B. 向下累加　　C. 实际累加　　D. 相对累加

5. 以下各种图形中，表示连续性资料频数分布的是：_____
   A. 条形图　　B. 圆形图　　C. 直方图　　D. 散点图

6. 条形图是以条形长短表示各事物间数量的大小与数量之间的差异情况的统计图，它主要适用于：_____
   A. 计数数据　　B. 连续数据　　C. 次数数据　　D. 测量数据

7. 如果想用图来表示一个学校教师的学历在总体中所占比例，下列比较适合的统计图是：_____
   A. 直方图　　B. 饼图　　C. 线形图　　D. 条形图

8. 为了了解某个数值以下的数据数目，需要制作：_____
   A. 频数分布表　　　　　　　　B. 列联表
   C. 累加频数分布表　　　　　　D. 累加频数百分数的分布表

9. 既可用于计数数据的整理，又可以用于测量数据整理的统计表是：_____
   A. 简单频数分布表　　　　　　B. 分组频数分布表
   C. 相对频数分布表　　　　　　D. 累加频数分布表

10. 适合于表示二元变量之间相关关系的图表是：_____
    A. 饼图　　B. 直方图　　C. 散点图　　D. 条形图

二、名词解释
1. 频数多边图
2. 频数分布表
3. 累加频数分布图
4. 组距

三、简答题
1. 简述简单频数分布表的编制过程。
2. 例举三种常用频数分布图，并举例说明它们分别适用的数据类型。

四、计算题

1. 某学校统计本校各个年级在一年内获奖的数量分别为：一年级男生 5 次，女生 8 次；二年级男生 9 次，女生 17 次；三年级男生 4 次，女生 6 次；四年级男生 13 次，女生 17 次；五年级男生 11 次，女生 8 次；六年级男生 5 次，女生 10 次。根据上述统计数据，请你编制一个适当的统计表，并绘制相应的统计图。

2. 根据下列数据资料，绘制简单频数分布表、分组频数分布表、累积频数分布表，并绘制直方图、频数多边图。

    58 79 66 76 75 83 56 70 71 73 85 80 73 72 75 56 78 59 61 74
    68 55 76 74 41 61 91 45 71 82 68 88 69 63 50 61 84 60 65 71 77
    62 71 78 84 85 92 90 70 88 47 34 67 63 70 66 77 81 61 68 72
    74 76 87 47 69 52 68 66 62 65 68 67 71 73 78

3. 统计全班学生的"身高"和"体重"，然后制作一个双列频数分布表

××班学生"身高"和"体重"双列频数分布表

体重(kg) 身高(cm)	40—	45—	50—	55—	60—	65—	70—	75—	80—	Y_i
185—										
180—										
175—										
170—										
165—										
160—										
155—										
150—										
X_i										

4. 关于"宿舍通宵不断电"的校园民意调查，搜集的数据如下表，请选择合适的图表形式并根据数据绘制出来。

	支持	中立	反对
男生(人)	50	30	10
女生(人)	40	40	20

3

集中趋势的度量

【评价目标】

1. 掌握众数、中数和平均数的基本公式,能够计算出频数分布表中的中数和平均数。

2. 理解众数、中数和平均数的性质和意义,能够恰当地应用它们描述一组数据的集中趋势。

数据的集中趋势(central tendency)是指数据分布中大量数据向某方向集中的程度。而用于描述数据这种集中趋势程度的统计量称为集中量数(measures of central tendency),包括算术平均数、中数、众数、加权平均数、几何平均数、调和平均数等。本章主要介绍其中三种常用的集中量数:算术平均数、中数和众数。

虽然三种集中量数都用于表示数据的集中程度,但由于计算方法的不同,每种方法都有它的优点、缺点及适用范围,因此有时它们会表现出较大的差异。以表 3-1 中的数据为例,表 3-1 中列出某公司下属某部门 15 位职员的年薪,最高年薪为 720000 元,最低年薪为 144000 元。表中指出了每种集中量数的位置以及相应的计算方法。可看出,虽然它们都表示 15 位职员年薪的集中程度,但却差异较大。究竟哪个值更具有代表性呢?这就需要我们更详细地了解每种量数的优点、缺点及适用范围。

表 3-1 某公司下属某部门 15 位职员年薪(元)

720000		算术平均数:数据总和除以数据个数。
540000		
264000		$\bar{X} = \dfrac{\sum x_i}{N} = \dfrac{3600000}{15} = 240000$
240000	算术平均数	
192000		中数:位于频数分布中间的那个数值。
192000		$ML = \dfrac{N+1}{2} = 8$
192000		
180000	中数	往上或往下数第 8 个数值,即中数=180000

		（续表）
168000		
168000		
168000		
144000 ⎫		
144000 ⎬ 众数	众数：发生次数最多的那个数值，即为144000。	
144000 ⎪		
144000 ⎭		
$\sum X = 3600000 \quad N = 15$		

第一节　众数与中数

一、众数

1. 众数的计算方法

众数(mode)，通常用符号 M_o 表示，是指在频数分布中出现次数最多的那个数值。在所有的集中量数中，众数是最容易计算的，因为它通过直接观察就可以得到，例如表 3-1 中，出现次数最多的是 144000 元，因此，该批数据的众数就是 144000 元。

对所有类别的测量数据都可以计算众数，不过，通常对称名变量和顺序变量计算众数比较有意义，特别是称名变量。如果要求回答你所处班级性别的集中程度，而男生较多，你的回答是"男生"。如果用数值 1 代表男生，2 代表女生，那么众数就是 1。如果问你在学校里哪个科目最受欢迎，还是用众数。当变量取值范围较大，如百分制成绩，计算众数往往意义不大。对于连续变量，直接用原始数据得到的众数稳定性差，即从同一个总体中抽取不同的样本，得到的众数可能相差很大。通常的做法是将变量值分组，转化为称名变量后，才会对众数感兴趣。众数对应的组，含有最多样本数据。该组的组中值，可以作为近似的众数。但这个近似众数与用原始数据得到的众数可能相差较大。采用不同的分组方式，也可能得到很不相同的近似众数。

有时候众数可能不是唯一的。例如，某班 20 名学生的数学成绩为：65,68,68,68,68,68,68,68,68,77,80,80,84,90,90,90,90,90,90,90,则众数有两个，68 和 90。这样的众数称为双众数(bimodal)，即在一组数据中同时有两个数值出现的次数都比较多，其分布形状就像骆驼的驼峰一样。有些分布中可能还不止两个驼峰，称为多众数(multimodal)。在多众数分布中，每个众数不一定都需要完全一样的次数，只要它们跟其余数据相比足够突出。如前面所指的 68 和 90。对于多众数分布的解释，通常认为它们表明在该样本中包含了不同的子群，如该班学生数学成绩有两级分化的倾向。

2. 众数的优缺点与应用

众数的概念简单，容易理解，但它容易受样本变动的影响，因而不够稳定；计算时不需要每一个数据都加入,较少受极端数据的影响,因而不够灵敏;用观察法得到的众数,不是经过严格计算而来,因而不够严谨;众数不能作进一步代数运算。由此可见,众数不是一个优良的集中量数,应用也不广泛。

但在下述情况中,则会经常应用众数:

(1) 当需要快速而粗略地寻求一组数据的代表值时,众数是一个较好的选择。

(2) 当一组数据出现不同质的情况时,可用众数表示典型情况,如工资收入、学生成绩等常以频数最多者为代表值。

(3) 当频数分布表两极端数据时,除了一般用中数外,有时也用众数。

(4) 当频数分布中出现双众数或多众数时,也多用众数来表示数据的分布形态。

二、中数

1. 中数的计算方法

中数(median),也称为中位数,通常用符号 M_d 表示,是指在频数分布中位于中间位置的那个数值,它把数据划分成两半,一半的数据比它大,一半的数据比它小。如表 3-1 中,中数为 180000,它把数据分成两半,有 7 个数据比它大,有 7 个数据比它小。中数可能是数据中的某一个,也可能根本不是原有的数,根据数据的不同情况,有不同的计算方法。

(1) 一组数据中无重复数值的情况

【例 3-1】 下列有 7 个智商测验分数,求它们的中数:

$$128 \quad 104 \quad 117 \quad 123 \quad 96 \quad 124 \quad 115$$

解:① 把数据从低到高排列。

② 计算中数的位置:

中数为 $\frac{N+1}{2}$ 位置上的那个数,在本例中,$\frac{N+1}{2}=\frac{7+1}{2}=4$

③ 找出中数:

$$96 \quad 104 \quad 115 \quad \mathbf{117} \quad 123 \quad 124 \quad 128$$

在本例中,排列在第 4 位的数值是 117,故 $M_d=117$。有 3 个数值比 117 大,有 3 个数值比 117 小。

如果数据的个数为偶数,则中数为居于中间位置两个数的平均数,例:

$$96 \quad 104 \quad \mathbf{115} \quad \char"02C6 \quad \mathbf{117} \quad 123 \quad 124$$

中数的位置 $=\frac{N+1}{2}=\frac{6+1}{2}=3.5$

中数则为位于第 3 位和第 4 位的两个数值中间,因此 $M_d=\frac{115+117}{2}=116$。

(2) 一组数据中有重复数值的情况

【例 3-2】 下表列出 30 名学生在一项自恋测验中分数的频数分布表,求其中数:

分数	次数	累加次数
20	1	30
19	1	29
18	1	28
17	2	27
16	1	25
15	4	24
14	2	20
13	2	18
12	3	16
11	5	13
10	2	8
9	1	6
8	2	5
7	1	3
6	1	2
5	1	1

解：① 计算中数的位置：

中数的位置 $=\dfrac{N+1}{2}=\dfrac{30+1}{2}=15.5$，位于第 15 位和第 16 位的两个数值中间。

② 找出中数：

在本例中，由于排列在中数位置上的数值是个重复数值，在计算上可将其视为一个分数单位上的几个连续数值，即 3 个数值是均匀分布在 11.5—12.5 之间的，如图 3-1 所示：

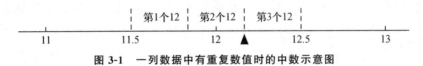

图 3-1　一列数据中有重复数值时的中数示意图

每个区间的间隔为 $\dfrac{1}{3}=0.33$，即第一个区间为 11.5—11.83，第二个区间为 11.83—12.16，第 3 个区间为 12.16—12.5。该例的中数位于第 15 位和第 16 位的两个数值中间，即为第 2 个和第 3 个 12 的中间，可视为第 2 个区间的上限，或第 3 个区间的下限，因此 $M_d=12.16$，即为图 3-1 中三角形所示位置。

2. 中数的优缺点与应用

中数直观地反映了样本数据分布的中心位置，其计算简单，容易理解，且不易受极端数据的影响，这是它的优点。但它也有一些不足之处，如中数是根据数据的相对位置来确定的，在计算时不是每个数据都加入计算，从而有较大的抽样误差，不如平均数稳定；极端数据的变化不对其产生影响，反应不够灵敏；中数不能作进一步代数运算等。

但在下述情况，则会经常用到中数：

（1）当一组观测结果中出现极端数据时，常用中数。这种情况在心理研究中经常出现，因为心理实验中的偶然因素非常复杂，有时实验中为了平衡各种误差，经常是同一种观测要在同一个被试身上反复进行多次，而只取某一个代表值作为对该被试的观测结果。这时若出现极端数据，又不能确定这些极端数据是否由错误观测造成，因而不能随意舍去。在这种情况下，只能用中数作为该被试的代表值。这样做，并不影响进一步的统计分析，因为求中数不受极大值和极小值的影响，决定中数的关键是居中的那几个数据的数值大小。

（2）当频数分布的两端数据或个别数据不清楚时，只能取中数作为集中趋势的代表值。在心理实验中，经常会出现个别被试不能坚持继续进行实验这一现象，有时只知个别被试的观测结果是在分布的哪一端，但具体数值不清楚，这种情况下就只能取中数，而不能计算平均数。

（3）当需要快速估计一组数据的代表值时，也常用中数。

第二节　算术平均数

算术平均数(arithmetic average)，也称为平均数、均数，是某变量所有观测值的总和除以总观测次数所得的商。总体平均数通常用字母 μ 表示，样本平均数通常用字母 M 表示。如果平均数是由变量 X 计算的，就记为 $\overline{X}$，若由变量 Y 求得，则记为 $\overline{Y}$。

一、平均数的计算公式

1. 基本公式

算术平均数的计算就是将所有的数据相加，再用数据的个数去除数据总和，公式为：

$$\overline{X} = \frac{\sum X_i}{N} \qquad (公式3-1)$$

式中，$\sum X_i = X_1 + X_2 + \cdots + X_N$，表示 N 个原始数据的总和，N 表示数据的个数。

【例3-3】　某年级数学期末考试后，随机抽取了10名学生，成绩如下，求其平均成绩：
　　　　　　89　76　87　78　79　89　90　83　91　88

解：记学生的数学成绩为 X，$N=10$，则

$$\overline{X} = \frac{\sum X_i}{N} = \frac{89+76+87+78+\cdots+88}{10} = \frac{850}{10} = 85$$

2. 用估计平均数计算平均数

如果数据的数目以及每个观测数据值都很大时，应用公式(3-1)计算较麻烦。在这种情况下，利用估计平均数可以简化计算。具体方法是：先设定一个估计平均数，用符号 AM 表示，从每一个数据中减去 AM，使数值变小；然后计算变小后数据的平均数；

最后在计算结果中加上这个估计平均数,计算公式如下:

$$\overline{X} = AM + \frac{\sum x_i'}{N} \qquad \text{(公式 3-2)}$$

式中,$x_i' = X_i - AM$,AM 为估计平均数,N 为数据个数。

现在以例 3-3 的数据计算如下:

① 设定估计平均数 AM=84。

② 从每一个数据中减去 AM,求出 x_i' 及 $\sum x_i'$:

89	76	87	78	79	89	90	83	91	88
5	−8	3	−6	−5	5	6	−1	7	4

$$\sum x_i' = 10$$

③ 求出平均数:

$$\overline{X} = AM + \frac{\sum x_i'}{N} = 84 + \frac{10}{10} = 85$$

估计平均数的大小,可根据数据表面值的大小任意设定,但其值越接近平均数计算越简便。读者可以另设一个估计平均数,作个比较。尽管 AM 值不同,但最终的平均数是相等的。

3. 使用频数分布表计算平均数

当数据编制成频数分布表之后,已看不到原始数据,在这种情况下,需要使用各分组区间的组中值来代表落入该区间的各个原始数据,并假设散布在各区间内的数据围绕着该区间的组中值均匀分布。基于这一假设,根据计算平均数的基本公式,推演出计算分组数据平均数的公式如下:

$$\overline{X} = \frac{\sum (f_i X_i)}{N} \qquad \text{(公式 3-3)}$$

式中,X_i 为每组的组中值,f_i 为各组次数,N 为总次数。

【例 3-4】 下表是对 30 个学生语文成绩分组后的数据,求总平均数:

分组	X_i	f_i	$f_i X_i$
55—59	57	2	114
60—64	62	1	62
65—69	67	3	201
70—74	72	4	288
75—79	77	7	539
80—84	82	6	492
85—89	87	5	435
90—94	92	2	184
$\sum$			2315

解：$\bar{X} = \dfrac{\sum f_i X_i}{N} = \dfrac{2315}{30} \approx 77.17$

需要指出的是，用原始数据及根据频数分布表计算的平均数，二者在数值上有少许差异，这是由于用频数分布表计算平均数时，先假设落入各区间内的数据均匀分布在组中值上下，而实际情况不一定是这样。从计算的实际结果看，二者相差不是很大。另外，当相同的数据按照不同的组距分成不同的组别时，因组距的不同，计算的平均数也会有差异。这并不影响以后的统计分析。不过，如果有原始数据，应当使用原始数据计算平均数，尤其是现在随着计算机软件的应用，计算已经不再是麻烦事，因此，在心理学研究中应尽量使用原始数据来进行统计。

二、平均数的性质和意义

平均数在行为科学中是使用得最多的统计量之一，许多其他统计量的计算中都将使用到平均数。源于它的重要性，首先必须了解它的一些性质。

1. 平均数的性质

(1) $\sum(X_i - \bar{X}) = 0$，即离均差之和为 0。

在一组数据中，每个数值与平均数之差（称为离均差）的总和等于 0。这是平均数最重要的一个特性。平均数就好像频数分布中的一个平衡点，在它两边的数据与它的距离之和是相等的。

(2) $\sum(X_i - \bar{X})^2 = \text{Minimal}$，即离均差之平方和最小。

如果把一组数据中的每个数值都与该组数据中任意一个数值相减，然后求其平方和，那么与平均数的差值平方和是所有平方和中最小的。表 3-2 说明了平均数的这一特性。

表 3-2 一组数据中各种离差平均和比较

1 X	2 $(X-2)^2$	3 $(X-3)^2$	4 $(X-4)^2$	5 $(X-5)^2$	6 $(X-6)^2$
2	0	1	4	9	16
3	1	0	1	4	9
4	4	1	0	1	4
5	9	4	1	0	1
6	16	9	4	1	0
$\sum$ 20	30	15	10	15	30

$N = 5 \quad \bar{X} = \dfrac{20}{5} = 4$

平均数的这一特性用打乒乓球或网球就很容易理解了。当对方发球时，我们一般都站在中间位置,目的是要用尽可能少的移动来接住球。假设从中间位置到桌子最左边要 3 步,到最右边也是一样。你可以这样计算你移动的代价,移动 1 步要花费你 1 元,2 步就是 4 元($2^2=4$),3 步 9 元($3^2=9$),以此类推。现在我们不知道对方会把球打往左边还是右边,你能知道的就是如果你站在中间,你最多移动 3 步,损失 9 元,如果你站在左边或右边,你可能要移动 6 步,那么就要损失 36 元。因此,站在中间可以最小化你的花费和体力,因为离均差平方和是最小的,有时也称之为最小平方和。最小平方和法是统计学中经常出现的一个概念,在随后的章节中,如回归,还将使用到这一概念。

2. 平均数的意义

算术平均数是最灵敏、最严密、最可靠,也是最简明易懂的一种集中量数。它受抽样变动的影响较小,也就是说,从同一个总体中随机抽取容量相同的样本,所计算出的算术平均数与其他集中量数相比,抽样误差较小,因此它是"真值"渐近、最佳的估计值。算术平均数是运用最广的一种集中量数,在计算方差、标准差、相关系数以及进行统计推断时,都要用到它。

三、应用平均数应注意事项

1. 同质性原则

作为统计分析的重要手段,平均数只有在总体是由同类数据所组成且有足够多的数据时,才具有科学价值和认识意义。不同质的数据不能计算平均数。所谓同质数据是指使用同一个观测手段,采用相同的观测标准,能反映某一问题的同一方面特质的数据。如果把不同质的数据放在一起计算平均数,则该平均数就不能作为这一组数据的代表值。例如,某学生语文考了 50 分,数学考了 90 分,能否说他的平均成绩是 70 分,已达到及格水平呢? 这时当然不行,因为这两科考试由于难易水平和评分标准等各不相同,是不同质的数据。判断数据是否同质,并不是一件容易的事情,需要研究者根据实际情况认真分析。尽管平均数是一个较普遍应用的集中量数,但要用得恰到好处,也并非易事。

在某些情况下,可以使用加权平均数(weighted mean)来处理不同质的数据。加权平均数的公式如下:

$$M_W = \frac{W_1 X_1 + W_2 X_2 + \cdots + W_n X_n}{W_1 + W_2 + \cdots + W_n} = \frac{\sum W_i X_i}{\sum W_i} \quad \text{(公式 3-4)}$$

式中,W_i 为权重。

所谓权重,是指各变量在构成总体中的相对重要性。每个变量的权重大小,由研究者依据一定的理论或实践经验而定。在心理学研究中,时常会遇到对观测数据进行加权的情况。例如,在考试命题中,在满分 100 分的情况下,各种类型题目的分值是不同的。如选择题一题 1 分,而论述题一题 10 分。1 分和 10 分就是权重。

由各小组平均数计算总平均数是应用加权平均数的一个特例,也是很容易犯错误的一种类型。例如某课题组在 4 个省区进行一项心理调查,各省区的取样人数和平均分数见表 3-3。

表 3-3　各省区取样人数和平均数

省区代码	人数	平均分数
1	27	98
2	68	60
3	45	70
4	35	79
合计	175	307

如果要求 4 个省的总平均分,是否把 4 个省的平均分相加再除以 4 呢？即 $\bar{X}_t = \frac{\sum X_i}{N} = \frac{98+60+70+79}{4} = \frac{307}{4} = 76.75$。显然这种方法是不行的,因为各个省区的人数是不同的,即出现不同质情况。这时应把人数当成权重,计算加权平均数,即 $\bar{X}_t = \frac{\sum W_i \bar{X}_i}{\sum W_i} = \frac{27 \times 98 + 68 \times 60 + 45 \times 70 + 35 \times 79}{27+68+45+35} = \frac{12641}{175} = 72.23$。

2. 若出现极端数据时,不能使用算术平均数

由于平均数的计算包含了所有观测数据,因此观测数据中任何一个数值的变化,在计算平均数时都能反应出来,特别是两端的极端数据,很容易使平均数偏向有极端数据的一边。如同两个人坐翘翘板,一个重,一个轻。为了平衡,支撑点必须往重的一方移动一些。因此,当数据的分布不太对称或过于偏斜时,算术平均数就不足以代表这组数据的典型水平了。

在心理研究中,偶然因素十分复杂,经常会出现极端数据。例如,一个重点班的 50 名水平相当的学生,在通过一项心理测验时,绝大多数学生得分较高,但个别学生由于身体不适或一时情绪障碍而得到很低的分数,这时若平均数代表全班学生的心理水平,则肯定偏低,不符合实际情况。在这种情况下,可以使用截尾平均数(trimmed mean)来处理这个问题。截尾平均数是从一组数据中去除一定百分比(如 5%)的最大值和最小值数据后,再次计算的算术平均数。在实际生活中,大家常常会看到各种比赛评比中,在计算某一选手的平均分时,经常会把多个评委评分中的最高分和最低分去掉,再算平均值。

3. 若出现模糊不清数据时,无法计算平均数

因为计算平均数需要使用到每一个数据,只要有一个数据含糊不清,都无法计算平均数。在心理研究中经常会出现这种情况。例如,在进行某一项测验中,总分是以各题得分之和除以题数来计算,即平均分,这时如果被试有一道题漏答,就无法计算出他的总平均分。在这种情况下,可以用其他被试在这道题上的平均分来代替求出该被试的总平均分。

第三节 平均数与中数、众数的关系

在一个正态分布中,平均数、中数和众数三者相等,因此在数轴上三个集中量数完全重合,在描述这种次数分布时,只需要报告平均数即可。但在偏态分布中,三者不重合,一般来说,在正偏态分布中,$M>M_d>M_o$;在负偏态分布中,$M<M_d<M_o$(见图3-2)。

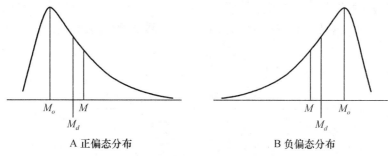

A 正偏态分布　　　　　B 负偏态分布

图 3-2　偏态分布中平均数、中数与众数的关系示意图

表 3-4 把三种集中量数作了一个比较,那么在实际应用中,我们应该选取哪个集中量数作为代表值最为合适呢?

表 3-4　众数、中数和平均数的比较

众数	中数	平均数
主要用于称名变量,也用于顺序变量	主要用于顺序变量,也用于等距变量	主要用于等距、等比变量,也用于顺序变量
对样本的稳定性差	对样本的稳定性一般	对样本的稳定性好
受分组的影响大	有时候受分组的影响	受分组的影响不大
对极端数据不敏感	对极端数据不敏感	对极端数据敏感

在考虑解决这个问题的各种因素之前,可以先去除掉众数,因为众数不是通过计算,而是通过观察得到的。只有当你需要得到一个快速而粗略的代表值时,或者你感兴趣于发生频率最多的数值时才考虑使用众数。另外,如果频数分布中只有一个众数,且分布是对称时,众数可以作为中数和平均数的一个估计值。除此之外,它在统计中的应用较为有限。

那么在中数和平均数的选择上,可以根据两点来考虑:一是计算,二是对数据分布状态的敏感性。

第一,在计算方面,平均数的计算公式严密,容易理解,在社会上应用较为广泛。而中数相对应用较少一些,因此如果一组数据符合平均数的应用条件,则优先采用平均数来代表数据的集中趋势。

第二,在对偏态分布的敏感性方面,平均数的敏感度很高,当数据分布明显偏态时,不适宜使用平均数来代表集中趋势。而中数把分布下的面积分成两等份,在它一边的数据个数等于在它另一边的数据个数。因此在描述偏态分布中,应报告中数。

例如年薪就经常使用中数,而不是报告平均数。为什么呢?因为年薪的分布不是对称的。大部分人的工资收入在低下及中等水平,而且再低工资都不会低于0,而高却没有底线。因此如果报告平均数,就会产生误导,如同表3-1的数据中,假设整个公司的平均年薪是190000元,使用平均数(240000)就会使人误以为该部门职工的平均年薪高于总体平均水平,而其实大多数人的年薪都低于总体平均水平。所以在这种情况下要使用中数。因为中数对极端数据不敏感,它取决于数据的排列位置,而不是数据的具体值。

表3-5比较了平均数与中数对极端数据的敏感性。

表 3-5　平均数与中数对极端数据的敏感度比较

	A	B	C	D	E
	5	15	25	5	20
	4	4	24	4	4
	3	3	3	3	3
	2	2	2	2	2
M_d	1	1	1	−14	−14
$\overline{X}$	3	5	11	0	3
M_d	3	3	3	3	3

从表3-5中可看出,每组数据的中数都是3,而平均数因数据的不同有很大的变化。如果同时报告了平均数和中数,聪明的你是否能判断出哪些数据偏态以及偏态的方向呢?

【自测题】

一、单选题

1. 一个 $N=10$ 的总体,$\sum(X_i-\overline{X})^2=200$。其离均差之和 $\sum(X_i-\overline{X})$ 是:_____
   A. 14.14　　　　　　　　　　B. 200
   C. 数据不足,无法计算　　　　D. 0

2. 中数在一个分布中的百分等级是:_____
   A. 50　　　B. 75　　　C. 25　　　D. 50—51

3. 平均数是一组数据的:_____
   A. 平均差　　B. 平均误　　C. 平均次数　　D. 平均值

4. 六名考生在作文题上的得分为11,8,9,10,13,15,其中数为:_____
   A. 10.5　　　B. 11　　　C. 10　　　D. 9

5. 下列描述数据集中情况的统计量是：_____

   A. M M_d μ B. M_o M_d S C. S ϖ σ D. M M_d γ

6. 对于下列实验数据：1,108,11,8,5,6,8,8,7,11,描述其集中趋势用（   ）最为适宜,其值是：_____

   A. 平均数,14.4   B. 中数,7.83   C. 中数,8.5   D. 众数,8

7. 一个 $n=10$ 的样本平均数是21。在这个样本中增添一个分数,得到的新样本平均数是25,这个增添的分数值是：_____

   A. 40   B. 65   C. 25   D. 21

8. 在正偏态分布中,平均数、中数、众数三者之间的关系是：_____

   A. $M=M_d=M_o$ B. $M_o=3M_d-2M$ C. $M>M_d>M_o$ D. $M<M_d<M_o$

9. 下列易受极端数据影响的统计量是：_____

   A. 算术平均数   B. 中数   C. 众数   D. 四分差

10. 若以"75—"表示某频数分布表中某一分组区间,其组距为5,则该组的组中值是：_____

    A. 77   B. 76.5   C. 77.5   D. 76

二、名词解释

1. 集中量数
2. 中数
3. 众数
4. 算术平均数

三、简答题

1. 应用算术平均数表示集中趋势要注意什么问题？
2. 中数、众数、平均数各适用于心理学研究中的哪些资料？

四、计算题

1. 以下是七组样本数据,计算每组样本的平均数、中数和众数,并说明每组数据中使用哪个集中量数代表性最好。

A	B	C	D	E	F	G
18	10	28	91	112	255	52
13	9	28	89	106	245	42
16	5	19	81	111	252	51
14	6	20	81	107	252	51
14	6	21	87	110	252	43
	6	22	83	108	248	43
			83	109	248	43
				109	249	50
					249	49
						46

2. 求下列频数分布表中数据的平均数：

分组	f	分组	f
65—	1	35—	34
60—	4	30—	21
55—	6	25—	16
50—	8	20—	11
45—	16	15—	9
40—	24	10—	7

3. 某大学有五个学院，各学院入学成绩的平均数和人数如下：

学院	1	2	3	4	5
平均数	509.7	489.33	516.89	503.44	519.6
人数	225	180	211	162	195

试计算该大学入学成绩的总平均数。

4

离散趋势的度量

【评价目标】
1. 掌握百分位差及四分位差的计算方法,理解它们的性质和作用。
2. 掌握方差与标准差的计算原理及定义公式,理解它们的性质和作用。
3. 能够恰当地应用百分位差、四分位差、方差及标准差描述一组数据的离散趋势。
4. 掌握标准分的概念及计算公式,能够恰当地应用标准分解决实际问题。

数据的离散趋势(dispersion tendency)是指数据分布中数据变异或分散的程度。任何研究中都存在着数据的变异性。例如,在考查一个班级的语文成绩时,一些学生会比另一些学生考得更好。又如,医生研究某种新药物对治疗抑郁症是否有效,他希望看到用新药物的患者组的反应与用安慰剂的患者组是不同的。两组学生或两组患者之间的差异就是一种变异性。而且即使都是考得较好的学生之间,或使用新药物的患者之间也会存在着差异,这也是一种变异性。与集中趋势的度量一样,用来描述数据离散趋势程度的统计量也有多种,统称为差异量数(measures of dispersion tendency)。

研究数据的变异性在统计学中是非常必要的。因为单独看一个分数本身是没有意义的,只有当它与组中的其他分数相比较,才能体现出它的价值。例如,知道某个分布的平均数,就可以知道自己的分数是比平均数高还是低。但高多少呢?低多少呢?如果平均数是100,而你的分数是105,明显,这里有5分的差异,你比平均分高5分。但5分的差异是大还是小呢?这时就需要考查其他分数与平均数之间的距离,然后进行比较。差异量数可以确定其他分数与平均数之间的距离,即它们都是围绕着平均数附近,还是离平均数很远。

因此,如果知道一组数据的集中量数以及差异量数,就可以更好地解释该组数据中每个分数的意义。本章主要讲述几种差异量数的含义、性质、作用、计算方法及应用,包括全距、百分位差、四分位差、方差和标准差,其中方差和标准差是统计学中极为重要的两个统计量,它们在随后的章节中包括相关、回归以及方差分析中都将涉及。

第一节　全距、百分位差和四分位差

一、全距

1. 计算公式

全距(range)，又称两极差，用符号 R 表示。它是说明数据离散程度最简单的统计量。把一组数据按从小到大的顺序排列，用最大值(maximum)减去最小值(minimum)就是全距。它的计算公式为：

$$R = M_{max} - X_{min} \quad \text{（公式 4-1）}$$

全距是一个数值，例如，一组数据中最高分为 90 分，最低分为 30 分，那么全距就是 60 分，而不是指从 30 分到 90 分。

2. 优缺点与应用

全距是最简单、最易理解的差异量数，计算也最简单，但也是最粗糙和最不可靠的值。因为仅仅利用了数据中的极端值，其他数据都未参与运算过程发挥作用。如果两极端值有偶然性或属于异常值，全距不稳定、不可靠、也不灵敏。全距明显受取样变动的影响。因此，它只是一种低效的差异量数，一般情况下主要用于对数据作预备性检查，了解数据的大概散布范围，以便确定如何进行统计分组。

但在一些情况下，知道全距，特别是最大值是十分必要的，有时我们专注于平均值而往往会忽略了这一点。想象一下如果桥梁载重量是按照通行量平均值来设计的话会怎样，那么在第一个上下班高峰期的时候桥就会坍塌。因此好的设计不仅依赖于集中量数，也需要知道差异量数。全距以及其他的差异量数将会提供重要的依据。在此进一步说明仅一个数据或一个统计量并不能完全说明问题，统计需要提供多方面的信息。

二、百分位差和四分位差

1. 百分位差

在介绍百分位差之前，有必要先提到百分位数(percentile)。百分位数是指量尺上的一个点，在此点以下，包括数据分布中全部数据个数的一定百分比。第 P 百分位数(P-percentile)就是指在值为 P 的数据以下，包括分布中全部数据的百分之 p，其符号为 P_p。例如，$P_{10} = 20$，表明小于(包括等于)20 的数据占全部数据的百分之十。

由于全距受极端数据的影响，不能准确地表示一组数据的离散程度，因此有人提出取消分布两端 10% 的数据，用 P_{10} 和 P_{90} 之间的距离来代替全距，称为百分位差。因此百分位差为两个百分位数 P_{10} 和 P_{90} 之间的差值。其中，百分位数的计算公式如下：

$$P_p = L_b + \frac{\frac{P}{100} \times N - F_b}{f} \times i \quad \text{（公式 4-2）}$$

式中：P_p 为所求的第 p 个百分位数，L_b 为百分位数所在组的精确下限，f 为百分位数所在组的频数，F_b 为小于 L_b 的各组频数的和，N 为总频数，i 为组距。

【例 4-1】 用下面的频数分布表计算该分布的百分位差 $P_{90}-P_{10}$：

组别	f	向上累加频数	
65—	1	157	
60—	4	156	
55—	6	152	
50—	8	146	141.3
45—	16	138	
40—	24	122	
35—	34	98	
30—	21	64	
25—	16	43	
20—	11	27	
15—	9	16	15.7
10—	7	7	
$\sum$	157		

解：① 计算 P_{10} 和 P_{90} 所对应的分组区间，即 $N \times P\%$：

$$P_{10}: 157 \times 10\% = 15.7$$
$$P_{90}: 157 \times 90\% = 141.3$$

② 从累加频数中找到分组区间，以及该组的频数 f 和组距 i。

从表中可看出，15.7 对应的组别是 15—，该组的频数 f 为 9；141.3 对应的组别是 50—，该组的频数 f 为 8，组距 i 为 5。

③ 找到该分组区间精确下限值 L_b 和此值以下的累加频数 F_b：

P_{10} 对应的分组区间为 15—，其精确下限值 L_b 为 14.5，此值以下的累加频数 F_b 为 7。

P_{90} 对应的分组区间为 50—，其精确下限值 L_b 为 49.5，此值以下的累加频数 F_b 为 138。

④ 把以上值代入公式，即可计算出两个百分位数及百分位差：

$$P_{10} = 14.5 + \frac{\frac{10}{100} \times 157 - 7}{9} \times 5 = 19.33$$

$$P_{90} = 49.5 + \frac{\frac{90}{100} \times 157 - 138}{8} \times 5 = 51.56$$

$$P_{90} - P_{10} = 51.56 - 19.33 = 32.23$$

答:该分布的百分位差为 32.23。

常用的百分位差除 $P_{90}-P_{10}$ 外,还有 $P_{93}-P_7$。这两种百分位差,虽然比全距较少受两极端数据的影响,但仍不能很好反映数据的散布情况,因此只作为主要差异量数的补助量数,在实践中很少使用。

2. 四分位差

四分位差(semi-interquartile range, SIR)可视为百分位差的一种,通常用符号 Q 来表示。具体做法是首先将数据从小到大排列,然后用三个百分位数 P_{25},P_{50},P_{75} 将其分成四部分,使得每一部分各占 25% 的数据。因此这三个百分位数又称为四分位数,分别用 Q_1,Q_2,Q_3 来表示。Q_1 是第一个四分位数,在它之下的数据占总数据的四分之一;Q_2 是第二个四分位数,等同于中位数,也就是百分位数 P_{50},因为在中数以下或以上,刚好有全部数据个数的 50%;Q_3 是第三个四分位数,在它之上的数据占总数据的四分之一。四分位差定义公式为:

$$Q = \frac{Q_3 - Q_1}{2} \quad \text{(公式 4-3)}$$

对于四分位数的求法与前述百分位数的计算是相同的,实际上就是计算 P_{25} 和 P_{75} 的值。依据例 4-1 的数据,$Q_1=28.32$,$Q_3=43.61$,因此 $Q=7.64$。

四分位差通常与中数联系起来共同使用,如果分布是对称的,中数加上或减去四分位差能反映出数据分布中间 50% 数据的散布情况。例如,某个分布中数是 70,四分位差是 10,那么 70±10(60—80)涵盖了中间 50% 的数据。即使对于偏态分布来说,四分位差也是有意义的,因为它集中于中间 50% 的数据。事实上,对于一些极为偏态的,无法使用平均数和标准差来表示集中趋势和离散趋势的分布来说,中数和四分位差就是一个极好的选择。例如,一些生理指标如反应时、心率的测量,以及一些经济变量如年薪、房价等,就经常使用中数和四分位差来表示集中趋势及离散趋势。此外,它们也经常用于描述顺序变量。

与全距相比,用四分位差表述数据的离散情况稍微好一些,比如,在两极端数据不清楚时,可以计算四分位差。但它也存在两个明显的缺陷:(1) 与全距一样,它没有把全部数据考虑在内,其稳定性较差。(2) 与中位数一样,它不适合代数方法运算,不能用于推论统计,因此应用性不高。

第二节 方差与标准差

一、计算原理

与上一节的三个差异量数相比,方差和标准差的概念较难理解一些,计算也比较复杂,因此先介绍其计算原理。首先,我们知道,变异性体现在分数之间的差别上,设想我

们的样本只有一个人的数据,没有比较就没有差异,也就没有变异性了。如果增加一个被试,就有了第二个人的数据,于是,我们有了一个差异。以此类推,就会有第二个差异、第三个差异等等。于是增加多少个人就有多少差异,我们可以计算所有这些被试间相互的差异,然后再加以平均,求出一个单独的代表值。不过,如果为全体分数求一个平均数,然后用它作为比较的参考点是最为经济的方法。这样,每一个差异变成一个离均差,而且离均差的数目等于数据个数。那么,$\frac{\sum(X_i - \overline{X})}{N}$,即离均差之和的平均值能否作为整个样本离散程度大小的代表值呢?答案是否定的,因为在前一章关于平均数的性质中已提到,所有数据的离均差之和为0,即$\sum(X_i - \overline{X}) = 0$,这是由于大于平均数和小于平均数的离均差正好能够完全抵消。为了解决这个问题,统计学中有一种办法是:在计算时,先将离均差取绝对值,然后再求和,这样就不会出现正负抵消的情况。这样计算的结果在统计学中称为平均差,以 AD 来表示,即 AD$=\frac{\sum |X_i - \overline{X}|}{N}$。显然,平均差可以表示数据离散程度的大小。

但是,使用离均差绝对值之和来表示离散程度仍有不便之处,因为绝对值符号在数学推导中非常难处理,该指标很难用于进行后续的统计推断,具有一定的局限性,在实际情境中,较少为人使用。另一种使离均差之和不等于 0 的办法,是将各离均差先平方再求和,然后除以数据的个数。这样不仅可以解决符号的问题,同时又可以进行后续的数学推导,于是就产生了方差(variance)。一般来说,总体方差用 σ^2 表示,而样本方差用 S^2 表示,其计算公式为:

$$S^2 = \frac{\sum(X_i - \overline{X})^2}{N} \quad (公式4-4)$$

式中,$\sum(X_i - \overline{X})^2$ 称为离均差平方和(Sum of Squares of Deviations from Mean,SS),简称平方和,用 SS 表示。

平方和在使用上比绝对值要方便一些,但是,它的大小与两个因素有关:(1)每个分数与平均数之间的距离。距离小,平方后的数值变化不大,如 $2^2 = 4, 3^2 = 9$,但距离大的话,平方后数值相对就会变得更大,如 $9^2 = 81, 11^2 = 121$。因此,如果大多数数据集中在平均数周围,平方和就会较小,如果大多数数据跟平均数的差异都很大,平方和就会被放大,其中极端数据对平方和影响会最大。(2)样本量大小。显然平方和是与样本量有关的,数据越多,该指标就会越大,因此如果要客观反映变异程度的大小,就应当去除样本量的影响。为此将离均差平方和除以数据总频数 N,这就是方差,也有人称之为均方。

由上述公式可知,方差的计算需要将一组数据的正负离均差都进行平方,使之都变成正数,而平方后的方差与原来数据的单位就会产生不一致,例如,原来的身高用"厘米"为单位,经过平方变为"平方厘米"。为了使平方后的数据单位与原始数据相一致,需要对方差进行开方,使其回到原来的单位,其结果称为标准差(standard deviation)。总体标准差用 σ 表示,样本标准差用 S 或 SD 来表示,其计算公式为:

$$S = \sqrt{\frac{\sum(X_i - \overline{X})^2}{N}}$$ （公式 4-5）

为了使读者更清楚离均差、平方和、方差和标准差之间的关系,我们用下面这个图例加以形象地说明。

在图 4-1A 中,坐标轴上以平均数为参考点,标记了 7 个被试原始分数的离均差。它以距平均数的直线距离来表示,与表 4-1 中第三列的数值一致。离均差是以直线来表示,那么离均差的平方就必须以面积来表示,图 4-1A 中列出了 7 个人各自所属的正方形,与这些正方形面积相对应的数值列在表 4-1 的第四列。平方和(SS)以所有正方形面积的总和来表达。这个面积应包含 88 个单位,每一单位应等于第 3 个被试或第 5 个被试表现出来的正方形面积。这个总面积除以 7,得出平均后的面积,标记为 S^2,表示在图 4-1B 中,用单个正方形来表达,这个正方形与第一部分的图有着相同的基线,正方形的边长代表标准差。

表 4-1 为了说明离均差、平方和、方差及标准差之间关系模拟的一组数据

被试	X_i	$X_i - \overline{X}$	$(X_i - \overline{X})^2$
1	15	5	25
2	14	4	16
3	11	1	1
4	10	0	0
5	9	−1	1
6	7	−3	9
7	4	−6	36
$\sum$	70		88

$N = 7, \overline{X} = 10, S^2 = \dfrac{\sum(X_i - \overline{X})^2}{N} = \dfrac{88}{7} = 12.57, S = 3.55$

由图 4-1 可以看出,方差其实就是一组数据的平均差异的表现,但由于其平方单位的限制,我们又求其标准差,相当于把它还原成标尺上的一种刻度,如图 4-2 所示。它与平均数组成了一种标尺,用该标尺就可以直接地、概括地、平均地描述数据变异的大小。因此在实际统计中,标准差的应用更为常见。对于同性质的数据来说,标准差越小,表明数据的变异程度越小,即数据越整齐,数据的分布范围越集中;标准差越大,表明数据的变异程度越大,即数据越参差不齐,分布越分散。实际上方差也是非常有用的

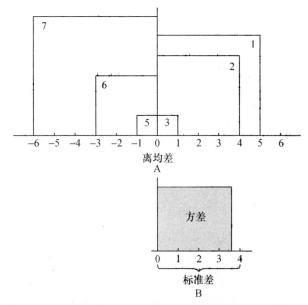

图 4-1　离均差、平方和、方差和标准差之间的关系示意图

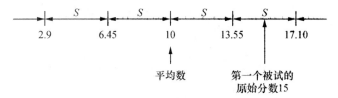

图 4-2　原始分数、平均数与标准差的示意图

一个统计量,它和标准差是许多其他统计概念和计算的基础,因此读者一定要清楚地了解它们的原理和概念,这对于后续的学习是非常重要的。

二、计算公式

许多学习统计学的读者对统计书上的公式总有种恐惧感,因为有时候一个统计量的计算公式有好多种,但究竟用哪种,各种之间有什么区别,读者会感到很困扰。其实每种公式的计算结果都是相同的,只不过有的公式能帮助你更容易理解概念,有的公式更容易计算。读者可依据自己的需要进行选择。对于方差和标准差来说,前面列出的公式 $S^2 = \dfrac{\sum(X_i - \overline{X})^2}{N}, S = \sqrt{\dfrac{\sum(X_i - \overline{X})^2}{N}}$ 即是定义公式,它说明了方差和标准差的来源——方差是每个数据与该组数据平均数之差平方后的均值,即离均差平方后的平均数,标准差即是方差的平方根。

【例 4-2】 计算下列一组数据的方差与标准差：

$$6 \quad 5 \quad 7 \quad 4 \quad 6 \quad 8$$

解：① 求平均数：

$$\overline{X} = \frac{\sum X_i}{N} = \frac{6+5+7+4+6+8}{6} = \frac{36}{6} = 6$$

② 求离均差平方和：

$$\sum(X_i - \overline{X})^2 = (6-6)^2 + (5-6)^2 + (7-6)^2 + (4-6)^2 \\ + (6-6)^2 + (8-6)^2 = 10$$

③ 求方差与标准差：

$$S^2 = \frac{\sum(X_i - \overline{X})^2}{N} = \frac{10}{6} = 1.67$$

$$S = \sqrt{\frac{\sum(X_i - \overline{X})^2}{N}} = \sqrt{1.67} = 1.29$$

运用基本公式求方差与标准差，都要先求平均数，再求离均差。若平均数不是一个整数或是不能除尽的数，那么在计算过程中就会引入计算误差，计算也会很繁琐。此时可引入另外的计算公式，直接使用原始分数计算方差与标准差，公式如下：

$$S^2 = \frac{\sum X_i^2}{N} - \left(\frac{\sum X_i}{N}\right)^2 = \frac{N\sum X_i^2 - \left(\sum X_i\right)^2}{N^2} \quad \text{（公式 4-6）}$$

$$S = \sqrt{\frac{\sum X_i^2}{N} - \left(\frac{\sum X_i}{N}\right)^2} = \frac{1}{N}\sqrt{N\sum X_i^2 - \left(\sum X_i\right)^2} \quad \text{（公式 4-7）}$$

要注意公式中 $\sum X_i^2$ 和 $\left(\sum X_i\right)^2$ 的区别，前一个是指原始数据平方后的总和，后一个是指原始数据总和后的平方。

例 4-2 中的数据，如果采用公式 4-6 计算，如下表：

	X_i	X_i^2
	6	36
	5	25
	7	49
	4	16
	6	36
	8	64
$\sum$	36	226

直接代入公式:

$$S^2 = \frac{\sum X_i^2}{N} - \left(\frac{\sum X_i}{N}\right)^2 = \frac{226}{6} - \left(\frac{36}{6}\right)^2 = 1.67$$

上述结果与用基本公式计算的结果是相同的。相比较而言,公式 4-6 利用了每一个原始分数来计算方差,其精确度更高,可以消除计算误差,且如果需要手工计算的话,它会更为方便一些,而公式 4-4,4-5 则能让读者更清楚地了解方差和标准差的概念。在现代统计中,计算机的出现早已把我们从繁琐的计算中解脱出来了,因此,不论数据有多少,只要正确输入计算机,点击相应的命令,我们就可以得到计算结果。在这种情况下,许多人对这些命令所代表的概念越来越模糊,如只知道通过某个命令可以得到方差,却对"方差"的概念不甚清楚,因此我们建议读者要牢记方差与标准差的定义公式,并尽可能地多做一些练习,这样对方差和标准差的理解就会更加清晰。

另外,细心的读者可能会发现,有时计算机得出的答案与我们手工计算的答案有所出入。究竟是计算机出错,还是我们算错了呢?其实都没有错,只是计算机程序使用的公式与你使用的公式略有不同而已,即你的计算公式是 $S^2 = \frac{\sum(X-\bar{X})^2}{N}$,而计算机程序中是 $S^2 = \frac{\sum(X-\bar{X})^2}{N-1}$,因此结果会稍有出入。在本书中描述统计部分的标准差和方差的公式分母都用 N,而在推论部分所使用的公式中分母是用 $N-1$。为何在推论统计中要使用 $N-1$ 呢?因为在描述统计部分,我们只想描述某一样本或某一组分数的离散程度大小,并不想推论总体的情况。在推论统计部分,我们必须由样本去推论总体的情况,由于总体的性质不清楚,其方差和标准差的大小不知道,因而必须根据样本计算的方差和标准差来估计它。但由数学的推理证明,用样本的标准差和方差代替总体的标准差和方差,会产生低估,所以须用 $N-1$ 校正,才能估计正确。

三、优缺点与意义

方差与标准差是表示一组数据离散程度的最好指标,其值越大,说明频数分布的离散程度越大,该组数据比较分散;其值越小,说明离散程度越小,数据比较集中。它们的优缺点表现为:

优点:(1) 反应较为灵敏。能够随一组数据中的任何一个数据的变化而变化。(2) 反应稳定、严密。一组数据中有确定的方差及标准差的值。(3) 适合代数计算。在采用样本数据推断总体差异量时,方差和标准差被认为是最好的选择。

缺点:(1) 一般人对方差和标准差不太容易理解。(2) 容易被一组数据中的极端数值所影响。(3) 如果个别数值模糊不清,无法计算。

方差和标准差表明了数据的离散程度,那么,数据的离散程度大小有什么意义呢?

回答这个问题,需要视情况而定。例如,我们对一个班级的学习成绩进行统计,所得到的标准差太大,表明该班学生学习成绩的高低差异太大,应该对过去的教学进行必要的反省,并对新的教学进行思考。但是,从另外的角度审视,同样是标准差,在入学考试或专业比赛选拔中,如果试题的标准差太小或标准差为零,说明试题的难易区分度太小,质量较差,不利于对优秀者进行选拔。由此可见,对数据的离散程度进行描述统计对于心理研究是很有必要的。

标准差因为与原数据有相同的单位,我们可以用它来直接地、概括地、平均地描述数据变异的大小。因此在实际统计中,标准差的应用更为常见。例如,在统计报告中,经常使用 $\bar{X} \pm SD$ 来描述数据的分布情况。平均数反映了总体数据的集中趋势,但平均数对于总体数据一般水平的代表性如何,要看各个数值之间差异的大小。数据差异大,平均数的代表性就小;而数据差异小,表明数据都集中在平均数周围,这时平均数的代表性就大。方差也是非常有用的一个统计量,它是对一组数据中各种变异的总和的测量,具有可加性和可分解性特点。统计实践中常利用方差的可加性去分解和确定属于不同来源的变异性,并进一步说明各种变异对总结果的影响。方差是以后推论统计中最常用的统计量。

四、标准差的应用

1. 差异系数

标准差反映了一批数据分布的离散程度,当对同一个特质使用同一种测量工具进行测量,所测样本水平比较接近时,简单比较标准差的大小即可知样本间离散程度孰大。例如某校高二年级语文科进行一次考试。高二(一)班平均分为75分,标准差为6分,高二(二)班平均分为75.8分,标准差为10分。由于两班水平接近(平均数大致相等),比较标准差可以判定,这次考试高二(二)班的离散程度大于高二(一)班。在心理研究实践中,对同一学科(特质),同一次考试(测量工具),当样本间的集中趋势又相同(或差异不大)时,可以简单比较标准差来判断数据的离散程度。因标准差的单位与原数据的单位相同,因而将之称为绝对差异量。

然而,常会遇到以下情况:(1) 两个或两个以上样本所测的特质不同。例如,单位为毫秒的反应时与单位为克的重量进行比较。(2) 两个或两个以上样本所测的特质相同,但样本间的水平相差较大。同样是10分的标准差,对于平均分100分的数据和对于平均分500分的数据意义显然是不同的。

因此就需要用一种不带单位,不受数据量大小影响的相对差异量来进行样本间离散趋势的比较。差异系数就是表示数据分散程度的相对差异量,常用 CV 表示,其计算公式如下:

$$CV = \frac{S}{\bar{X}} \times 100\%$$

(公式 4-8)

式中，S 为某样本的标准差，$\bar{X}$ 为该样本的平均数。

【例4-3】 已知某小学一年级学生的平均体重为 25 千克，体重的标准差是 3.7 千克，平均身高 110 厘米，标准差为 6.2 厘米，问：体重与身高的离散程度哪个大？

解：$CV_{体重} = \dfrac{3.7}{25} \times 100\% = 14.8\%$

$CV_{身高} = \dfrac{6.2}{100} \times 100\% = 5.64\%$

答：通过比较差异系数可知，体重的分散程度比身高的分散程度大。

在应用差异系数比较相对差异大小时，一般应注意：(1)测量的数据要保证具有等距尺度，这时计算的平均数和标准差才有意义，应用差异系数进行比较也才有意义。(2)观测工具应具备绝对零点，这时应用差异系数去比较分散程度效果才更好。因此，差异系数常用于重量、长度、时间、编制得好的测验量表等。(3)差异系数只能用于一般的相对差异量的描述，至今尚无有效的假设检验方法，因此对差异系数不能进行统计推论。

2. 异常值的取舍

异常值(outliers)是指与平均数偏差很大，散落在两端的极端数值。异常值的存在对统计分析会造成较大的影响，如异常值会影响平均数及标准差等基本统计量的计算。因此在进一步的统计分析之前去除异常值具有重要的意义。标准差对于异常值的取舍提供了判断标准。

标准差是一组数据方差的平方根，它在表示数据的变异性中具有其他差异量数不可比拟的优势。回忆一下我们之前谈到的四分位差，它通常与中数联系起来共同应用，如果分布是对称的，中数加上或减去四分位差能反映出数据分布中间 50% 数据的散布情况。标准差有着类似的性质，但在计算上更为严密一些。标准差相当于某种测量标尺上的一个量尺，在对称的分布中，通过平均数和标准差，我们可以判断落在平均数上下各一个标准差、二个标准差、三个标准差范围之内的数据所占的百分比。根据正态分布理论，如果数据呈正态分布(具体见第六章第三节)，平均数加减一个标准差将包括全部数据的 68.26%，平均数加减两个标准差将包括全部数据的 95.45%，平均数加减三个标准差将包括全部数据的 99.7%。由此可见，如果某个数据值落在平均数加减三个标准差之外，则已属于异常数据，那么在整理数据时，可将此数据作为异常值舍弃。这就是常说的三个标准差法则。

第三节 标准分数

在统计过程中，如果没有和其他分数比较，单个分数是没有意义的。例如，某次重要的考试中你得了 62 分，这分数是高还是低呢？如果多数人的成绩都在 90 分以上，你的分数就较低;而如果多数人都不及格,你的分数也可能是全班最高分。如果只知道自己的分数是无法进行判断的,因此必须找出你与其他人的分数差别。你是高于还是低于平均数?是高一点还是高很多?有多少人的分数比你高,多少人分数比你低?所有的这些问题,我们将通过标准分数的计算来解答。

一、概念与计算公式

标准分数(standard score),又称为 z 分数(z-score),是以标准差为单位表示一个原始分数在团体中所处位置的相对位置量数,其计算公式为:

$$z = \frac{X - \bar{X}}{S}$$
(公式 4-9)

式中,X 代表原始分数,$\bar{X}$ 为原始分数所在团体的平均数,S 为该团体的标准差。

可见,计算标准分数实质上就是把每个原始分数与平均数之间的距离以标准差为单位进行换算,即表示原始分数在平均数以上或以下几个标准差的位置,从而明确该分数在团体中的相对地位的量数。

例如,某次考试全体考生的平均数是 50 分,标准差是 6 分。如果你的原始分数是 62 分,你的标准分数就是 $\frac{62-50}{6}=2$,即你的分数在平均分之上两个标准差的位置。如果你的原始分数是 56,那么,$z=\frac{56-50}{6}=1$,即你的分数在平均分之上一个标准差的位置。类似地,可以把所有的原始分数都转化成 z 分数,例如:

X		z
53		0.5
50		0
47	$\frac{X-\bar{X}}{S}=$	-0.5
44		-1
41		-1.5

把原始分数转换成 z 分数,就是把单位不等距的和缺乏明确参照点的分数转换成以标准差为单位,以平均数为参照点的分数。因为在一个分布中,标准差所表示的距离是相等的,以标准差为单位就使单位等距了。以平均数为参照点,也就是以 0 为参照点,因为等于平均数的原始分数转换成标准分数后,其值为 0。原始分数转换成 z 分数,就是转换为以 1 为标准差,以 0 为参照点的分数,如果一个数小于平均数,其值就是负数;如果一个数大于平均数,其值为正数;如果一个数的值等于平均数,其值为零。原始数据离平均数越远,其 z 分数的绝对值就越大,而 z 分数的绝对值越小,说明原始数据离平均数越近。可见,z 分数其实就是一种表示分布中分数相对位置的方式,它无实际单位。当把原始分数转换为 z 分数后,只需要看 z 分数的数值与正负号,就立即可以明确每

一个原始分数的相对地位。正因为任何一个分布中的原始数据转化为 z 分数后,都是以 1 为单位,以 0 为参照点,故名标准分数,因此 z 分数的转化也称为标准化过程(图 4-3)。

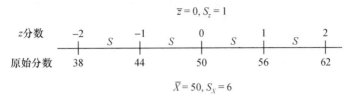

图 4-3 原始分数、标准差与 z 分数的示意图

二、性质与意义

1. 性质

(1) 所有原始分数的 z 分数之和为 0,即 $\sum z = 0$(根据求平均数及 z 分数的公式可以证明)。

(2) 所有原始分数的 z 分数的平均数为 0,标准差为 1,即 $\bar{z}=0, S_z=1$。

(3) 所有原始分数的 z 分数平方和等于数据的个数,即 $\sum z^2 = N$。这个性质看起来似乎不太重要,但在相关一章的学习中,它有着重要的意义。

(4) 原始分数转化为 z 分数的过程只是把所有数据进行平移的过程,不改变数据原有的分布形状。也就是说,如果原始分数呈偏态分布,那么转化后的 z 分数也呈现偏态分布;如果原始分数呈正态分布,则转换后的 z 分数也呈正态分布,此时称之为标准正态分布(具体见第六章第三节)。

2. 意义

(1) 可比性。z 分数以团体平均分作为比较的基准,以标准差为单位,因此不同性质的成绩,一经转换为 z 分数,相当于处在不同背景下的分数,放在同一背景下,用同一个标准去考虑,具有可比性。

(2) 可加性。z 分数是一个不受原始分数单位影响的抽象化数值,能使不同性质的原始分数具有相同的参照点,因而可以相加。

(3) 明确性。知道了某一被试的 z 分数,利用标准正态分布函数值表,可以知道该分数在全体分数中的位置,即百分等级,也就知道了该被试分数在全体被试分数中的地位。所以,z 分数较原始分数意义更为明确。

(4) 稳定性。原始分数转换为 z 分数后,规定标准差为 1,保证了不同性质的分数在总分数中的权重一样。例如在心理测验中,由于测试题目难易程度不同,造成不同性质测试之间标准差相距甚远,使得各个测试对总分所起的作用不同,无形中增大了某一测试的权重,使用标准分数可以弥补这种不足,使分数能更稳定、更全面、更真实地反映被试的水平。这在考试测验和人事选拔中尤其重要,有利于录取的公正性。

三、z 分数的应用

1. 用于比较几个分属性质不同的观测值在各自数据分布中的相对位置高低

z 分数可以表明各个原始数据在该组数据分布中的相对位置,它无实际单位,这样便可对不同的观测值进行比较。在心理学研究中,经常会遇到属于几种不同质的观测值,此时,不能对它们进行直接比较,但若知道各自数据分布的平均数与标准差,就可分别求出 z 分数进行比较。

【例 4-4】 某生在高等学校入学考试中语文考 85 分,数学考 62 分,已知该年入学考试的语文平均分 70 分,标准差 10 分,数学平均分 50 分,标准差 6 分,问:该学生哪科考得好一些?

解:$z_{语文} = \dfrac{X - \bar{X}}{S} = \dfrac{85 - 70}{10} = 1.5$

$z_{数学} = \dfrac{X - \bar{X}}{S} = \dfrac{62 - 50}{6} = 2$

$z_{语文} < z_{数学}$

答:该生数学考得好一些。

2. 计算不同质的观测值的总和或平均值,以表示在团体中的相对位置

不同质的原始观测值因不等距,也没有一致的参照点,因此不能简单地相加或相减。但是,当研究要求合成不同质的数据时,如果已知这些不同质的观测值的频数分布为正态,这时可采用 z 分数来计算不同质的观测值的总和或平均值。

【例 4-5】 下表是高等学校入学考试中两名考生甲与乙的成绩,试问:根据考试成绩应该优先录取哪名考生?

解:表格的最后一列为计算的结果。

考试科目	原始成绩		全体考生		z 分数	
	甲	乙	$\bar{X}$	S	甲	乙
语文	85	89	70	10	1.5	1.9
政治	70	62	65	5	1	−0.6
外语	68	72	69	8	−0.125	0.375
数学	53	40	50	6	0.5	−1.67
理化	72	87	75	8	−0.375	1.5
∑	348	350			2.5	1.505

答:如果按总分录取则取乙生,若按标准分数录取则应取甲生。

为何会出现这两种完全不同的结果?这是因为,由于各科成绩的难易程度不同,分散程度不同,学生对各科知识掌握的情况也不同,就会使某门学科的成绩普遍偏高,另一门学科的成绩普遍偏低。这种情况下,不同学科的分值是不等价的,即数据不同质,通过简单相加求和来进行相互比较是不科学的。因此，如果各个学科的原始分数基本上呈正态分布，就可先将学生各科成绩的原始分数转换为标准分数，求得标准分数的总和后，再进行比较。从 z 分数来看，甲生多数成绩在平均数以上，即使有两种成绩低于平均数，差别也很小，总之成绩较为稳定且在分布较高处，而乙生则不然。因此，按标准分数结果来衡量甲生的总成绩好于乙生，应该更为科学合理。

3. 表示标准测验分数

标准分数虽然在研究中具有重要意义，但它有时会产生负值及小数点，使其在计算时难度增大，不易处理，且有时不易让人理解。因此人们常常将其转化成没有负值和小数点的 T 分数，其计算公式为：

$$T = \bar{T} + S \times z$$

式中，T 为转化后的分数，$\bar{T}$ 为研究者确定的量表的平均分，S 为研究者确定的量表的标准差，z 为 z 分数。

韦克斯勒在韦氏成人智力量表中使用离差智商这一概念表示一个人在同龄团体中的相对智力就使用了这种转化：

$$IQ = 15z + 100$$

其中 100 和 15 就是智商的总平均数和标准差。通过转化后的 T 分数既保持了标准分数的一切优点，又克服了其负值和小数点的不足，具有广泛的应用性。

【自测题】

一、单选题

1. 欲比较两个不同质样本的离散程度，最合适的指标是：_____
   A. 全距　　　　　　B. 方差　　　　　　C. 四分位差　　　　D. 差异系数
2. 已知平均数 $=4.0$，$S=1.2$，当 $X=6.4$ 时，其相应的标准分数为：_____
   A. 2.4　　　　　　B. 2.0　　　　　　C. 5.2　　　　　　D. 1.3
3. 测得某班学生的物理成绩（平均 78 分）和英语成绩（平均 70 分），若要比较两者的离散趋势，应计算：_____
   A. 方差　　　　　　B. 标准差　　　　　C. 四分位差　　　　D. 差异系数
4. 已知一组数据 6,5,7,4,6,8 的标准差是 1.29，如果把这组中的每一个数据都加上 5，那么得到的新数据组的标准差是：_____
   A. 1.29　　　　　　B. 6.29　　　　　　C. 2.58　　　　　　D. 12.58
5. 标准分数是以_____为单位表示一个分数在团体中所处位置的相对位置量数：_____
   A. 方差　　　　　　B. 标准差　　　　　C. 百分位差　　　　D. 平均差
6. 在一组原始数据中，各个 z 分数的标准差为：_____
   A. 1　　　　　　　B. 0　　　　　　　C. 根据具体数据而定　D. 无法确定

7. 已知某小学一年级学生的平均体重为 26 kg,体重的标准差是 3.2 kg,平均身高 110 cm,标准差为 6.0 cm,体重与身高的离散程度大的是:_____
   A. 体重离散程度大　　　　　　B. 身高离散程度大
   C. 离散程度一样　　　　　　　D. 无法比较

8. 已知一组数据服从正态分布,平均数为 80,标准差为 10。z 分数为 -1.96 的原始数据是:_____
   A. 99.6　　　B. 81.96　　　C. 60.4　　　D. 78.04

9. 某次英语考试的标准差为 5.1 分,考虑到这次考试的题目太难,评分时给每位应试者都加了 10 分,加分后成绩的标准差是:_____
   A. 10　　　B. 15.1　　　C. 4.9　　　D. 5.1

10. 某城市调查 8 岁儿童的身高情况,所用单位为厘米,根据这批数据计算得出的差异系数:_____
    A. 单位是厘米　　B. 单位是米　　C. 单位是平方厘米　　D. 无单位

二、名词解释

1. 差异量数
2. 四分位差
3. 差异系数
4. 标准分数
5. T 分数

三、简答题

1. 度量离中趋势的差异量数有哪些?各有什么特点?
2. 标准差在心理研究中除度量数据的离散程度外还有哪些用途?

四、计算题

1. 以下是四组样本数据,计算每组样本的标准差,并思考该组数据是否合适于计算标准差,为什么?

A	B	C	D
10	1	20	5
8	3	1	5
6	3	2	5
9	5	5	5
8	5	4	5
3	5	4	5
2	7	4	5
2	7	4	5
8	9	0	5

2. 某地区中考,甲、乙两名学生语文、数学、英语三科的原始成绩和团体平均成绩情况

如下表所示。请计算甲、乙两名学生的标准分总分,并比较二人成绩的优劣。

考试科目	原始分数		团体平均分	团体标准差
	甲	乙		
语文	59	51	50	4
数学	75	79	74	10
英语	63	72	67	9

5

相 关 关 系

【评价目标】
1. 理解相关及相关系数的含义,能够用散点图表示两个变量之间的相关关系。
2. 掌握积差相关的适用条件及定义公式,能够恰当地应用积差相关系数表示实际的心理学问题。
3. 掌握等级相关及点二列相关的适用条件,能够恰当地运用它们进行相关分析。

集中量数和差异量数主要用于描述单一变量数据资料的分布特征,这些描述性统计量在统计分析中发挥着重要的作用,但它们也存在局限性。例如,表 5-1 中有两列分数,一列是 15 名学生的统计成绩,另一列是这些学生自己报告的每天用于学习统计课的平均小时数。如果我们想知道统计成绩是否与所花费的时间有关,或者说它们之间是否存在着某种关系,仅知道集中量数和差异量数似乎没有什么作用。平均数和标准差无法告诉我们这两者之间的关系。

表 5-1 15 名学生统计成绩与所花小时数的原始数据

学生	统计成绩(X)	X^2	所花小时数(Y)	Y^2
1	78	6084	1	1
2	79	6241	3	9
3	80	6400	2	4
4	81	6561	2	4
5	81	6561	3	9
6	83	6889	2	4
7	84	7056	3	9
8	84	7056	3	9
9	86	7396	3	9
10	87	7569	4	16
11	88	7744	5	25
12	88	7744	3	9

(续表)

学生	统计成绩(X)	X^2	所花小时数(Y)	Y^2
13	90	8100	4	16
14	91	8281	3	9
15	92	8464	4	16
$N=15$	$\sum X = 1272$ $\bar{X} = 84.8$	$\sum X^2 = 10814$ $S_X = 4.32$	$\sum Y = 45$ $\bar{Y} = 3$	$\sum Y^2 = 149$ $S_Y = 0.97$

如果要了解这两者之间的关系,我们就必须找出两列变量的数值之间是否存在着某种规律。如果你仔细观察数据,你会发现两者之间存在着一个趋势,即成绩越高的学生,所花费的时间也越多。这时你需要一些更客观的方法来分析这些数据,相关分析将给你提供这方面的帮助。它可以告诉我们,两个变量是否以一种系统的方式变化,或者说存在着共变关系。如果我们发现两个变量之间的关系,就可以使用这个信息帮助我们描述,甚至可能预测未来的行为或事件,因此相关分析是对两个变量之间关系的描述性统计。

第一节 相 关 概 述

一、相关

心理学研究的基本目的是找出事物之间的关系。事物之间的关系多种多样,分析起来大致有三种:一是因果关系,即一种现象是另一种现象的原因,而另一种现象是结果。如给农作物喷杀虫剂是产量提高的一个原因;学习努力程度是学习好坏的一个原因;等等。二是共变关系,即表面看来有联系的两种事物都与第三种现象有关,这时,两种事物之间的关系就是共变关系。例如,春天田里栽种的小苗与田边栽植的小树,就其高度而言,表面上看来都在增长,好像有关,其实,这二者都是受天气与时间因素影响而发生变化,它们本身之间并没有直接的联系。三是相关关系,即两类现象在发展变化的方向与大小方面存在一定的联系,但不是前面两种关系,不能确定这两类现象之间哪个是因,哪个是果,也有理由认为两者并不同时受第三因素的影响,即不存在共变关系。具有相关关系的两种现象之间的关系比较复杂,甚至可能包含有暂时尚未认识的因果关系以及共变关系在内。例如,同一组学生的语文成绩与数学成绩的关系,就属于相关关系。

在统计学中,散点图(scatter)就经常用于表示两个变量之间的相关关系。例如,图5-1就是以表5-1中的数据为例,以小时数为横坐标,以统计成绩为纵坐标的散点图,图中每一个点代表着一个学生的数据,如图中标出的就是第一个学生的数据,他的统计成绩是 78 分,而所花的小时数是 1 小时。

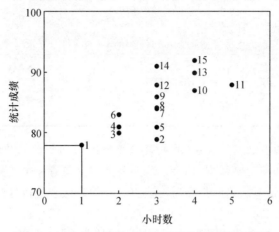

图 5-1　15 名学生统计成绩与所花小时数的散点图

从散点图中,很容易看出两个变量之间的关系,即花费时间越多的学生统计成绩也越高,这时我们称二者之间存在着正相关(positive correlation)的关系,即两变量变动方向相同,一变量变动时,另一变量亦同时发生或大或小的与前一变量同方向的变动。如果两者之间的关系相反,即花费时间越多的学生统计成绩反而越低,这时我们就称二者之间存在着负相关(negative correlation)的关系,即两变量变动方向相反,一变量变动时,另一变量呈现出或大或小的但与前一变量方向相反的变动。还有一种情况,就是两变量之间不存在任何的关系,即一变量变动时,另一变量作无规律的变动,这种称之为零相关(Zero correlation)。如图 5-2 所示,如果散点的分布呈椭圆状,且倾斜方向左低右高(以 X 轴为基准),则为正相关,左高右低则为负相关,而如果散点图呈现圆形,则两变量之间为零相关。

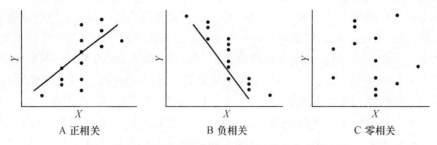

图 5-2　不同形状的散点图表示的相关关系

另外,在图 5-2 中,前面两个图中两变量的相关模式呈直线状,称这种相关为线性相关。除了线性相关,两个变量之间也可能呈其他的相关模式,如曲线模式(图 5-3),这时,统称为非线性相关,因此当我们说两变量之间为零相关时,多数是指两变量之间不存在线性相关,但它们可能存在着其他的相关模式。

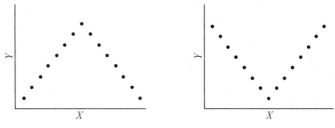

图 5-3　曲线相关的散点图

通过散点图,可以大概了解两变量之间的相关关系,如果想进一步了解它们相关的程度,可以通过描述性统计量:相关系数来获得。

二、相关系数

相关系数(coefficient of correlateion)是两变量间相关程度的数字表现形式,或者说是用来表示相关关系强度的指标。总体相关系数通常用 ρ(读 rou)表示,它与总体平均数 μ 和总体标准差 σ 一样,是总体的一个参数。而样本相关系数通常用 r 表示,它与样本平均数 $\overline{X}$ 和样本标准差 S 一样,是应用比较广泛的一个有代表性的样本统计量,其取值范围介于 -1.00 和 $+1.00$ 之间。相关系数将传递给我们两个方面的信息:

(1) 相关方向:相关系数的符号表示两变量之间相关的方向,正值表示正相关,负值表示负相关。

(2) 相关强度:相关系数取值的大小表示相关的强弱程度。相关系数的绝对值越接近 1.00,表示相关程度越密切;反之,绝对值越接近 0,表明相关越不密切。如果 $r=1.00$,表示两变量完全正相关,而如果 $r=-1.00$,表示两变量完全负相关,$r=0$,则表示两变量零相关,即无任何线性相关。Cohen(1988)[1]曾提出相关系数的强度可划分为以下三种:

相关程度	负相关	正相关
小	−0.29 — −0.10	0.10 — 0.29
中	−0.49 — −0.30	0.30 — 0.49
大	−1.00 — −0.50	0.50 — 1.00

---

[1] 虽然 Cohen(1988)提出了强度的划分指标,但其指标并没有得到所有统计学家的认同,因为在具体解释某个统计量的时候,其研究的背景是极为重要的。例如,当 $r=0.10$ 时,你是否认为它很小?如果把它放在一个医学的研究上,它代表着某种新药的有效性,相关系数意味着在 1000 个病人中,有 10 个病人用该药有效,也就是说至少它能挽救 10 个人的生命。这时你是否还会认为它是微不足道的?

因此,当我们得到一个相关系数 $r=0.50$ 时,可以说在这两变量之间存在着一个中等的正相关,而 $r=-0.50$ 时,说这两列变量之间存在着一个中等的负相关。记住,这两个相关系数的强度是相等的,只是符号不同。

虽然相关系数是一个很有用的统计量,但在使用和解释它时需要注意几个问题:

(1) 在对相关系数作具体判断时,还要考虑该相关系数是否真实反映了两列变量之间的关系。在实际研究中,由于存在着许多偶然因素的影响,有时会出现虚假的相关系数,即它并没有真实反映出两列变量之间的关系。例如样本量的大小会对相关系数产生一定的影响,如果样本量太小,受取样偶然因素的影响较大,很可能本来无关的两类事物,却计算出较大的相关系数。例如,欲研究身高与学习有无关系,如果只选 3—5 人,很可能遇到个子愈高学习愈好这一类偶然现象。这时计算的相关系数虽然可能接近 1.00,但实际上这两类现象之间并无关系。因此要计算出有效的相关系数要求要有足够的被试数,有的研究者提出被试数要大于 50。为了排除偶然因素的影响,研究者在对相关系数作结论之前,应先经过统计检验方能确定变量之间是否存在显著的相关,这一部分内容将在第八章第三节讨论。

(2) 相关系数只能描述两列变量之间的变化方向和共变的程度,并不能揭示二者内在的本质联系。第一,存在显著的高相关并不意味着两个变量之间存在因果关系。单凭相关我们无法判定是 X 影响 Y,还是 Y 影响 X,还是某个第三变量同时影响了 X 和 Y。第二,相关很低时也不能完全排除存在因果关系的可能性,因为通常的相关只是描述了线性关系,不排除存在着其他的非线性关系。

由于计算方法的不同,相关系数有许多种,具体选择哪一种计算方法取决于:① 两变量的分布形状(正态分布与非正态分布);② 数据类型(测量数据与计数数据);③ 两变量的相关模式(线性相关与非线性相关)。本章主要探讨线性相关模型,包括积差相关、等级相关以及点二列相关。对于非线性相关如曲线相关由于其计算公式较为复杂,不在考虑之列。不管是哪种计算方法,都有以下三个共同的特征:

① 要求成对的数据,每一对数据由一个或一对配对的个体所得。

② 相关系数的取值范围在 -1.00 和 $+1.00$ 之间,其绝对值越接近 1 表明相关越强,$r=0$ 表示没有线性相关。

③ 相关分析不能建立变量之间的因果关系。

第二节 积 差 相 关

一、适用范围

积差相关是英国统计学家皮尔逊于 20 世纪初提出的一种判断相关的方法,因而有时也被称为皮尔逊相关(Pearson r)。积差相关是一种运用较为普遍的计算相关系数的方法,也是揭示两个变量线性相关方向和程度最常用和最基本的方法。

积差相关的适用条件为:

(1) 两变量各自总体的分布都是正态分布,即正态双变量,至少两变量服从的分布应是接近正态的单峰分布。为了判断计算相关的两变量的总体分布是否为正态分布,一般要查询已有的研究资料,若无资料可查,研究者应取较大的样本分别对两变量作正态性检验,具体方法将在第十一章介绍。这里只要求保证双变量总体服从正态分布,而对要计算相关系数的两样本的观测数据,并不要求一定服从正态分布。

(2) 两变量是连续变量,即两列数据为等距或等比的测量数据。

(3) 两变量之间的关系是直线性的,如果是非直线性的双列变量,不能计算积差相关。判断两变量之间的相关是否为直线性,可作散点图进行初步分析,也可查阅已有的研究结果论证。

二、基本公式

计算积差相关也有不同的公式,我们首先列出它的定义公式,以帮助读者理解积差相关的原理;其次再列出它的计算公式,以方便读者在手工计算的过程中更为快速准确。

1. 定义公式

在列出公式之前,我们需要先简要回顾一下上一章所讲的 z 分数。z 分数是以标准差为单位,表示原始分数在平均数之上或之下几个标准差的位置。它具有一些重要的特性,如 z 分数的平均数为 0,标准差为 1,z 分数的平方和为 N。z 分数的一个作用是可以比较来自平均数和标准差不同的两个或几个分布中的数据,因为它把每个分布中的数据都转换成相同的量尺,因此不同性质的成绩,一经转换为 z 分数,相当于处在不同背景下的分数,放在同一背景下,用同一个标准去考虑,具有可比性。z 分数的这些性质有助于我们理解积差相关系数的公式。

皮尔逊相关系数的公式如下:

$$r = \frac{\sum z_X z_Y}{N} \quad \text{(公式 5-1)}$$

式中,z_X 为 X 变量的 z 分数,z_Y 为 Y 变量的 z 分数,N 为成对数据的数目。

可见皮尔逊相关系数是对两变量在两个分布中相对位置的类似程度的度量。一个高的正相关系数暗示着每对数据在两变量中的相对位置应该大致相等,即 z_X 与 z_Y 的分布应该大致相等。如果两变量为完全正相关,即 $r=1.00$,那两变量的 z 分数应该完全相等。类似的,如果是完全负相关 $r=-1.00$,那两变量的 z 分数数值也应完全相等,只是符号相反。我们先来看一个完全正相关的例子。表 5-2 是 7 个被试在两个测验中的成绩。

表 5-2　7 个被试在两个测验(X 与 Y)中的原始分数及 z 分数

被试	X	Y	z_X	z_Y	$z_X z_Y$
1	1	4	−1.5	−1.5	2.25
2	3	7	−1.0	−1.0	1.00
3	5	10	−0.5	−0.5	0.25
4	7	13	0.0	0.0	0.00
5	9	16	0.5	0.5	0.25
6	11	19	1.0	1.0	1.00
7	13	22	1.5	1.5	2.25
$N=7$	$\sum X = 49$	$\sum Y = 91$	$\sum z_X = 0$	$\sum z_Y = 0$	$\sum z_X z_Y = 7.00$
	$\sum X^2 = 455$	$\sum Y^2 = 1435$			
	$\overline{X} = 7.0$	$\overline{Y} = 13.0$		$r = \dfrac{\sum z_X z_Y}{N} = \dfrac{7.00}{7} = 1.00$	
	$S_X = 4.0$	$S_Y = 6.0$			

从表中可看出,虽然两变量的平均数和标准差都有所不同,但它们的 z 分数是完全相等的。表中最后一栏列出两个 z 分数的乘积,当两列 z 分数一致时,它其实也相当于 z_X 或 z_Y 的平方。刚才我们已提到,$\sum z^2 = N$,类似地,当两列 z 分数一致时,$\sum z_X z_Y = N$,并且该乘积之和是最大的。因此,最后计算出 $r=1.00$。数据的散点图表明所有的点是位于一条直线上(图 5-4)。

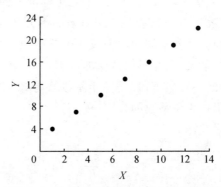

图 5-4　以表 5-2 中的数据为例的散点图

与表 5-2 相比,表 5-3 中虽然数值都没变,但 Y 变量的两个分数换了个位置,因此两变量的 z 分数不完全一致。虽然只有很小的变化,但两列 z 分数的乘积之和就小于 N。实际上,两列 z 分数越不一致,其乘积之和就越小,你也可以自己变化数据看看是否如此。从这些数据的散点图(图 5-5)来看,很明显两变量之间不是完全正相关,但它们之间仍然有一个明显的正相关关系。

表 5-3 同上表相同的数据,只是 Y 变量的两个分数换个位置

被试	X	Y	z_X	z_Y	$z_X z_Y$
1	1	7	−1.5	−1.0	1.50
2	3	4	−1.0	−1.5	1.50
3	5	10	−0.5	−0.5	0.25
4	7	13	0.0	0.0	0.00
5	9	16	0.5	0.5	0.25
6	11	19	1.0	1.0	1.00
7	13	22	1.5	1.5	2.25
$N=7$	$\sum X=49$	$\sum Y=91$	$\sum z_X=0$	$\sum z_Y=0$	$\sum z_X z_Y=6.75$

$$r = \frac{\sum z_X z_Y}{N} = \frac{6.75}{7} = 0.96$$

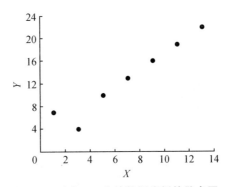

图 5-5 以表 5-3 中的数据为例的散点图

从表 5-2 和表 5-3 中可以得出,皮尔逊相差系数 r 其实是一个比率,其分子是两变量 z 分数的实际乘积之和,分母是两列变量 z 分数乘积之和的最大值。如前所述,当两变量的 z 分数完全相等时,$\sum z_X z_Y$ 最大,其值为 N。因为分子的数值永远不可能超过 N,因此相关系数也不可能大于 1.00。当两变量 z 分数的一致程度降低时,分子的值也逐渐变小,直到它变成 0。

例如在表 5-4 中,Y 变量的值进行了随机排列。从散点图(图 5-6)中可看出,各个数据的分布呈现圆形,表明 X 与 Y 之间不存在相关或存在很弱的相关。相关系数也证实了这一点,因为 X 和 Y 变量的 z 分数不一致,使其乘积有正有负,正负相互抵消从而使乘积之和变得很小,$\sum z_X z_Y = -0.50$,相关系数也相应很小,$r = -0.071$,表明 X 与 Y 变量之间几乎不存在线性相关关系,或者说两变量之间相互独立。

表 5-4 同表 5-2 相同的数据，只是 Y 变量进行了随机排列

被试	X	Y	z_X	z_Y	$z_X z_Y$
1	1	10	-1.5	-0.5	0.75
2	3	16	-1.0	0.5	-0.50
3	5	19	-0.5	1.0	-0.50
4	7	4	0.0	-1.5	0.00
5	9	22	0.5	1.5	0.75
6	11	7	1.0	-1.0	-1.00
7	13	13	1.5	0.0	0.00
$N=7$	$\sum X = 49$	$\sum Y = 91$	$\sum z_X = 0$	$\sum z_Y = 0$	$\sum z_X z_Y = -0.50$

$$r = \frac{\sum z_X z_Y}{N} = \frac{-0.50}{7} = -0.071$$

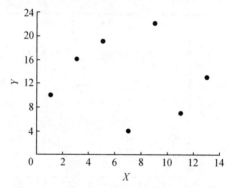

图 5-6 以表 5-4 中的数据为例的散点图

最后看表 5-5，该表与表 5-2 的数据是相同的，只是 Y 变量数据的顺序颠倒，从 z 分数来看，两变量的 z 分数数值相等，只是符号相反，即每对数据在其分布中离平均数的距离是相等的，只是一个在平均数之上，一个在平均数之下。表中最后一栏表明完全相反顺序下的 $\sum z_X z_Y$ 产生最大的负值，因此其相关系数为 -1.00，即完全负相关（图 5-7）。

表 5-5 同表 5-2 相同的数据，只是 Y 变量顺序颠倒

被试	X	Y	z_X	z_Y	$z_X z_Y$
1	1	22	-1.5	1.5	-2.25
2	3	19	-1.0	1.0	-1.00
3	5	16	-0.5	0.5	-0.25
4	7	13	0.0	0.0	0.00
5	9	10	0.5	-0.5	-0.25
6	11	7	1.0	-1.0	-1.00
7	13	4	1.5	-1.5	-2.25
$N=7$	$\sum X = 49$	$\sum Y = 91$	$\sum z_X = 0$	$\sum z_Y = 0$	$\sum z_X z_Y = -7.00$

$$r = \frac{\sum z_X z_Y}{N} = \frac{-7.00}{7} = -1.00$$

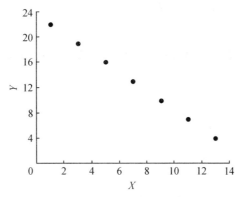

图 5-7 以表 5-5 中的数据为例的散点图

2. 计算公式

虽然使用 z 分数的公式很好的定义了相关的概念，但它在计算上比较麻烦，因此我们列出另外两种计算公式：

(1) 使用标准差与离均差的计算公式

$$r = \frac{\sum(X-\bar{X})(Y-\bar{Y})}{NS_X S_Y} \quad \text{（公式 5-2）}$$

积差相关又称为积矩相关（Product-moment coefficient of correlation），因为人们把离均差称之为矩，两个矩相乘产生积，就用"积矩"概念表示。在公式 5-2 中，人们通常把 $\frac{\sum(X-\bar{X})(Y-\bar{Y})}{N}$ 称为协方差（covariance）。协方差是两变量共享方差大小的指标，即两变量共同变异的部分，它的大小能够反映两变量的一致性程度。正如我们在前面所看到的，当两变量之间达到完全线性相关时，协方差最大，表明两变量拥有完成相同的离散程度。当两变量之间没有线性相关时，协方差为 0。协方差显然是 X 与 Y 之间一种线性关系的"指示器"，但不能直接用它来表示一致性程度，因为它有不同的测量单位，而且它的值会随 X 与 Y 变量的测量单位的不同而发生变化，是一个很不稳定的量。为了克服协方差的缺点，分别用各变量的标准差去除各自的离均差，使其成为无实际测量单位的标准分数。这样，不同测量单位表示的两变量的一致性便可测量了，也便于比较。

(2) 使用原始数据的计算公式。

如果直接运用原始数据计算皮尔逊相关系数，可由公式 5-2 推演出下面的公式：

$$r = \frac{\sum XY - \frac{\sum X \sum Y}{N}}{\sqrt{\left[\sum X^2 - \frac{(\sum X)^2}{N}\right]\left[\sum Y^2 - \frac{(\sum Y)^2}{N}\right]}} \quad \text{（公式 5-3）}$$

虽然这个公式看上去好像很复杂,但公式中各个值十分容易获得,用表 5-3 中的数据演示一下具体的计算过程(表 5-6)。

表 5-6 用原始数据计算皮尔逊积差相关系数

被试	X	X^2	Y	Y^2	XY
1	1	1	7	49	7
2	3	9	4	16	12
3	5	25	10	100	50
4	7	49	13	169	91
5	9	81	16	256	144
6	11	121	19	361	209
7	13	169	22	484	286

$$N=7 \quad \begin{array}{l}\sum X=49 \\ (\sum X)^2=2401\end{array} \quad \sum X^2=455 \quad \begin{array}{l}\sum Y=91 \\ (\sum Y)^2=8281\end{array} \quad \sum Y^2=1435 \quad \sum XY=799$$

$$r=\frac{\sum XY-\frac{\sum X \sum Y}{N}}{\sqrt{\left[\sum X^2-\frac{(\sum X)^2}{N}\right]\left[\sum Y^2-\frac{(\sum Y)^2}{N}\right]}}=\frac{799-\frac{49\times 91}{7}}{\sqrt{\left(455-\frac{2401}{7}\right)\left(1435-\frac{8281}{7}\right)}}$$

$$=\frac{799-637}{\sqrt{(455-343)(1435-1183)}}=\frac{162}{\sqrt{112\times 252}}=\frac{162}{\sqrt{28224}}=\frac{162}{168}=0.96$$

三、积差相关系数的应用

1. 测验信度

测验信度(reliability)是指测验结果的一致性或稳定性程度。一个好的测验,就像一把好的尺子,对同一对象反复测量多次,其结果要一致。信度系数的计算基础是皮尔逊相关系数,通常用同一组被试使用同一份测验,前后两次测验分数的相关系数作为测验信度的估计,也称为重测信度。两次测验分数之间通常是正相关,所以信度通常介于0 和 1 之间,其值越大,说明测验越稳定、越可信。一般认为,信度在 0.9 以上表明信度很高;在 0.75—0.90 之间信度较高;在 0.65—0.75 之间信度中等,尚可接受;在 0.55—0.65 之间认为是处于临界状态;而 0.5 以下是低信度。不过样本容量会影响相关系数,因而也影响信度的大小。另外对信度的要求与测验的内容和用途有关,学科测验和能力测验的要求较高,态度问卷和能力测验的要求较低。

【例 5-1】 某研究编制了一个词汇理解测验,为了了解该测验的信度,随机选取了 15 名被试进行两次重复测验,第一次测验与第二次测验分开独立进行,间隔时间两周。所获资料见下表,求其重测信度。

被试	前测(X)	X^2	后测(Y)	Y^2	XY
1	18	324	20	400	360
2	21	441	23	529	483
3	16	256	17	289	272
4	14	196	12	144	168
5	25	625	26	676	650
6	23	529	25	625	575
7	15	225	18	324	270
8	26	676	27	729	702
9	13	169	15	225	195
10	28	784	26	676	728
11	27	729	29	841	783
12	22	484	21	441	462
13	19	361	20	400	380
14	24	576	22	484	528
15	17	289	18	324	306
$\sum$	308	6664	319	7107	6862

$N = 15 \quad \left(\sum X\right)^2 = 94864 \quad \left(\sum Y\right)^2 = 101761$

$$r = \frac{\sum XY - \frac{\sum X \sum Y}{N}}{\sqrt{\left[\sum X^2 - \frac{\left(\sum X\right)^2}{N}\right]\left[\sum Y^2 - \frac{\left(\sum Y\right)^2}{N}\right]}} = \frac{6862 - \frac{308 \times 319}{15}}{\sqrt{\left(6664 - \frac{94864}{15}\right)\left(7107 - \frac{101761}{15}\right)}}$$

$= 0.94$

答：该词汇理解测验的重测信度是 0.94。

但在实际测验中，同一测验对同一批被试反复施测，在先的前测可能影响在后的再测，比如练习效应、重复测验引起的厌烦等。有时为了避免重测法带来的误差，人们就使用复本信度作为测验信度。所谓复本信度，是指用两份"等值"（内容、题型、题数、难度等都相同或非常接近）但具体题目不同的两份测验，相继对同一组被试进行两次测验所得分数的相关系数。这里的关键是所使用的两个测验，必须所测的东西实质完全相同，只是使用的具体项目不同，如两个小学毕业班数学水平测验，在其所测内容范围、测验难度、试题类型以及测验长度与时限等，各方面都相同，只是各试题具体使用的材料有异。这时认为两次测验是"等值"的，相当于重测。复本信度的计算方法与重测信度完全相同。

当我们已经编成一个测验之后，要再编一个与之完全等值的测验，事实上是很困难的，并且两个等值测验的前后实施也会带来一定的影响。因此有时就需要通过单一测验形式的一次施测中所获得的资料来估计出测验信度。分半信度就是这种方法之一。

分半信度就是把一个测验中的题目按编号如奇偶分成两半,分别计算出每个被试两部分的得分,然后计算这两个部分的相关系数。这种做法相当于将两部分题目看做是两份"等值"的试题,但测验长度(即题目数量)少了一半,测验长度对信度的大小有一定影响,增加题目可以提高测验的信度,所以最后要用下面的斯皮尔曼-布朗公式对相关系数进行校正,作为整份测验信度的估计:

$$r_{xx} = \frac{2r}{1+r}$$ （公式 5-4）

测验信度是衡量一个测量工具好坏的重要指标。但心理测量的对象是人,会受到各种主观因素的影响,如紧张,也会受到评分者和测验环境的影响。因此,任何一个测验都会受到无关的偶然因素影响而产生误差,对同一被试两次或多次测量的结果不可能完全一样,信度实际上就是对测验误差大小的一种描述。一般来说,误差越小,信度越大;误差越大,信度越小。因此要求任何测验或量表的信度系数要达到一定的水平。

2. 测验效度

测验效度(validity)是指测验打算要测的东西实际测到的程度。我们编制和使用测验,就是要利用测验这个工具,来取得对被试内部所具有的心理特性的认识。显然,测验只有真正得到要测的特性,测验结果即测验分数的应用与解释才有意义。例如一个测验本来是想测量人的领导能力,但最后得出的结果却更多倾向于语言能力上,那么这个测验就没有效度。效度的测量也有很多种,其中一种方法跟信度一样,也是使用相关系数来表示,其具体做法就是选择一个所测内容相类似的其他测验作为效标测验,求两个测验之间的相关系数。例如,因为普通使用的韦氏智力测验是个别实施的,应用起来很费精力,所以我们参照韦氏智力测验编制了一个能团体施测的纸笔形式的智力测验,这个新编的智力测验是否正确有效,就要将韦氏智力测验当作效标来加以考察。我们可以抽取一批被试进行团体施测,取得新编韦氏智力测验的被试数据;同时也进行个别施测,获得个体韦氏智力测验的被试数据。把这两种数据加以比较,看其相关一致性如何:如果相关系数很高,说明新编测验效度高,跟韦氏智力测验一样正确性好;如果相关系数很低,就说明新编测验效度差,其正确性没有保证。这种效度也称为效标关联效度,其计算方法与皮尔逊积差相关是完全一致的,因此我们不再举例说明。

3. 决定系数

在解释相关系数时,除了从正负号及数值上确定相关的方向和强度之外,另外一种解释相关系数的方法就是把相关系数进行平方,即 r^2,统计学上称之为决定系数(coefficient of determination)。决定系数表示一个变量的方差中有多少比例可由另一个变量所解释。例如在例 5-1 中 $r=0.94$,那么 $r^2=0.884$,意味着第二次测验分数的变异中有 88.4% 是由第一次测验分数的变异所引起的,或者说第一次测验分数的变异可以预测第二次测验分数中 88.4% 的变异。因为 $-1.00 \leqslant r \leqslant 1.00$,所以 $r^2 \leqslant 1.00$。图 5-8 直观地解释了决定系数的概念。这些图代表着不同的相关程度。如果用圆形代表 X

与 Y 变量,当它们之间的相关为 0 时,两个圆形之间没有重叠。当相关的强度增加时,即相关系数增大时,重叠的部分也在增大,重叠部分就是两变量之间的决定系数。

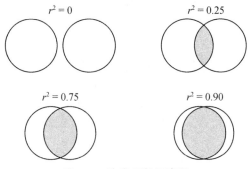

图 5-8　决定系数示意图

知道决定系数后,我们还可以计算出非决定系数(coefficient of nondermination),它表示一个变量的变异中有多少比例是不能被另一个变量所解释。非决定系数 $=1-r^2$,例如在例 5-1 中,非决定系数为 $1-0.884=0.116$,即第二次测验分数中有 11.6% 的变异不是来源于第一次测验分数的变异。

用决定系数 r^2 解释两变量共变的比例,对于许多问题的解释具有重要的意义。例如,在心理测验中常要求测验信度要达到 0.90 以上,初学者对于这一点不易理解,常常认为信度系数显著应当承认这个测验是可信的。其实相关系数显著不等于高相关。例如,某个测验前后两次施测的相关系数为 0.50(即该测验的再测信度系数),其显著性检验表明该系数是显著的,但却不能认为这个测验信度很高,因为 $r^2=0.25$,说明该测验两次施测结果的共同变异(变异一致性)部分仅占 25%,该测验的稳定性太低。因此,规定信度系数 0.90 以上,$r^2=0.81$,保证共变部分不少于 80% 是测验稳定性的起码要求。

4. 相关矩阵

皮尔逊相关系数主要用于两变量之间的相关,如果变量数多于两个,只能得出多个的两两相关系数。对于多个相关系数的结果,可以采用相关矩阵的方式来表示。心理学研究中经常会同时涉及两个以上的变量,如我们想考查五年级学生的数学焦虑、数学态度、数学投入动机、数学成绩间是否有显著的相关存在,通过相应的量表取得一组学生这四个方面的分数后,我们就可以计算其两两变量之间的相关系数,并将其以相关矩阵的形式表示出来,如下表所示。

	数学焦虑	数学态度	数学投入动机	数学成绩
数学焦虑	1.00	−0.345	−0.56	−0.235
数学态度	—	1.00	0.57	0.68
数学投入动机	—	—	1.00	0.78
数学成绩	—	—	—	1.00

由于相关矩阵是对称的,所以下面一半的值与上面一半是相等的,可以不列出。从表中可看出,对于五年级学生来说,数学焦虑与其他三个方面都存在着负相关,其解释变异量 r^2 分别为 11.9%,31.4%,5%,即其他三方面的变异分别有 11.9%,31.4%,5%可以由数学焦虑的变异所解释。而数学态度、数学投入动机与数学成绩之间均存在正相关,表明数学态度、数学投入动机越高,数学成绩也越高,但不能以此直接说明数学成绩是由数学态度、数学投入动机所决定,因为相关分析不能给出因果关系的结论。

第三节 等级相关与点二列相关

一、斯皮尔曼等级相关

1. 适用范围

斯皮尔曼等级相关(Spearman rank correlation)是等级相关中最常用的一种,其相关系数常用符号 r_R 表示。斯皮尔曼等级相关是对皮尔逊相关的延伸,它是英国心理学家、统计学家斯皮尔曼根据积差相关的概念推导出来的。

斯皮尔曼等级相关适用于下面两种情况:

(1)两列观测数据都是顺序数据,或其中一列数据是顺序数据,另一列数据是等距或等比的连续数据。如对学生的绘画、书法作品、体育项目测试成绩排名次等,就属于顺序数据。

(2)两列数据虽属于等距或等比的测量数据,但其总体的分布不是正态分布,不能计算积差相关,这时可将数据进行等级转化后计算等级相关系数。

因等级相关对变量的总体分布即总体参数不作要求,故又称为非参数的相关方法。它的优点是适用范围要比积差相关更广,但其缺点是精确度相对较低,因此,凡符合计算积差相关的资料,不要用等级相关计算。另外,斯皮尔曼等级相关也是一种线性相关,因此如果是非线性的双列数据,不能计算等级相关。

2. 基本公式

斯皮尔曼等级相关与皮尔逊积差相关计算方法的区别在于,皮尔逊相关是把原始分数转化为 z 分数,计算两变量 z 分数的一致性程度,而斯皮尔曼等级相关是把原始分数转化为从低到高的等级数据,其假设是高相关的两变量应该有着类似的等级顺序,因此可以根据两列顺序数据中各对等级的差数来计算相关系数,其基本公式为:

$$r_R = 1 - \frac{6\sum D^2}{N(N^2-1)} \qquad (公式5\text{-}5)$$

式中,N 为等级个数,D 指两列成对数据的等级差数。

如果不用等级差数,也可以直接用等级序数计算,其公式为:

$$r_R = \frac{3}{N-1} \times \left[\frac{4\sum R_X R_Y}{N(N+1)} - (N+1) \right] \qquad (公式5\text{-}6)$$

式中,R_X 与 R_Y 为两列数据各自排列的等级序数。

这两个公式是等效的,下面举例说明两个公式的具体应用。

【**例 5-2**】 现有 13 人的 IQ 分数以及对其领导能力的排列等级,问领导能力与 IQ 分数之间是否存在着关联。

解:由于领导能力的数据为等级数据,故用等级相关计算。因此先把 IQ 分数也按顺序排列后转化成等级分数,然后再计算等级相关。

被试	IQ 分数 (X)	领导能力 (Y)	R_X	R_Y	$D=R_X-R_Y$	D^2	$R_X R_Y$
1	94	4	1	4	−3	9	4
2	95	2	2	2	0	0	4
3	96	9	3	9	−6	36	27
4	98	1	4	1	3	9	4
5	99	7	5	7	−2	4	35
6	101	10	6	10	−4	16	60
7	103	8	7	8	−1	1	56
8	105	13	8	13	−5	25	104
9	107	5	9	5	4	16	45
10	110	3	10	3	7	49	30
11	111	11	11	11	0	0	121
12	112	6	12	6	6	36	72
13	113	12	13	12	1	1	156
∑			91	91		202	718

$$r_R = 1 - \frac{6\sum D^2}{N(N^2-1)} = 1 - \frac{6\times 202}{13(13^2-1)} = 1 - \frac{1212}{2184} = 1 - 0.555 = 0.445$$

$$r_R = \frac{3}{N-1} \times \left[\frac{4\sum R_X R_Y}{N(N+1)} - (N+1)\right] = \frac{3}{13-1} \times \left[\frac{4\times 718}{13(13+1)} - (13+1)\right]$$

$$= 0.25 \times \left[\frac{2872}{182} - 14\right] = 0.25 \times [15.78 - 14] = 0.25 \times 1.78 = 0.445$$

答:这 13 人的领导能力与 IQ 分数之间的等级相关系数为 0.445。

3. 有相同等级时计算 r_R 的方法

在心理学研究中,经常采用等级评定量表的方法对成绩或某些心理属性进行评定,有时会出现相同的等级,这时采用前面两个等级相关公式无法得出正确的答案,因为前面两个等级相关公式的前提是等级数据中没有相同等级出现,这时各等级变量之和是相等的,即 $\sum R_X = \sum R_Y$,其平方和也是相等的,即 $\sum R_X^2 = \sum R_Y^2$,这样才能保证两列等级数据的离散程度是相同的,即 $S_X^2 = S_Y^2$。如果某列数据中有相同等级出现,可以

保证 $\sum R_X = \sum R_Y$，但却不能保证 $\sum R_X^2 = \sum R_Y^2$ 这一条件。相同等级的数目及出现的次数对平方和的影响见表 5-7。

表 5-7 不同数目相同等级对平方和的影响

R_1	R_1^2	R_2	R_2^2	R_3	R_3^2	R_4	R_4^2	R_5	R_5^2
1	1	1	1	2	4	2.5	6.25	1.5	2.25
2	4	2.5	6.25	2	4	2.5	6.25	1.5	2.25
3	9	2.5	6.25	2	4	2.5	6.25	3	9
4	16	4	16	4	16	2.5	6.25	4	16
$\sum$	30		29.5		28		25		29.5

从表 5-7 可见，随着相同等级数目的增多，$\sum R^2$ 有规律地减少，而不论其在哪个等级序数上相同（比较 R_2^2 和 R_5^2）。$\sum R^2$ 随相同等级数目减少的数量可用下式计算：

$$C = \frac{n(n^2-1)}{12} \qquad \text{（公式 5-7）}$$

式中，C 为校正数（即减少的差数），n 为相同等级的数目。

一列等级数据中，有时不止出现一组相同等级，这时就要将各组相同等级所减少的差数加起来，即：

$$\sum C = \sum \frac{n(n^2-1)}{12} \qquad \text{（公式 5-8）}$$

可见，相同等级的出现会减少 $\sum R^2$，这样就使 R_X 的方差及 R_Y 的方差发生变化，即 S_X^2 与 S_Y^2 难以相等，这时用公式 5-5 或 5-6 计算等级相关系数就会产生误差，需要使用下面的校正公式：

$$r_{RC} = \frac{\sum x^2 + \sum y^2 - \sum D^2}{2 \times \sqrt{\sum x^2 \times \sum y^2}} \qquad \text{（公式 5-9）}$$

式中，$\sum x^2 = \frac{N^3-N}{12} - \sum C_X$，$\sum C_X = \sum \frac{n(n^2-1)}{12}$，$\sum y^2 = \frac{N^3-N}{12} - \sum C_Y$，$\sum C_Y = \sum \frac{n(n^2-1)}{12}$，其中 N 为成对数据的数目，n 为各列变量相同等级数。

下面我们以一个具体的例子加以说明：

【例 5-3】 有 12 名学生的两门功课成绩评定分数见下表，问该两门功课成绩是否具有一致性。

学生	课程 A	课程 B	R_A	R_B	$D=R_A-R_B$	D^2
1	良	良	7	7.5	−0.5	0.25
2	优	优	2.5	3	−0.5	0.25
3	优	良	2.5	7.5	−5	25
4	良	优	7	3	4	16
5	优	优	2.5	3	−0.5	0.25
6	良	良	7	7.5	−0.5	0.25
7	中	中	11	11	0	0
8	良	优	7	3	4	16
9	良	中	7	11	−4	16
10	中	良	11	7.5	3.5	12.25
11	优	优	2.5	3	−0.5	0.25
12	中	中	11	11	0	0
$N=12$					$\sum D^2=86.5$	

解:从表中已知 $N=12$,课程 A 的相同等级"优"为 4 个,"良"为 5 个,"中"为 3 个,其等级的计算相当于把 1—12 按相同等级分配,即优为 1—4,然后取其平均作为等级值,即 $R=\dfrac{1+4}{2}=2.5$,类似的,良为 5—9,$R=\dfrac{5+9}{2}=7$,中为 10—12,$R=\dfrac{10+12}{2}=11$。课程 B 的相同等级"优"为 5 个,"良"为 4 个,"中"为 3 个,其等级值计算相同。

$$\sum x^2 = \frac{12^3-12}{12}\left(\frac{4^3-4}{12}+\frac{5^3-5}{12}+\frac{3^3-3}{12}\right)=126$$

$$\sum y^2 = \frac{12^3-12}{12}-\left(\frac{5^3-5}{12}+\frac{4^3-4}{12}+\frac{3^3-3}{12}\right)=126$$

$$r_{RC}=\frac{\sum x^2+\sum y^2-\sum D^2}{2\times\sqrt{\sum x^2\times\sum y^2}}=\frac{126+126-86.5}{2\times\sqrt{126\times 126}}=\frac{165.5}{252}=0.6567$$

答:因 r_{RC} 较大,故可以说两门课程的成绩具有一致性。

类似问题也可以用列联表相关方法计算相关程度,具体见第十一章第三节。

二、肯德尔等级相关

1. 适用范围

在心理学研究中,有时需要考虑多个等级变量的相关性问题,如例 5-4。这种多个等级变量的相关通常用肯德尔等级相关来断别,其计算结果称之为肯德尔和谐系数(Kendall coefficient of concordance),用符号 W 表示。

2. 基本公式

计算肯德尔和谐系数,原始数据资料的获得一般采用等级评定法,即让 K 个评价者对 N 件事物进行等级评定,每个评价者都对 N 件事物按一定的标准排出一个等级顺序,因此,最小的等级序数为1,最大为 N。如例 5-4 中,假如各位老师对 6 篇作文的评价意见差不多,如对第 1 篇都认为最好,排 1,那这篇作文得到的等级总和就是 5,以此类推,到第 6 篇其等级就为 6,等级和为 30。可见,6 篇被评价的作文各自获得的等级总和表现出相当大的差异性。另一方面,如果评价者意见有分歧,每篇作文的等级既有低的,也有高的,那么 6 篇作文各自的等级总和可能会大致相等,表现出较小的差异。肯德尔在推导这一统计量时使用了"等级总和的变异性",其公式如下:

$$W = \frac{SS_R}{\frac{1}{12}K^2(N^3-N)} \quad \text{(公式 5-10)}$$

式中,$SS_R = \sum\left(R_i - \frac{\sum R_i}{N}\right) = \sum R_i^2 - \frac{(\sum R_i)^2}{N}$,是 R_i 的离差平方和;其中 R_i 为每个评价对象获得的 K 个等级之和,N 为被等级评定的对象的数目,K 为等级评定者的数目。

肯德尔等级相关的原理与积差相关有些类似,W 也可视为一个比率,其分子是每一评价对象实际得到的等级总和的平方和,而分母是被评价对象最大可能变化的等级总和的平方和。通过理论可以推导出,它即为评价者完全一致时的 N 个等级总和的离差平方和。例如,例 5-4 中理论上最大的等级总和的变异是 5、10、15、20、25、30,这一组数据的平方和 $SS = \sum X^2 - \frac{(\sum X)^2}{N} = 2275 - \frac{(105)^2}{6} = 437.5$,也可以用公式 $\frac{1}{12}K^2(N^3-N)$ 直接计算出来。因此只要得出表中数据各篇作文的实际等级总和及这 6 个等级总和数据的离差平方和,就可以求出 W 值。

【例 5-4】 某校举办学生作文竞赛,6 篇作文进入决赛,请 5 位老师为这 6 篇作文评定等级,结果见下表。问:5 位老师评定结果的一致性程度如何?

作文编号 $N=6$	评分老师 $K=5$					$\sum R_i$	$\sum R_i^2$
	A	B	C	D	E		
1	3	2	2	1	1	9	81
2	1	1	1	2	2	7	49
3	6	5	5	6	6	28	784
4	4	6	6	5	5	26	676
5	5	3	3	3	4	19	361
6	2	4	3	4	3	16	256
$\sum$						105	2207

$$SS_R = \sum R_i^2 - \frac{(\sum R_i)^2}{N} = 2207 - \frac{(105)^2}{6} = 369.5$$

$$W = \frac{SS_R}{\frac{1}{12}K^2(N^3-N)} = \frac{369.5}{\frac{1}{12}5^2(6^3-6)} = \frac{369.5}{437.5} = 0.845$$

答:从计算结果可知,5位老师的评定结果较为一致。

肯德尔和谐系数 W 的取值范围是 0 到 1 之间,当评分者意见完全一致时,SS_R 取得最大值 $\frac{1}{12}K^2(N^3-N)$,即 $W=1$。如果评分者意见完全不一致,则每个被评价事物实际获得的等级之和应该相等,$SS_R=0$,即 $W=0$。

3. 有相同等级时计算 W 的方法

肯德尔和谐系数对数据的要求与斯皮尔曼等级相关系数相同。如果同一评分者有相同等级,也应取平均等级值,那么计算 W 时应使用下面的修正公式:

$$W = \frac{SS_R}{\frac{1}{12}K^2(N^3-N) - K\sum T_i} \quad (\text{公式 5-11})$$

式中,T_i 为校正数,与之前校正数 C 的公式相同,即 $T_i = \frac{n^3-n}{12}$,n 为相同等级的数目。$\sum T_i$ 即是对数据中多组重复等级的校正数相加,求出总的校正数。

【例 5-5】 某校举办学生作文竞赛,6 篇作文进入决赛,请 5 位老师为这 6 篇作文评定等级,结果见下表。问:5 位老师评定结果的一致性程度如何?

作文编号 $N=6$	评分老师 $K=5$					$\sum R_i$	$\sum R_i^2$
	A	B	C	D	E		
1	3.5	2	1.5	2	1	10	100
2	1	2	1.5	2	2	8.5	72.25
3	6	5	5.5	6	6	28.5	812.25
4	3.5	6	5.5	5	5	25	625
5	5	2	4	2	4	17	289
6	2	4	3	4	3	16	256
$\sum$						105	2154.5

$$SS_R = \sum R_i^2 - \frac{\left(\sum R_i\right)^2}{N} = 2154.5 - \frac{(105)^2}{6} = 317$$

$$\sum T_i = \frac{2^3-2}{12} + \frac{3^3-3}{12} + \frac{2^3-2}{12} + \frac{2^3-2}{12} + \frac{3^3-3}{12} = 0.5 + 2 + 0.5 + 0.5 + 2 = 5.5$$

$$W = \frac{SS_R}{\frac{1}{12}K^2(N^3-N) - K\sum T_i} = \frac{317}{\frac{1}{12}5^2(6^3-6) - 5 \times 5.5} = \frac{317}{410} = 0.773$$

答:从计算结果可知,5位老师的评定结果较为一致。

三、点二列相关

1. 适用范围

在心理研究领域,有时搜集到的两列数据只有一列是等距或等比的测量数据,而且其总体分布为正态分布,而另一列是二分称名变量,这时要分析它们之间的相关关系就必须使用点二列相关(point biserial correlation)。什么是二分称名变量？通常,有些变量的测量结果只有两种类别,如男性和女性、及格与不及格、已婚与未婚等。这种按事物的某一性质划分的只有两类结果的变量,称为二分变量(dichotomous variable)。二分变量又分为真正二分变量和人为的二分变量。真正的二分变量也称为离散型二分变量,如性别。人为的二分变量,指该变量本来是一个连续型的测量数据,但被某种人为规定的标准划分为两个类别,如按某个分数标准分为及格和不及格。在这种情况下,一个测量结果很明显要么属于这个类别,要么属于另一个类别,转化后的结果就被认为是一个二分变量,而不是连续变量了。点二列相关就是考察两列观测值中一列为连续变量(等距或等比测量数据),另一列是二分称名变量之间相关程度的统计方法,用符号表示为 r_{pb}。

点二列相关系数常用作由是非题组成的测验的项目区分度指标。是非题的得分只有两种结果:答对得分,答错不得分,每一题目的对、错就构成一个二分变量,而整个测验的总分是一列等距或等比性质的连续变量,要计算每一题目与总分的相关(称为每一题目的区分度),就需使用点二列相关。

2. 基本公式

点二列相关系数的基本公式是：

$$r_{pb} = \frac{\overline{X}_p - \overline{X}_q}{S_t} \cdot \sqrt{pq} \qquad \text{(公式 5-12)}$$

式中,$\overline{X}_p$ 是与二分变量的一个值对应的连续变量的平均数,$\overline{X}_q$ 是与二分变量的另一个值对应的连续变量的平均数,p 与 q 是二分变量两个值各自所占的比率,$p+q=1$,S_t 是连续变量的标准差。

点二列相关系数的取值在 -1.00 到 1.00 之间。绝对值越接近1,表明相关越高。

【例 5-6】 有一是非选择测验,每题选对得 1 分,共有 100 题,满分 100 分。下表是 10 名学生在该测验中的总成绩及第 5 题的答题情况。问:这道题与测验总分的相关程度如何？

学生	第 5 题	总分	
1	对	83	p 为答对第 5 题学生的比率
2	错	91	$p=5/10=0.5$
3	对	95	q 为答错第 5 题学生的比率
4	错	84	$q=5/10=0.5$
5	对	89	
6	错	87	$\overline{X}_p = 88.2$
7	对	86	
8	错	85	$\overline{X}_q = 87.8$
9	对	88	$S_t = 3.60$
10	错	92	

解: 将数据代入公式:

$$r_{pb} = \frac{88.2 - 87.8}{3.6} \cdot \sqrt{0.5 \times 0.5} = 0.056$$

答: 第 5 题与测验总分之间的相关系数为 0.056,相关较低,即第 5 题的答对与答错与总分没有一致性,表明第 5 题的区分度较低。

特别应提到的是,若对于二分变量中的观测值赋于对应的两个数字,如 1、0,分别表示其中的一种类别,这时也可用积差相关系数的公式来计算,其结果将与用点二列相关的公式计算结果相同,读者可以用例 5-6 中的数据验证一下。其实,点二列相关是积差相关的特殊应用。在这种特殊情形下计算得到的积差相关系数也好,点二列相关系数也好,对结果的解释应结合具体问题情境来进行。

表 5-8 对几种相关系数作一小结。

表 5-8　各类相关系数小结

总体分布	数据类型	相关类型	计算公式
正态分布	两列变量均为等距或等比数据	皮尔逊积差相关	$r = \dfrac{\sum z_X z_Y}{N}$
非正态分布	两列变量均为等距或等比数据	斯皮尔曼等级相关	$r_R = 1 - \dfrac{6\sum D^2}{N(N^2-1)}$
	两列变量,其中一列或两列为顺序数据		
总体分布不作要求	多列变量,其中一列或多列为顺序数据	肯德尔等级相关	$W = \dfrac{SS_R}{\dfrac{1}{12}K^2(N^3-N)}$
	两列变量,其中一列为等距或等比数据,一列为二分称名数据	点二列相关	$r_{pb} = \dfrac{\overline{X}_p - \overline{X}_q}{S_t} \cdot \sqrt{pq}$

【自测题】

一、单选题

1. 现有 8 名面试官对 25 名求职者的面试过程做等级评定。为了解这 8 位面试官的评价一致性程度,最适宜的统计方法是:_____
   A. 斯皮尔曼相关系数　　　　　　　B. 积差相关系数
   C. 肯德尔和谐系数　　　　　　　　D. 点二列相关系数

2. 下列相关系数所反映的相关程度最大的是:_____
   A. $r = +0.53$　　　B. $r = -0.69$　　　C. $r = +0.37$　　　D. $r = +0.72$

3. 假设两变量为线性相关,两变量是等距或等比的数据,但不呈正态分布,计算它们的相关系数时就选用:_____
   A. 积差相关系数　　　　　　　　　B. 斯皮尔曼相关系数

C. 二列相关系数　　　　　　　　D. 点二列相关系数

4. 相关系数的取值范围是：_____
   A. $|r|<1$　　　B. $|r|\geqslant 0$　　　C. $|r|\leqslant 1$　　　D. $0<|r|<1$

5. 确定变量之间是否存在相关关系及关系紧密程度的简单而又直观的方法是：_____
   A. 直方图　　　B. 饼图　　　C. 线形图　　　D. 散点图

6. 积差相关是英国统计学家_____于20世纪初提出的一种计算相关的方法。
   A. 斯皮尔曼　　B. 皮尔逊　　C. 高斯　　D. 高尔顿

7. 在统计学上，相关系数 $r=0$，表示两个变量之间：_____
   A. 零相关　　　B. 正相关　　　C. 负相关　　　D. 无相关

8. 如果相互关联的两个变量，一个增大另一个也增大，一个减小另一个也减小，变化方向一致，这叫做两个变量之间有：_____
   A. 零相关　　　B. 正相关　　　C. 负相关　　　D. 完全相关

9. 初学电脑打字时，随着练习次数增多，错误就越少，这属于：_____
   A. 负相关　　　B. 正相关　　　C. 完全相关　　　D. 零相关

10. 10名学生身高与体重的标准分数的乘积之和为8.2，那么身高与体重的相关系数为：_____
    A. 0.82　　　B. 8.2　　　C. 0.41　　　D. 4.1

二、名词解释

1. 相关系数
2. 正相关
3. 负相关

三、简答题

1. 解释相关系数时应注意什么？
2. 简述使用积差相关系数的条件。

四、计算题

1. 已知10名学生的数学与化学成绩如下表所示。假设成绩的分布为正态分布，请分别用积差相关和等级相关方法计算相关系数，并考虑该数据用哪种相关方法更恰当。

学生	1	2	3	4	5	6	7	8	9	10
数学(X)	80	75	70	65	60	82	70	77	85	60
化学(Y)	70	66	68	64	62	62	66	78	64	66

2. 某比赛请了4名专家对5幅书法作品进行等级鉴定，下表为每位专家给每幅作品的等级，试分析4名专家的鉴定是否具有一致性。

作品编号 $n=5$	专家 $K=4$			
	1	2	3	4
1	3	3	3	3
2	5	5	4	5
3	2	2	1	1
4	4	4	5	4
5	1	1	2	2

3. 某测验中，16 名被试某题得分与测验总分情况如下表所示，求该题得分与总分之间的相关程度。

被试	1	2	3	4	5	6	7	8	9	10	11	12	13	14	15	16
题分	1	1	1	0	0	1	1	0	1	0	0	0	1	1	0	1
总分	87	93	79	75	63	78	60	52	81	67	70	90	84	66	50	58

第二部分
推论性统计

统计分析方法从宏观上可分成两大类,一类是描述性统计;一类是推论性统计。描述性统计是用各种统计量去描述数据的各种特征。如用统计表、图的方式来描写数据的分布形态特征;用集中量数来度量数据的集中趋势;用差异量数来度量数据的离散趋势;用相关系数来描绘两个变量之间的依从连带关系。显然,在科学研究中,我们希望得出的这些统计量能够描绘出我们所要研究的对象的总体特征,即能够得到总体参数。例如,我们希望了解当代青少年的消费取向,以便为商家提供有价值的信息。但在实际工作中,不可能对当代所有的青少年都进行调查,这时,我们就希望能够用总体的一个部分——样本作为代表,通过对样本的研究来达到研究总体的目的,即随机选取一部分青少年进行调查,然后用这些青少年的消费取向特征去推测所有青少年的消费取向。这时,单纯对样本数据的描述性统计已经不能胜任这样的任务,而是需要借助更复杂的统计方法:推论性统计。研究如何从样本推论出总体特征的过程就称为推论性统计(statistical inference),这也是统计分析的最终目的。

推论的基本依据是样本,但由于个体之间存在着差异,而取样工作总会受到随机因素的影响,因而样本既是总体的代表,又不可能完美无缺地说明总体的情况,此时要想进行一个科学的推论,就必须解决两个问题:一是如何使所抽取的样本对总体有最好的代表性,这个问题可通过采用一种合适的抽样方法来解决;二是研究样本的结果能在多大程度上代表总体的情况?要想正确回答这个问题,就必须找出样本与总体的联系媒介,这个媒介就是抽样分布。因此我们必须认识什么是抽样分布,而要认识抽样分布,就必须有概率及概率分布的基础知识。

在解决了上述两个问题之后,就可以进行一个科学的推论了。推论性统计主要包括两个方面内容:参数估计和假设检验。参数估计是由样本的统计量来估计总体的参数。经常需要对总体进行估计的两个参数是总体平均数和总体方差。如果将总体平均数和方差视为数轴上的两个点,这种估计称为点估计。如果要求估计总体的平均数或方差将落在哪一段数值区间,这种估计称为区间估计。假设检验就是在推论统计中,通过建立假设再做检验来进行推论的方法。由于使用条件的不同,参数估计和假设检验又分成各种不同的类型,它们分别有着自己相应的统计公式。

6

概率与概率分布

【评价目标】
1. 理解概率的定义和性质,了解概率分布的分类。
2. 理解二项分布的概念与性质,能够运用二项分布解决心理研究中含有机遇性质的问题。
3. 掌握正态分布的概念与特征,能够熟练使用标准正态分布表。
4. 能够运用正态分布理论解决心理研究中的实际问题。

推论性统计的数学基础是概率论。一提到数学基础,许多人就会与复杂的数学公式及推导等联系在一起,从而产生畏惧感。其实"概率"这个概念在日常生活中经常使用到,例如,当你听到天气预报说有 60%的可能性会下雷阵雨,那么你在出门的时候就会带伞,虽然不一定会用到它,但天气预报员的预报使我们认为,带伞是必要的。又如,你今天会不会复习统计课内容取决于,至少部分取决于明天有没有统计考试。如果你的老师经常会进行一些突然小测,你可能不愿意冒着没有准备的危险进行小测。而如果是两周之后才考试,你可能又会做出不同的决定,并且这种决定还依赖于这两周之内你还有没有其他课程的考试等因素。

虽然我们还不知道概率的数学公式,但我们都能在一定程度上使用概率来指导我们做出决策。这种概率知识来源于我们的经验、直觉等等,我们称之为"主观概率"。但"主观概率"有时会导致我们做出错误的决策。心理学家们对这种主观概率下导致的错误决策进行了大量的研究,并发现一些很有趣的现象。例如,我们在玩抛硬币的游戏,前面四次的结果都是正面,那么你预测第五次的结果会是怎样呢?许多人会认为第五次抛硬币的结果将很有可能是反面,他们认为,根据平均数法则,一半的机会是正面,一半的机会是反面,正面已经出现了四次,应该要反面出现了。这样的理论听起来似乎很有道理,但却是错误的。有人用"赌徒的谬论"(gambler's fallacy)来称呼这种现象。赌徒的特点在于始终相信自己的预期目标会到来,就像在押轮盘赌时,每局出现红或黑的概率都是 50%,可是赌徒却认为,假如他押红,黑色若连续出现几次,下回红色出现的机会就会增加,如果这次还不是,那么下次更加肯定,从而不停地下赌注。其实每次取值在统计学意义上是相互独立的,它们之间的相关系数应该是零。即使前面四次抛硬币的结果都是正面,第五次的结果仍然是正面、反面具有同样的可能性。

可见,主观概率不能帮助我们进行一个科学的推论,因此,必须了解概率的统计定义及其性质,这样才能帮助我们合理地解释和说明研究的结论。

第一节 概率及概率分布概述

一、随机现象与随机事件

1. 随机现象

在自然界和社会生活中,存在着两种不同类型的现象,即确定性现象和随机现象。在一定的条件下事先可以断言必然会发生或必然不发生某种结果的现象叫确定性现象。例如,在标准大气压下,纯水加热到100℃时必然会沸腾;生铁放在室温下必然不会熔化等。而在一定条件下,事先不能断言会出现哪种结果的现象叫随机现象。例如,一次抛硬币试验的结果是未知的,可能是正面向上,也可能是反面向上。又如,某学生对一道客观选择题完全凭猜测,则可能猜对,也可能猜错。

我们把对随机现象的一次观察叫做一次随机试验。随机试验是研究随机现象的手段,它反映了随机现象的两个显著特点:

(1) 一次试验前,不能预言发生哪一种结果,这说明随机现象具有偶然性;

(2) 在相同条件下,进行大量的重复试验,其结果呈现出某种规律性,这说明随机现象具有必然性。例:对"抛硬币"的随机现象进行观察,在1.2万次的重复观察中,发现正面向上有6019次;在2.4万次的重复观察中,发现正面向上有12012次。这些数据告诉我们,对这些随机现象反复观察会发现它的内在规律:"正面向上"和"反面向上"几乎各占一半。

2. 随机事件

随机现象中出现的各种可能的结果称为随机事件。随机事件在每次试验中的发生是随机的,那么是否有规律可循呢?能否确切地知道它在一定条件下发生的可能程度呢?这就要我们作具体的分析。

就个别试验和观察而言,某种事件的出现与否好象是偶然的,难以体现出其中的规律性,但如果进行多次试验和观察,事件的出现情况就能体现出一定的规律性,这种规律性就是频率的稳定性。

为了找到某事件 A 发生的规律性,我们需要在大量重复试验中统计出事件 A 发生的次数,记为 m,并计算它与试验总次数 n 的比值,这个比值为事件 A 发生的频率,记为 $f(A)$,即

$$f(A) = \frac{m}{n} \qquad \text{(公式 6-1)}$$

通过事件发生的频率大小,我们能在一定程度上发现事件 A 发生的规律性。

【例 6-1】 向上掷一枚硬币,观察"正面向上"的次数。现分次数 $n=5, n=50, n=500$ 三组进行试验,其中每一组又重复进行 10 批,其结果如表 6-1 所示。

表 6-1 不同次数的试验中正面向上的频率

试验批号	$n=5$		$n=50$		$n=500$	
	m	$f(A)$	m	$f(A)$	m	$f(A)$
1	2	0.4	22	0.44	251	0.502
2	3	0.6	25	0.5	249	0.498
3	1	0.2	21	0.42	256	0.512
4	5	1	25	0.5	253	0.506
5	1	0.2	24	0.48	251	0.502
6	2	0.4	21	0.42	246	0.492
7	4	0.8	18	0.36	244	0.488
8	2	0.4	24	0.48	258	0.516
9	3	0.6	27	0.54	262	0.524
10	3	0.6	31	0.62	247	0.494

从上表不难看出,在每一组重复试验中,事件的频率有波动,带有偶然性,但随着试验次数的增加,事件的频率开始稳定在一个数值的附近,并且这种趋势随着试验次数的增加越来越明显,表现出一种规律性。频率的规律性是随机事件本身所固有的,不随人们意志改变的一种客观属性,因此可以对其进行度量。

二、概率

1. 概率的定义

为了度量随机事件发生频率的规律性,我们引入概率的概念。概率(probability)是表明随机事件发生可能性大小的客观指标。可以说,频率是事件发生的外在表现,概率才体现事件发生的内在实质,其定义有两种:

(1) 后验概率

从表 6-1 可看出,随着试验次数的无限增大,随机事件 A 的频率稳定地逼近一个常数 P,这个常数就是随机事件 A 出现的概率值,可表示为:

$$P(A) \approx f(A) = \frac{m}{n} \qquad \text{(公式 6-2)}$$

以随机事件 A 在大量重复试验中出现的稳定频率值作为随机事件 A 出现概率的估计值,这样求得的概率称为后验概率(empirical probability)。例如,随着抛掷次数的不断增加,正面朝上出现的频率就在 0.50 附近摆动,抛掷次数越多,摆动范围越小,越接近 0.50。于是,在表 6-1 中的 0.502 这一频率就是正面朝上这一随机事件概率的近似值或估计值。因此,可以认为抛掷一枚质地均匀的硬币时,正面朝上的概率为 0.502。随着试验次数的继续增加,该估计值将越来越接近 0.50。因此,后验概率必须通过大量的重复试验才能求得,而且是粗略的。

(2) 先验概率

先验概率(prior probability)指随机事件的概率是按古典概率模型推算而得的,故又称古典概率。古典概率模型要求满足以下两个条件:

① 每次试验中所可能出现的结果(称为基本事件)的个数是有限的。

② 每次试验中每个基本事件出现的概率相等。

如果以 m 表示事件 A 包含的基本事件,以 n 表示基本事件的总数,则事件 A 的概率,则概率的数学公式表示为:

$$P(A) = \frac{m}{n} \qquad (公式 6-3)$$

例如,将一枚硬币抛两次,观察正面(H)、反面(T)出现的情况,则所有可能结果有 4 种:HH、HT、TH、TT,即 $n=4$。若以恰有一次正面朝上为随机事件 A,那么随机事件 A 包括 2 种可能结果:HT、TH,即 $m=2$,于是抛两次硬币恰有一次正面朝上的概率为:$P(A)=\frac{m}{n}=\frac{2}{4}=0.5$。而如果以至少有一次正面朝上为随机事件 B,则随机事件 B 包括 3 种可能结果:HH、HT、TH,即 $m=3$,于是抛两次硬币至少有一次正面朝上的概率为 $P(B)=\frac{m}{n}=\frac{3}{4}=0.75$。

先验概率是在特定条件下直接计算出来的,而不是由实际试验的频率估计得来,因此是随机事件的真实概率。但是当试验重复次数充分多时,后验概率也接近先验概率。如表 6-1 中抛硬币重复次数越多,正面朝上的后验概率越接近先验概率。

2. 概率的性质

(1) 概率的公理系统

① 任何一个随机事件 A 的概率都是非负的。

② 在一定条件下必然发生的必然事件的概率为 1。

③ 在一定条件下必然不发生的事件,即不可能事件的概率为 0。

可见概率值在 0 与 1 之间,记为 $0 \leqslant P(A) \leqslant 1$。概率接近 1 的事件其发生的可能性较大,而概率接近 0 的事件其发生的可能性较小。然而,公理②和公理③的逆定理不成立,即概率等于 1 的某个事件,并不能被断定为必然事件,只能说它出现的可能性非常大。同样,概率等于 0 的事件,也不能说它就是不可能事件,只能说它出现的可能性非常小,以至接近于 0。这是因为公理②和公理③使用的是古典概率,即我们试验前就能决定的事件发生概率,而其逆定理中的概率指的是后验概率,后验概率是通过样本的计算得来,由于我们不可能穷尽所有的样本,因此我们只能通过它进行一定的推论。

（2）概率的加法法则

如果某一条件包含了一种或多种事件时,我们想知道选择该条件的概率就需要使用加法法则,其公式表示为：
$$P(A \text{ or } B) = P(A) + P(B) - P(A \text{ and } B) \quad \text{（公式 6-4）}$$

如果 A 和 B 是互不相容事件, $P(A \text{ and } B)=0$。所谓互不相容事件是指在一次实验或调查中,若事件 A 发生则事件 B 就一定不发生,否则二者为相容事件。例如根据你的调查,你估计有 40% 的人赞成高考,有 35% 反对高考,还有 25% 没有表态。如果你随机选择一个调查者,他可能是赞成高考或不表态一员的概率是多少？因为三种选择之间是互不相容的,因此 $P(A \text{ and } B)=0$。根据加法法则, $P(A \text{ or } B)=0.40+0.25-0=0.65$,因此该调查者可能是赞成高考或不表态一员的概率是 65%。对于相容事件的计算我们将在后面进一步讲解。

（3）概率的乘法法则

如果想知道几个独立事件同时出现的概率时就需要使用乘法法则,其公式表示为：
$$P(A \text{ and } B \text{ and } \cdots) = P(A) \times P(B) \cdots \quad \text{（公式 6-5）}$$

所谓独立事件是指一个事件的出现对另一个事件的出现不发生影响。如果事件 A 的概率随事件 B 是否出现而改变,或事件 B 的概率随事件 A 是否出现而改变,则此两事件称为相关事件。例如,在某次考试中有三道选择题你不会回答,因此随机选择了一个答案,如果每道题有四个选项,那么三道题你都猜对的概率是多少呢？每道题只有一个正确答案,因此每道题猜对的概率是 $\frac{1}{4}=0.25$,并且三道题的选择之间是互相独立的,根据乘法法则, $P(Q_1 \text{ and } Q_2 \text{ and } Q_3)=0.25\times0.25\times0.25=0.016$,即三道题你想同时猜对的概率为 1.6%。

对于一些较为复杂的情况,有时需要概率加法和概率乘法并用。例如上述三道选择题中你只猜对一道题的概率是多少,至少猜对一道题的概率又是多少？两个问题的答案是不同的。首先需要考虑三道选择题可能会出现的对(T)错(F)结果(即基本事件)有：FFF、FFT、FTF、TFF、FTT、TFT、TTF、TTT 共八种,其中每道题中 T 的出现概率 $\frac{1}{4}$,F 的出现概率为 $\frac{3}{4}$,因此每一基本事件出现的概率,依概率乘法法则计算分别为 $\frac{3}{4}\times\frac{3}{4}\times\frac{3}{4}=0.42, \frac{3}{4}\times\frac{3}{4}\times\frac{1}{4}=0.14, \frac{3}{4}\times\frac{1}{4}\times\frac{3}{4}=0.14, \frac{1}{4}\times\frac{3}{4}\times\frac{3}{4}=0.14, \frac{3}{4}\times\frac{1}{4}\times\frac{1}{4}=0.046, \frac{1}{4}\times\frac{3}{4}\times\frac{1}{4}=0.046, \frac{1}{4}\times\frac{1}{4}\times\frac{3}{4}=0.046, \frac{1}{4}\times\frac{1}{4}\times\frac{1}{4}=0.016$。这时只猜对一道题的结果包括 FFT、FTF、TFF 三种,由于这三种结果之间是互不相容的,因此使用加法法则计算它们的概率,即 $0.14+0.14+0.14=0.42$,即只猜对一道题的概率为 42%。那么至少猜对一道题包括猜对一题、两题、三题的所有结果,因此 $0.14+0.14+0.14+0.046+0.046+0.046+0.016=0.58$,即至少猜对一题的概率为 58%。

前面提到互不相容事件、独立事件，有时在一个研究中可能同时包含了互不相容事件、相容事件以及独立事件，下面我们用一个例子具体说明在各种情况下概率是如何应用的。

【例 6-2】 下面是关于吸烟与患癌症之间的一组假设数据。吸烟状况(B)分为吸烟与非吸烟，死亡原因(A)分为因吸烟致癌死亡与其他原因死亡。

B	A		合计
	癌症(A)	其他(not A)	
吸烟(B)	118	118	236
非吸烟(not B)	236	5428	5664
合计	354	5546	5900

在这个例子中，A 和 B 是两个独立事件，每个事件中包含了两个互不相容的基本事件（A 和 not A，B 和 not B），而单元格内是两个事件的交叉，如 A and B，我们将之称为联合事件，其概率用联合概率来表示，如 $P(A$ and $B)$。而最左边和最下边的一栏表示的是各个互不相容事件的小计，其概率用边缘概率来表示，如 $P(A)$。

表 6-2 概率的计算示例

B	A		合计
	癌症(A)	其他(not A)	
吸烟(B)	$P(A$ and $B)$ $118/5900=0.02$	$P($not A and $B)$ $118/5900=0.02$	$P(B)$ $236/5900=0.04$
非吸烟(not B)	$P(A$ and not $B)$ $236/5900=0.04$	$P($not A and not $B)$ $5428/5900=0.92$	$P($not $B)$ $5664/5900=0.96$
合计	$P(A)$ $354/5900=0.06$	$P($not $A)$ $5546/5900=0.94$	$5900/5900=1.00$

使用表中的概率，可以发现几种很有趣的答案。如问：如果随机选择一个病人，他可能是吸烟者或者癌症患者的概率是多少？如果你的回答是 $P(A$ or $B)=P(A)+P(B)=0.06+0.04=0.10$，那就错了，因为你把其中的 118($A$ and B) 计算了两次，一次作为吸烟者，一次作为癌症患者。也就是说，这两个类别之间并不是互不相容的。因此，根据加法法则，$P(A$ or $B)=P(A)+P(B)-P(A$ and $B)=0.06+0.04-0.02=0.08$。

三、概率分布

概率分布(probability distribution)是指对随机事件中所有可能结果的概率分布情况用数学方法（函数）进行描述。由于随机事件的可能结果的取值具有随机性，也称为随机变量。概率分布就是对随机变量各种取值情况的概率分布进行描述。只有了解随机变量的概率分布，为统计分析提供依据，才能使统计分析与推论有可能，因此它具有十分重要的意义。

概率分布有多种,除过去已知的一些概率分布外,一些新的概率分布还在继续被发现。概率分布依不同的标准可以分为不同的类型。

1. 离散分布与连续分布

这是依随机变量是否具有连续性来划分的概率分布类型。当随机变量只取孤立的数值(如计数数据)时,这种随机变量称做离散随机变量。离散随机变量的概率分布又称做离散分布,可用分布函数加以数量化描述。在心理统计中最常用的离散分布为二项分布。连续分布是指连续随机变量的概率分布,即测量数据的概率分布,它用连续随机变量的分布函数来描述它的分布规律。统计中最常用的连续随机变量分布为正态分布。

2. 经验分布与理论分布

这是依分布函数的来源来划分的概率分布类型。经验分布是指根据观察或实验所获得的数据编制的频数分布。经验分布往往是总体的一个样本,它可对所研究的对象给以初步描述,并作为推论总体的依据。理论分布有两个含义,一是随机变量概率分布的函数——数学模型,二是指按某种数学模型计算出的总体的频数分布。

3. 基本随机变量分布与抽样分布

这是依概率分布所描述的数据特征来划分的概率分布类型。基本随机变量分布是指基本随机变量的理论分布,心理统计中最常用的基本随机变量分布有二项分布和正态分布。抽样分布是指样本统计量的理论分布。样本统计量是由基本随机变量计算而来的,包括平均数、两平均数之差、方差、标准差、相关系数、概率等。

基本随机变量分布与抽样分布是推论统计的重要依据,只有对它们真正了解,才能明确各种统计方法的应用条件,并对各种具体方法有较为深刻的理解。在随后两节中将介绍两种常用的基本随机变量分布,第七章介绍抽样分布,为推论统计的学习打下基础。

第二节 二 项 分 布

二项分布(bionimal distribution)是一种具有广泛用途的离散型随机变量的理论分布,它是由贝努里创始的,所以也叫贝努里分布。二项分布是心理统计中常用的一种概率分布。

一、二项分布的公式

心理学研究中有时需要处理这样的变量,例如,心理测验或知识考核中经常采用选择题的形式,这种形式有不少优点,如判分客观、标准化,有利于计算机处理等。但是,这种题目形式也有一些缺点,其中之一就是对于那些一无所知的学生,凭胡蒙乱猜也可以答对一些题目。所以,有必要在采用这种测验形式之前,对猜测结果的概率有所了解。又如,公司对产品进行质量抽检,随机抽检10件产品,合格率要达到多少才能说明这批产品是合格产品?要回答这样的问题,就需要使用二项分布。

二项分布是指试验中仅有两种不同性质结果的概率分布,即各个变量都可归为两个不同性质中的一个,两种性质是对立的,因而二项分布又可说是两个对立事件的概率分布,例如选择题中对与错,产品检验中合格与不合格等现象都属于二项分布,并且这些现象都满足以下几个条件:

(1) 每个变量都是离散型变量,且每个变量只有两个水平,如选择题分为对和错,对有几题,错有几题;产品分为合格与不合格,合格有几件,不合格有几件。

(2) 每次试验(每题选择题、每件产品检验)各自独立,各次试验之间无相互影响。

(3) 某种结果出现的概率在任何一次试验中都是固定的,即每道选择题答对的概率是相等的,不论是四选一,还是二选一。

二项分布的概率公式表示为:

$$P(X) = \frac{N!}{X!(N-X)!} P^X q^{N-X} \qquad (公式6\text{-}6)$$

式中,X 为某种结果出现的次数,N 为试验的总次数,p 为该种结果出现的概率,q 为该种结果不出现的概率,其值等于 $1-p$,! 是一种数学符号,指代从 0 到 X 之间的整数的乘积,其中 $1!=1$。例如,$5!=5\times4\times3\times2\times1=120$。

通过二项分布的概率公式,便可计算出分布中各概率的值,从而对上述的问题给出答案。

【例 6-3】 有 10 道是非题,问答对几题才可以说学生真正掌握了考试内容,而不是凭猜测回答的。

解:把考生回答一题看做一次试验,则回答 10 道题是 10 次相互独立的试验,$N=10$,每次试验只有两个结果,答对记为 p,答错记为 q,则 $p=q=0.5$。设猜对的题数为 X,则:

猜对的题数(X)	$X!$	$X!(N-X)!$	$\dfrac{N!}{X!(N-X)!}$	p^X	q^{N-X}	$P(X)$
0	1	3628800	1	1.000000	0.000977	0.000977
1	1	362880	10	0.500000	0.001953	0.009765
2	2	80640	45	0.250000	0.003906	0.043943
3	6	30240	120	0.125000	0.007813	0.117195
4	24	17280	210	0.062500	0.015625	0.205078
5	120	14400	252	0.031250	0.031250	0.246094
6	720	17280	210	0.015625	0.062500	0.205078
7	5040	30240	120	0.007813	0.125000	0.117195
8	40320	80640	45	0.003906	0.250000	0.043943
9	362880	362880	10	0.001953	0.500000	0.009765
10	3628800	3628800	1	0.000977	1.000000	0.000977

答:从表中可看出,学生猜对 8 题以上的概率为 $P(\geqslant 8)=P(8)+P(9)+P(10)=0.054685$,因其概率很小,可以认为如果学生能答对 8 题以上,则说明他真正掌握了考试内容。当然,做此结论尚有 5.4% 犯错误的可能。

类似的,一次随机抽检 10 件产品中至少合格产品数要达到 8 件以上,才能说明这批产品是合格产品,同样,做此结论犯错误的概率尚有 5.4%。如果对产品质量的要求更为严格,则要求至少要 9 件以上,这样的概率为 $P(\geqslant 9)=P(9)+P(10)=0.010742$,这时做此结论犯错误的概率只有 1% 左右。

二、二项分布的性质

1. 二项分布的特征

二项分布是离散型分布,其概率分布图如图 6-1 所示。

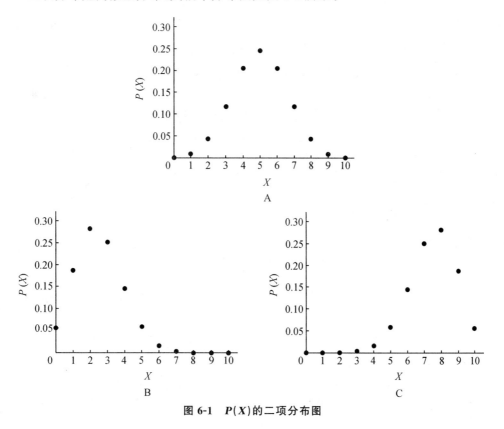

图 6-1 $P(X)$ 的二项分布图

其中 $N=10$,图 A 中 $p=q=1/2$,图 B 中 $p=1/4, q=3/4$,图 C 中 $p=3/4, q=1/4$。
从图 6-1 中可看出:

(1) 当 $p=q$ 时图形是对称的。

(2) 当 $p\neq q$ 时，图形呈偏态，$p<q$ 与 $p>q$ 的偏斜方向相反。

2. 二项分布的平均数与标准差

图 6-1A 中的二项分布图呈一种钟型的分布形状，有点类似于正态分布形状，其实，如果 N 足够大的话，即使 $p\neq q$，偏态也会逐渐降低，最终成正态分布，即二项分布的极限分布为正态分布。因此当二项分布满足 $p<q, Np \geqslant 5$（或 $p>q, Nq \geqslant 5$）时，二项分布就可看做近似正态分布，这时，二项分布中 X 变量的平均数和标准差可表示为：

$$\mu = Np \qquad \text{（公式 6-7）}$$

$$\sigma = \sqrt{Npq} \qquad \text{（公式 6-8）}$$

由于 N 很大时二项分布逼近正态分布，其平均数和标准差是根据理论推导而来的，故用 μ 和 σ 而不用 $\overline{X}$ 和 S 表示，它们的含义是指在二项试验中，某一结果出现次数的平均数 $\mu = Np$，其出现次数的离散程度 $\sigma = \sqrt{Npq}$。例如，一个掷 10 次硬币的试验，出现正面向上的平均数为 $\mu = Np = 5$ 次，正面向上的离散程度为 $\sigma = \sqrt{Npq} = 1.58$。这是根据理论计算的结果，在实际实验中，有的人可得 10 个正面向上，有人得 9 个，8 个，等等，人数越多，正面向上的平均数越接近 5，离散程度越接近 1.58。表 6-3 所列结果是 10 枚硬币投掷 1024 次，每次正面向上的次数统计结果。

表 6-3 10 枚硬币投掷 1024 次，每次正面向上的次数统计结果

X	理论		实验			
	次数 f	概率 P	次数 f	频率	fX	fX^2
0	1	0.000977	1	0.000977	0	0
1	10	0.009765	15	0.014648	15	15
2	45	0.043943	50	0.048828	100	200
3	120	0.117195	118	0.115234	354	1062
4	210	0.205078	204	0.199219	816	3264
5	252	0.246094	251	0.245117	1255	6275
6	210	0.205078	208	0.203125	1248	7488
7	120	0.117195	124	0.121094	868	6076
8	45	0.043943	41	0.040039	328	2624
9	10	0.009765	11	0.010742	99	891
10	1	0.000977	1	0.000977	10	100
$\sum$	1024		1024			
	$\mu=5$	$\sigma=1.58$	$\overline{X}=4.974$		$S=1.613$	

把计算得到的实际试验中正面向上次数的平均数、标准差与理论值进行比较，发现二者很接近。如果试验次数再继续增加，与理论计算值就越接近。读者可能对此并不

感兴趣，但这一点其实非常重要。因为当 N 足够大时，就可以用正态分布来解决二项分布中的问题了。例如，通过计算出平均数和标准差，就可以把二项分布中的原始数据都转换成 z 分数，通过标准正态分布表，可以把 z 分数转换成相应的概率（具体见第三节），这样就可以求出二项分布中某个取值上的相应概率了。

三、二项分布的应用

二项分布在心理研究中，主要用于解决含有机遇性质的问题。所谓机遇问题，即指在实验或调查中，实验结果可能是由于猜测而造成的。比如，选择题的回答可能完全凭猜测。凡此类问题，欲区分由猜测造成的结果与真实的结果之间的界限，就要应用二项分布来解决。

【例 6-4】 有一份 10 道四选一的多项选择题的试卷，若考生对试题作完全猜测，问：考生分别猜中 8 题、9 题、10 题的概率各有多大？至少猜中 1 题的概率又有多大？

解：四选一的多项选择题，猜中的概率记为 $p=\frac{1}{4}$，猜错的概率记为 $q=\frac{3}{4}$，$N=10$，猜对的题数为 X，则：

猜对的题数(X)	$X!$	$X!(N-X)!$	$\dfrac{N!}{X!(N-X)!}$	p^X	q^{N-X}	$P(X)$
0	1	3628800	1	1.000000	0.0563	0.056300
1	1	362880	10	0.250000	0.0751	0.187750
2	2	80640	45	0.062500	0.1001	0.281531
3	6	30240	120	0.015625	0.1335	0.250313
4	24	17280	210	0.003906	0.1780	0.146006
5	120	14400	252	0.000977	0.2373	0.058424
6	720	17280	210	0.000244	0.3164	0.016212
7	5040	30240	120	0.000061	0.4219	0.003088
8	40320	80640	45	0.000015	0.5625	0.000380
9	362880	362880	10	0.000004	0.7500	0.000030
10	3628800	3628800	1	0.000001	1.0000	0.000001

答：猜对 8 题的概率为 0.00038，9 题的概率为 0.00003，10 题的概率为 0.000001，至少猜中 1 题的概率为 $1-P(0)=1-0.0563=0.9437$。

比较例 6-3 和例 6-4，我们很明显可看出，设置两个答案供学生选择，学生猜对的概率很难区分开学生的知识水平，因为仅凭随机猜测，学生得高分的概率也相当大，学生至少要答对 8 题以上，才能说明其真正会答题。如果增加错误答案的数量，使学生的猜测准确性大大降低，至少答对 8 题以上的概率为万分之四，即 1 万次中只有 4 次会猜对 8 题，这几乎是不可能的事情，因此试题对不同水平学生的区分能力将会提高。

第三节 正态分布

二项分布中讨论的随机变量是离散型的，它们所能取的值是可数的，但在心理学研究中，处理得更多的是连续型的随机变量，例如学生的能力水平、成绩、身高、体重等，都属于连续型随机变量，其可能取的值是无限的。如何通过概率分布来确定随机变量某个取值的概率呢？例如，你的高考成绩是 330 分，如果我们知道今年高考的平均分和标准差，通过之前所学习的 z 分数，能确定出自己的大致位置，但这个位置之上的人数究竟有多少呢，如果某所大学的入取录是 10%，你的分数是否位于 10% 以内呢？回答这样的问题，就需要使用正态分布。

正态分布(normal distribution)是连续型随机变量理论分布的一种，它是由棣·莫弗于 1733 年发现的，拉普拉斯、高斯对其也做出了重要贡献，因此有时也称为高斯分布。正态分布在心理统计与应用中占有最重要的地位。

一、正态分布曲线

正态分布，顾名思义，就是"正常状态下的分布"的意思，在自然界与社会领域常见的变量中，很多都具有"两头小，中间大，左右对称"这种类似钟形的分布形状，如学生的学业成绩，人们的社会态度等都属于正态分布。二项分布中如果 N 足够大的话，分布的总宽度保持不变，分布中的各个点会逐渐合并成为一条光滑的曲线，因此二项分布的极限就是正态分布，这在数学上已经得到了证明。

1. 正态分布的公式

正态分布的密度函数表示为：

$$f(X) = \frac{1}{\sqrt{2\pi\sigma^2}} e^{-\frac{(X-\mu)^2}{2\sigma^2}} \qquad (公式6-9)$$

式中：$f(X)$ 为某个特定分数的相对频率，也称为概率密度，即正态分布的纵坐标；X 为随机变量的某个取值；μ 为总体平均数；σ^2 为总体方差；π 是圆周率 $3.14159\cdots$；e 是自然对数的底 $2.71828\cdots$。

从上式可看出，只要知道一批数据的平均数和标准差，就可以通过该公式描述出该批数据的分布情况。

由正态分布密度函数绘出的正态分布曲线(简称正态曲线)如图 6-2 所示。

2. 正态分布的特征

根据公式 6-9 和图 6-2，可以得到正态分布曲线以下几个特征：

(1) 正态曲线位于 X 轴的上方，以直线 $X=\mu$ 为对称轴，μ 为正态分布的均值，它向左、向右对称地无限伸延，且以 X 轴为渐近线，即当 $X \to \pm\infty$ 时，$f(X) \to 0$。但曲线始终不与 X 轴相交。

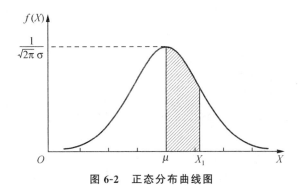

图 6-2 正态分布曲线图

(2) 当 $X=\mu$ 时曲线处于最高点,即当 $X=\mu$ 时, $f(\mu)=\dfrac{1}{\sqrt{2\pi}\cdot\sigma}$ 为最大值;$X=\mu\pm\sigma$ 两点是拐点,当正态曲线由中央向两侧逐渐下降时,到拐点改变了弯曲方向,整条曲线呈现"中间高,两边低"的形状。

(3) 正态曲线与 X 轴所围成区域的面积为 1。因为正态曲线关于 $X=\mu$ 对称,所以 $X=\mu$ 将正态曲线分成面积均为各 0.5 的两部分。正态曲线下各对应的横坐标处与平均数之间的面积可用积分公式计算:

$$P=\dfrac{1}{\sqrt{2\pi}\cdot\sigma}\int_{-\infty}^{X} e^{-\dfrac{(X-\mu)^2}{2\sigma^2}}\,dX \qquad (公式6\text{-}10)$$

正态分布曲线下的面积可视为概率,如图 6-2 中阴影部分的面积表示的是随机变量 X 的取值在 $\mu-X_1$ 间的概率,表示为 $P\{\mu\leqslant X\leqslant X_1\}$,其值可通过公式 6-10 计算出。

在正态分布曲线下,标准差与概率有一定的数量关系,即:

$$P\{\mu\pm 1\sigma\}=68.26\%$$
$$P\{\mu\pm 1.96\sigma\}=95\%$$
$$P\{\mu\pm 2.58\sigma\}=99\%$$
$$P\{\mu\pm 3\sigma\}=99.74\%$$
$$P\{\mu\pm 4\sigma\}=99.99\%$$

(4) 正态分布是由总体平均数 μ 和标准差 σ 唯一决定的分布。当平均数 μ 和标准差 σ 不同时,正态曲线呈现的位置和形状也就不同。平均数 μ 决定曲线的位置,见图 6-3A;标准差 σ 决定曲线的形状,σ 愈大,曲线愈"矮胖"(即分布愈分散),σ 愈小,曲线愈"高瘦"(即分布愈集中于 μ 的附近),如图 6-3B 所示。

3. 峰度与偏度

正态分布规律有它的局限性不宜滥用。在心理学研究中获得的随机变量的频数分布,有些是正态分布,有些不是正态分布,有时为了统计分析的需要,需要检验频数分布是否为正态分布,然后才能确定正态分布是否适用于当前的数据分析。对分布曲线是否为正态分布曲线的拟合检验方法是 χ^2 检验(见第十一章第二节)。除此之外,也可以

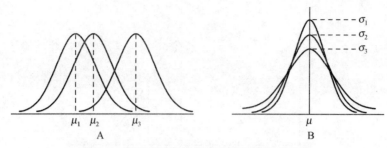

图 6-3 不同平均数和标准差的正态分布比较
A 为标准差相同,平均数不同的曲线位置比较;B 为平均数相同,标准差不同的曲线形状比较

通过峰度和偏度来加以确定。

(1) 偏度

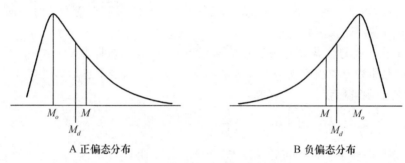

A 正偏态分布　　　　　　　B 负偏态分布

图 6-4 正偏态与负偏态的比较

偏度是表示曲线对称或不对称的程度。在正态分布中,算术平均数、中数与众数的大小完全相等,正态分布是完全对称的。而在偏态分布中,三者不能重合,分布是不对称的,其"尾巴"向左伸展或向右伸展。皮尔逊发现,在偏态分布中,平均数距中数较近而离众数较远,根据平均数与众数或中数的距离,提出了一个偏态量数公式,用来描述分布形态:

$$\text{SK} = \frac{M - M_o}{S} \quad \text{或} \quad \text{SK} = \frac{3(M - M_d)}{S} \quad \text{(公式 6-11)}$$

当 SK=0 时,分布对称;当 SK>0 时,分布属正偏态;当 SK<0 时,分布属负偏态。
另一种计算偏度系数的公式是:

$$g_1 = \frac{\sum(X-\bar{X})^3/N}{\left[\sum(X-\bar{X})^2/N\right]^{3/2}} \quad \text{(公式 6-12)}$$

当 g_1=0 时,分布对称;当 g_1>0 时,分布属正偏态;当 g_1<0 时,分布属负偏态。但只有当观测数据数目 N>200 时,g_1 才较可靠。

(2) 峰度

峰度是表示曲线峰形的相对高低程度。正态分布一定是对称的,但对称的分布不一定都是正态分布。第二章图 2-4 表明了三种不同峰度的分布形状。虽然每条曲线都呈现出钟型且对称的特征,但它们的峰度是不同的。峰度的计算公式为:

$$g_2 = \frac{\sum(X-\bar{X})^4/N}{[\sum(X-\bar{X})^2/N]^2} - 3 \qquad (公式\ 6\text{-}13)$$

当 $g_2=0$ 时为正态峰;当 $g_2>0$ 时为低阔峰;当 $g_2<0$ 时为高狭峰。但只有当观测数据数目 $N>1000$ 时,g_2 值才较可靠。

4. 标准正态分布

在第四章中曾经学习过 z 分数,它表示原始数据在该组数据分布中的相对位置,不同数据分布中的原始数据都可以通过 z 分数公式进行转化,并且转化后的 z 分数的平均数为 0,标准差为 1。因此,任何正态分布中的变量都可以通过 z 分数公式进行转化,并且转化后的 z 分数分布形状也是正态分布,其平均数 $\mu=0$,标准差 $\sigma=1$。我们把转化后的 z 分数分布称为标准正态分布,通常记做 $z \sim N(0,1)$。标准正态分布的密度函数及概率公式为:

$$f(z) = \frac{1}{\sqrt{2\pi}} e^{-\frac{z^2}{2}} \qquad (公式\ 6\text{-}14)$$

$$P\{-\infty < z < z_1\} = \frac{1}{\sqrt{2\pi} \cdot \sigma} \int_{-\infty}^{z_1} e^{-\frac{z^2}{2}} dz \qquad (公式\ 6\text{-}15)$$

标准正态曲线如图 6-5 所示:

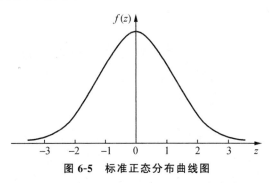

图 6-5 标准正态分布曲线图

由于标准正态分布的平均数和标准差都是确定的值,故它的位置和形状也都是确定的。标准正态曲线在 $z=0$ 点达到最大值,$f(0)=\frac{1}{\sqrt{2\pi}}=0.3989$,曲线上 $z\pm1$ 两点是拐点,对于每个 z 分数与平均数之间的概率,统计学家根据积分理论和方法已编制了标准正态分布表,简称正态分布表(见附表 1)。由于任何正态分布的概率问题均可转化成标准正态分布的概率问题,因而我们已不再需要进行任何复杂的计算,查阅正态分布表即可得知相应的概率值。

二、正态分布表

正态分布表(附表1)包括以下三列:第一列表示曲线横轴上的位置,用 z 表示。对于任何一个正态分布,都可通过公式 $z=\dfrac{X-\mu}{\sigma}$ 得到相应的 z 值。第二列是纵高 y,即曲线的高度,其值可通过公式6-14计算。例如,在 $X=\mu$ 这点上 $z=0$,$y=f(0)=\dfrac{1}{\sqrt{2\pi}}=0.3989$。第三列是概率值 P,即不同 z 分数点与平均数之间的面积。如图 6-6 中阴影部分的面积即概率 $P\{0\leqslant z\leqslant z_0\}$。

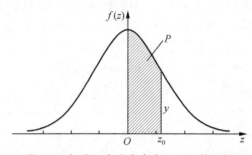

图 6-6 标准正态分布表中 z,y,P 的示例

使用正态分布表时要注意两个问题:

(1) 正态分布表只列出 $z\geqslant 0$ 所对应的纵高和面积。当 $z\leqslant 0$ 时,可根据正态曲线的对称性,在正态分布表中查出 $|z|$ 所对应的面积和纵高即可,即
$$P\{0\leqslant z\leqslant z_0\}=P\{z_0\leqslant z\leqslant 0\}$$

(2) 正态分布表中列出的是 z 值对应的概率值,因此对服从正态分布的变量 X 要先通过公式转化为 z 值,然后才能查表。

三、正态分布表的使用

实际工作中的统计分析,经常需要确定测量值落入某一区间的具体比率,如果该测量变量服从正态分布,这任务很容易完成。因为只要知道正态分布的平均数和标准差,无需进行复杂的计算,只要查正态分布表,测量值落入任何数值区间的概率都可以求出,当总数 N 相当大时,个体比率与概率值是十分接近的。由于客观事物的许多属性都近似服从正态分布,因此用正态分布的特性说明大量客观现象都是合理的。

下面我们就用一些具体的例子来看一下正态分布及正态分布表如何应用于日常的统计工作。先举一些例子让大家学会在各种情况下如何使用正态分布表,然后再通过一些例子让大家明白正态分布及正态分布表如何用于解决实际的问题。

1. 已知 z 分数求概率

(1) 求某 z 分数值与平均数之间的概率

【例 6-5】 查正态分布表,求 $P\{0 \leqslant z \leqslant 1.96\}$,$P\{-1.96 \leqslant z \leqslant 0\}$,即图 6-7 中阴影部分面积。

解:查正态分布表得知,当 $z=1.96$ 时,$P=0.475$,因此 $P\{0 \leqslant z \leqslant 1.96\} = P\{-1.96 \leqslant z \leqslant 0\} = 47.5\%$。

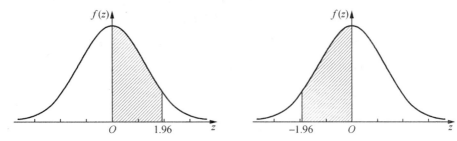

图 6-7 例 6-5 解题示意图

(2) 求某 z 分数以上或以下的概率

【例 6-6】 查正态分布表,求 $P\{z \geqslant 1.96\}$,$P\{z \leqslant 1\}$。

解:查正态分布表得知,当 $z=1.96$ 时,$P=0.475$,那么 $P\{z \geqslant 1.96\} = 0.5 - 0.475 = 0.025 = 2.5\%$;当 $z=1$ 时,$P=0.34134$,那么 $P\{z \leqslant 1\} = 0.5 + 0.34134 = 0.84134 = 84.134\%$。

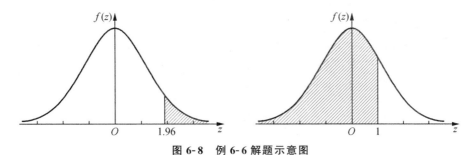

图 6-8 例 6-6 解题示意图

(3) 求两个 z 分数之间的概率

【例 6-7】 查正态分布表,求 $P\{-1.96 \leqslant z \leqslant 1.96\}$,$P\{-1.96 \leqslant z \leqslant -1\}$。

解:查正态分布表得知,当 $z=1.96$ 时,$P=0.475$,那么 $P\{-1.96 \leqslant z \leqslant 1.96\} = 0.475 \times 2 = 0.95 = 95\%$;当 $z=1$ 时,$P=0.34134$,那么 $P\{-1.96 \leqslant z \leqslant -1\} = 0.475 - 0.34134 = 0.13366 = 13.366\%$。

2. 已知概率求 z 分数

(1) 已知从平均数开始的概率值求 z 值

【例 6-8】 $z \sim N(0,1)$,已知 $P\{0 \leqslant z \leqslant z_0\} = 0.49814$,求 z_0。

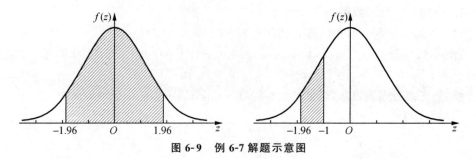

图 6-9 例 6-7 解题示意图

解:这时直接按概率值查正态表就可得到相应的 z 值。从正态分布表中第三列找出与概率 0.49814 相近的值为 0.49813,对应的 $z_0 \approx 2.9$。

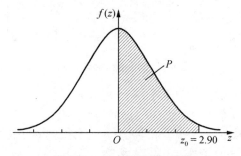

图 6-10 例 6-8 解题示意图

(2) 已知位于正态分布两端的概率值求该概率值分界点的 z 值

【例 6-9】 $z \sim N(0,1)$,已知 $P\{z \geqslant z_0\} = 0.005$,求 z_0。

解:这时不能由已知的概率值直接查表,需要用 0.5 减去已知两端的概率再查表求 z,即为 $P\{0 \leqslant z \leqslant z_0\}$ 所对应的 z 值。由 $P\{0 \leqslant z \leqslant z_0\} = 0.5 - 0.005 = 0.495$,查表得第三列 0.495 对应的 $z_0 = 2.58$。

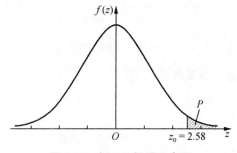

图 6-11 例 6-9 解题示意图

(3) 已知正态曲线下中央部分的概率值,求 z 分数

【例 6-10】 $z \sim N(0,1)$,已知 $P\{-z_0 \leqslant z \leqslant z_0\} = 0.7063$,求 z_0。

解:因为是曲线中间部分,故应将概率值除以 2 然后再查表求 z。两侧都有分界的 z 值,z 值的绝对值相同,正负不同,即为 $P\{-z_0 \leqslant z \leqslant 0\} = P\{0 \leqslant z \leqslant z_0\} = 0.7063/2 = 0.3531$,查表得第三列 0.3531 对应的 $z_0 = \pm 1.05$。

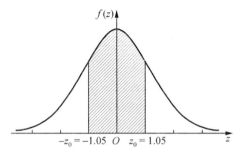

图 6-12　例 6-10 解题示意图

以上介绍的就是各种情况下如何使用正态分布表进行计算。接下来看看这些情况在现实生活中是如何体现的。

【**例 6-11**】　某年有 1000 人报考某音乐学院,其测验分数接近正态分布,平均分为 72 分,标准差为 10 分。问:

① 成绩在 90 分以上有多少人?
② 成绩在 80—90 分之间有多少人?
③ 60 分以下有多少人?
④ 如果该音乐学院想招 100 人,其分数线应切在多少分合适?
⑤ 平均分上下多少分之间包括了 90% 的考生。

解:因为其测验分数接近正态分布,且人数较多,因此可以用正态分布来进行相关的计算。①②③题是已知原始分数求相应概率,由于正态分布表是以 z 分数来查表的,因此首先需要将原始分数转换成 z 分数,然后再计算相应的概率。④⑤题是已知概率求相应的原始分数,同样,通过概率可以计算出相应的 z 分数,然后再通过 z 分数公式转化成原始分数。

① $z = \dfrac{90 - 72}{10} = 1.8$,$P\{90 \leqslant X\}$ 即为 $P\{1.8 \leqslant z\}$。查表已知当 $z = 1.8$ 时,$P = 0.46407$,因此 $P\{1.8 \leqslant z\} = 0.5 - 0.46407 = 0.03593$。将总人数乘以该概率,得到对应的人数,即 $1000 \times 0.03593 = 35.93 \approx 36$ 人。因此成绩在 90 分以上的大约有 36 人。

② $z = \dfrac{80 - 72}{10} = 0.8$,$P\{80 \leqslant X \leqslant 90\}$ 即为 $P\{0.8 \leqslant z \leqslant 1.8\}$。查表已知当 $z = 1.8$ 时,$P = 0.46407$,当 $z = 0.8$ 时,$P = 0.28814$,因此 $P\{0.8 \leqslant z \leqslant 1.8\} = 0.46407 - 0.28814 = 0.17593$。将总人数乘以该概率,得到对应的人数,即 $1000 \times 0.17593 = 175.93 \approx 176$ 人。因此成绩在 80—90 分之间的大约有 176 人。

③ $z=\frac{60-72}{10}=-1.2$，$P\{X\leqslant 60\}$即为$P\{z\leqslant -1.2\}$。查表已知当$z=1.2$时，$P=0.38493$，因此$P\{z\leqslant -1.2\}=0.5-0.38493=0.11507$。将总人数乘以该概率，得到对应的人数，即$1000\times 0.11507=115.07\approx 115$人。因此成绩在60分以下的大约有115人。

④ 录取率为$100/1000=0.1$，即$P\{X_0\leqslant X\}=0.1$，求X_0。这与上述的已知位于正态分布两端的概率值求该概率值分界点的z值是一样的。第一步需要用0.5减去已知两端的概率再查表求z，即为$P\{0\leqslant z\leqslant z_0\}$所对应的$z$值：$P\{0\leqslant z\leqslant z_0\}=0.5-0.1=0.4$；第二步查表第三列0.4对应的$z_0=1.28$；第三步将已查得的$z$分数转化成原始分数：$X=z\sigma+\mu=1.28\times 10+72=84.8$。因此如果想招100人，其分数线应切在84.4分。

⑤ 该题与上述的已知正态曲线下中央部分的概率值求z分数是一样的。第一步应将概率值除以2然后再查表求z，即为$P\{-z_0\leqslant z\leqslant 0\}=P\{0\leqslant z\leqslant z_0\}=0.90/2=0.45$；第二步查表第三列0.45对应的$z=\pm 1.645$；第三步将已查得的$z$分数转化成原始分数，因为是两端的分数，因此有两个：$X_1=z\sigma+\mu=1.645\times 10+72=88.45$，$X_2=-z\sigma+\mu=-1.645\times 10+72=55.55$。因此55.55—88.45分之间包含了90%的考生，或者说有90%的考生分数在55.55—88.45分之间。

四、正态分布理论的其他应用

1. 化等级评定为等距分数

社会和心理测量工作中，经常对测量对象进行等级评定，譬如将人的态度分为非常满意、比较满意、不置可否、比较不满意、非常不满意五级；将成绩分为优、良、中、差等。当评定工作结束之后，评定结果是比较难以分析处理的，因为评定的标准是不等距的，难以对评定结果进行代数四则运算。为了对评定结果进行深入的分析，很多人探求将等级分数转化为等距分数的方法。应用正态分布理论将等级分数化为等距分数，是比较好的一种方法。

【例6-12】 某工厂请三位服装专家对100件新设计的服装样品进行评定，评定结果分为A，B，C，D，E五等级，如何对样品的评定结果作出比较呢？具体地说，如果样品一、二和样品三的得分如表6-4，请问专家们对哪个样品的评价更高？

表6-4 三名专家对三个样品的评定结果

		专家		
		甲	乙	丙
样品	样品一	B	A	A
	样品二	A	B	A
	样品三	D	C	C

每个专家对五等级的观念是否相同，这很难说，即使事前对评定原则和标准做了统

一的说明,但每个人对标准的主观理解总是有差异的。这种理解上的差异在评定时一般有客观表现,有的人对标准掌握比较严,除非样品是出类拔萃的,轻易不给样品打 A 等分数;有的人则从宽掌握标准,给很多样品评 A 等级,给大部分样品评 B 等级,给很少的样品评 C 或 D 等。为了使几位专家的评定具有可比性,根据每位专家的评定结果(对所有样品),我们可以将他实际使用的评定标准计算出来,用 z 分数表示。这样推算的前提假定是:大量的样品在专家心目中形成的主观印象是正态分布的,如果不是正态分布,则不能将等级评定转化为 z 分数。

怎样计算专家们评定标准的差异呢?

解: 第一步,看一看专家们对样品评定的总结果。设三名专家对 100 件样品的评定结果如表 6-5 所示。

表 6-5　三名专家对 100 件样品的评定结果

		专家		
		甲	乙	丙
等级	A	5	10	20
	B	25	20	25
	C	40	40	35
	D	25	20	15
	E	5	10	5
总数		100	100	100

第二步,求出各专家对各等级评定的人数比率,列在表 6-6 第二项"P"。用正态分布图表示如图 6-13 所示。

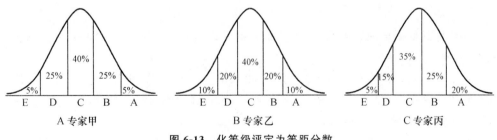

图 6-13　化等级评定为等距分数

第三步,求各等级比率值的中间值,作为该等级的中点,列在表中"等级中点"。

表 6-6　化等级评定为等距分数

等级	专家甲				专家乙				专家丙			
	P	等级中点	中点以下累加	z	P	等级中点	中点以下累加	z	P	等级中点	中点以下累加	z
A	0.05	0.025	0.975	1.96	0.10	0.05	0.95	1.65	0.20	0.1	0.9	1.28
B	0.25	0.125	0.825	0.94	0.20	0.1	0.8	0.84	0.25	0.125	0.675	0.45
C	0.40	0.2	0.5	0	0.40	0.2	0.5	0	0.35	0.175	0.375	−0.32
D	0.25	0.125	0.175	−0.94	0.20	0.1	0.2	−0.84	0.15	0.075	0.125	−1.15
E	0.05	0.025	0.025	−1.96	0.10	0.05	0.05	−1.65	0.05	0.025	0.025	−1.96

第四步,求各等级中点以下的累加比率,列在表中的第四项"中点以下累加"。如专家甲中所评各等级的累加比率分别为:E 等为 0.025,D 等为 0.175,即 0.05+0.25/2,C 等为 0.5,即 0.05+0.25+0.4/2,B 等为 0.825,即 0.05+0.25+0.4+0.25/2,A 等为 0.975,即 0.05+0.25+0.4+0.25+0.05/2。

第五步,用累加比率查正态分布表求 z 值,该 z 分数就是各等级代表性的测量值。注意,概率小于 0.5 时,用 0.5 减去累积概率值查表,概率大于 0.5 时,用累加概率减去 0.5 的值查正态表得到相应的 z 值。

第六步,求被评样品所得等级的 z 分数的平均值,作为每个被评定样品的综合评定分数。

样品一:所得等级为甲 B、乙 A、丙 A,其平均 z 分数为:
$$(0.94+1.65+1.28)/3 = 1.29$$
样品二:所得等级为甲 A、乙 B、丙 A,其平均 z 分数为:
$$(1.96+0.84+1.28)/3 = 1.36$$
样品三:所得等级为甲 D、乙 C、丙 C,其平均 z 分数为:
$$(-0.94+0-0.32)/3 = -0.42$$

三个样品的平均成绩表明,虽然样品一和样品二在评定等级上相同,但二者的 z 分数不同,样品二的评价更高一些。

这种化等级数据为等距数据的方法有很大的实用价值,特别当评价人员的评价标准很难统一把握时,更需要先进行等距转换,然后再综合各人的评价。

2. 确定测验题目的难易度

在教育和心理学研究工作中,我们经常会采用测验来评价学生的成绩或其他方面的能力。一个测验由不同的题目组成,每题的分数是如何确定的,是否能确保学生每一分之间的相差是等距的,即分数之间是否具有可比性,这是一份科学的测验所需具备的特征。按常理讲,难题应多给分,容易题应少给分,这是一种合理的分数分配原则,但由于现在许多测验中的题目难度是由"有经验"的主考人估定的,这种估定的结果,很难保证每一分之间是等值的。例如高等学校入学考试,一般是由非常有经验的教师命题,也曾出现过这样的现象,两道数学题,每题 6 分,第一题有很多人做对,第二道题只有很少的人做对。显然,这两题的难度相差很大,但却同样被确定为 6 分。可见,经验命题并确定题目的分数值很难保证分数的等值性。

因此一份科学的测验应该在正式使用之前进行比较科学的预测,确定题目的难度,然后根据题目难度确定每题的分数值。这样,测验分数的等值性才比较有保证,测量结果才更为合理。怎样确定题目难度呢?我们下面举个例子具体加以说明:

【例 6-13】 有一份心理测验共 10 道题,需要确定各题目的难度,以便确定各题的得分。我们随机选取了若干名学生按正式测验的要求进行试测,得到相应的测验结果见下表。

解:第一步,计算各题目的通过率,即答对人数与参加测验人数的比例,列在表中第二列。在正态分布表中它代表的是从左到右的曲线下面积。

题目编号	通过率(%)	P	z	$z+5$
1	99	0.49	-2.331	2.669
2	95	0.45	-1.645	3.355
3	85	0.35	-1.035	3.965
4	80	0.30	-0.84	4.16
5	75	0.25	-0.675	4.325
6	70	0.20	-0.525	4.475
7	50	0	0	5
8	20	0.30	0.84	5.84
9	5	0.45	1.645	6.645
10	1	0.49	2.33	7.33

第二步,因为正态分布表中列出的只是右边一半的面积,而我们通过率所表示的是从左到右曲线下的面积,因此需要用 0.5 减去通过率,不计正负号,以获得正态分布表中的概率值。在表中列在第三列。

第三步,依据 P 值查正态分布表中相应的 z 值,通过率大于 50% 的 z 值计为负值,通过率小于 50% 的 z 值计为正值。因为通过率大的其难度分数要小,而通过率小的其难度分数要大。查表结果见表第四列。z 值以标准差为单位,因此是等值分数,虽然表面上看,3、4、5 这三个题目正确回答率各自相差 5%,似乎难度差异相等,但转换成 z 值后,我们发现第 3 题与第 4 题的难度差异为 $(-1.035)-(-0.84)=-0.195$,第 4 题与第 5 题的难度差异为 $(-0.84)-(-0.675)=-0.165$,这三道题的难度差异是不等的。

第四步,将查表得到的 z 分数加上 5(假定正负 5 个标准差包括了全体)便可得到从 0—10 的十进制的难度分数值。

一份测验题目经过试测,根据每题的正确回答率查出相应的标准分数值(z 值),就确定了各题的难度。这难度指标是根据正态分布理论,以客观测量结果为基础确定的,因此比较客观和准确。根据各题所对应的 z 值,再确定每题的分数值,用于正式测验,测验效果要准确得多。

3. 测验分数的正态化

在正态分布理论的前两个应用中,都有一个前提假设,就是被操作的变量其总体是为正态分布的,但在实际研究中,由于抽样误差、评定者的理解或测试题目难度等因素的影响,实际得到的原始分数分布往往不是正态分布。如例 6-12 中的丙专家,其评定的等级大多集中在 A、B、C 中,例 6-13 中的测验题目的难度题量上也存在着相同的情况。为了解决这类问题,可采用一定的统计方法将非正态的原始分数转化成正态分布。前两个应用均是起到这样的作用,只是原始分数是等级数据或百分数数据。如果原始分数是测量数据,如何进行相应的转化呢?这就需要作我们所说的测验分数正态化,其正态化后的测验分数也称为标准分数,如我国高考标准分的计算就是使用这个原理。

测验分数的正态化与前两个的操作方式大致相同,我们以一个例子具体说明。

【例 6-14】 某研究中随机抽取了 180 名学生的某一能力测验分数,结果见下表,由于这些能力分数不是正态,需要将其正态化。

解:已有研究表明学生的总体能力分布为正态,因此可以用正态化原理将其正态化。第一步,将所有考生的原始分数从大到小进行排序,并整理出每一分数的频数分布表。第二步,计算每一分数以下的考生占考生总数的百分比,将它视为正态分布的概率。第三步,用 0.5 减去每一分数的百分比,不计正负号,作为正态分布表中的概率值,查出相应的 z 值,百分比小于 50% 的 z 值计为负值,百分比大于 50% 的 z 值计为正值。第四步,将 z 值通过公式 $T = 10 \times z + 50$ 转化为 T 分数,使其转化为百分制计分形式。

原始分数	频数	累加频数	累加频率	P	z	T
96	1	180	1.000	0.500	3.99	89.9
95	7	179	0.994	0.494	2.51	75.1
94	5	172	0.956	0.456	1.705	67.05
92	10	162	0.900	0.400	1.28	62.8
⋮	⋮	⋮	⋮	⋮	⋮	⋮
47	7	12	0.067	0.433	−1.50	35
45	5	5	0.028	0.472	−1.91	30.9
∑	180					

可能读者至此会认为,这不就是测验分数转化为 z 分数,如果直接用 z 分数的公式计算不是更为简便吗?其实这两者是不同的。如果直接用公式转化 z 分数,那么它们只是以原始分数的分布形状为转移,将平均数移到 0 上,标准差为 1,但分布形状不发生任何变化,即原来是偏态的数据,转变后的 z 分数也还是偏态分布。而测验分数正态化是利用改变次数的方法,将原来偏态分布中众数所偏的一边拉长,使之成为正态。这是一种非线性转化,一般情况,一组分数正态化后,其原始分数两端相应的 z 分数绝对

值比较接近,但没正态化时两端的原始分数对应的 z 分数绝对值相差较大。正态化是建立正态标准分数的关键,但原始分数正态化也有一定的前提条件,即研究对象的总体事实上应该是正态分布,否则就会歪曲事实。

4. 在能力分组或等级评定时确定人数

如果已知进行评定的对象其总体是正态分布,为了使评定的等级构成等距的尺度,如例 6-12,事前我们给专家设定了各等级的人数,这样专家就能大致按照正态分布的形状来评定等级。如何依据正态分布理论确定各等级的人数呢?具体做法如下:

【例 6-15】 对 100 件新设计的服装样品进行评定,评定结果分为 A、B、C、D、E 五等级,各等级应该有多少件,才能使等级评定做到等距?

解:第一步,假定 6 个标准差包括了全体,将 6 个标准差除以等级的数目,做到 z 分数等距,即 $6\sigma \div 5 = 1.2\sigma$,每一等级应占 1.2σ 的距离,具体各等级的界限见下表第二列。

第二步,依据各等级的 z 分数界限计算出相应的概率,列在表第三列。

第三步,把概率乘以总人数,得到各等级的人数,列在表第四列。

等级	各等级界限(z)	P	人数
A	1.8σ 以上	0.0359	4
B	0.6σ — 1.8σ	0.2384	24
C	-0.6σ — 0.6σ	0.4514	44
D	-1.8σ — -0.6σ	0.2384	24
E	-1.8σ 以下	0.0359	4

5. 根据正态分布理论解决二项分布问题

在二项分布问题中如果 N 很大,用二项分布公式计算理论次数是非常繁琐的,所幸可以证实,当 N 足够大时,且 $p<q, Np \geq 5$(或 $p>q, Nq \geq 5$)时,二项分布就可看作近似正态分布,这时我们可以用正态分布来解决二项分布中的问题。

通过计算出平均数和标准差,把二项分布中的原始数据都转换成 z 分数,通过正态分布表,把 z 分数转换成相应的概率,这样就可以求出二项分布中某个取值上的相应概率。当 N 足够大时,二项分布中 X 变量的平均数和标准差可表示为:$\mu = Np$,$\sigma = \sqrt{Npq}$。

【例 6-16】 如果把例 6-3 中的 10 道是非题改为 100 道,问答对几题才可以说学生真正掌握了考试内容。

解:设猜对题数为 X,已知猜对和猜错的概率 $p=q=0.5, N=100, Np=50 \geq 5$,此二项分布接近正态分布,可以用正态分布理论计算概率,故:

$$\mu = Np = 100 \times 0.5 = 50, \quad \sigma = \sqrt{Npq} = \sqrt{100 \times 0.5 \times 0.5} = 5$$

根据正态分布概率,当 $z=1.645$ 时,该点以下包含了全体的 95%。如果用原始分数表示,则为 $\mu + 1.645\sigma = 50 + 1.645 \times 5 = 58.225 \approx 58$ 题。它的意义是,完全凭猜测,

100题中猜对58题以上的可能性只有5%。因此可以推论说，答对58题以上者不是凭猜测，表明答题者真的会答，但做此结论，也仍有犯错误的可能，即那些完全靠猜测的人也有5%的可能性答对58题以上。

为了减少犯错误的可能性，我们也可以提高计算的概率，如99%，99.9%，这样犯错误的可能性只有1%，0.1%。读者可以自己计算一下这时应答对几题以上。

【自测题】

一、单选题

1. 概率和统计学中，把随机事件发生的可能性大小称作随机事件发生的：_____
   A. 概率　　　　　B. 频率　　　　　C. 频数　　　　　D. 相对频数
2. 在一次试验中，若事件B的发生不受事件A发生的影响，则称A、B两事件为：_____
   A. 相容事件　　　B. 不相容事件　　C. 独立事件　　　D. 非独立事件
3. 二项分布的创始人是：_____
   A. 高斯　　　　　B. 拉普拉斯　　　C. 莫弗　　　　　D. 贝努里
4. 一个硬币掷3次，出现两次或两次以上正面向上的概率为：_____
   A. 1/8　　　　　B. 1/2　　　　　C. 1/4　　　　　D. 3/8
5. 正态分布是由_____于1733年发现的。
   A. 高斯　　　　　B. 拉普拉斯　　　C. 莫弗　　　　　D. 贝努里
6. 正态分布的对称轴过_____点垂线。
   A. 平均数　　　　B. 众数　　　　　C. 中数　　　　　D. 无法确定
7. 标准正态分布中的平均数、标准差分别是：_____
   A. μ未知，$\sigma=1$　B. $\mu=0$，σ未知　C. $\mu=0$，$\sigma=1$，D. 无法确定
8. 如果由某一次数分布计算得SK>0，则该次数分布为：_____
   A. 高狭峰分布　　B. 低阔峰分布　　C. 负偏态分布　　D. 正偏态分布
9. 在标准正态分布下$z=1$以上的概率是：_____
   A. 0.34　　　　　B. 0.16　　　　　C. 0.68　　　　　D. 0.32
10. 某班200人的考试成绩呈正态分布，其平均数=12分，$S=4$分，成绩在8分和16分之间的人数占全部人数的：_____
    A. 34.13%　　　B. 68.26%　　　C. 90%　　　　　D. 95%

二、名词解释

1. 概率
2. 概率分布
3. 二项分布
4. 正态分布

5．标准正态分布

三、简答题

1．简述正态分布的特征。
2．试举例说明正态分布理论在实际生活中的应用。

四、计算题

1．掷四枚硬币时,出现以下情况的概率是多少？
　　(1) 两个正面两个反面。
　　(2) 至少有一个正面。
　　(3) 连续掷两次无一正面。
2．某试卷共有100道四选一测验题,问：回答对多少题才能说学生是真的会答而不是猜测？
3．设 $X \sim N(\mu, \sigma^2)$，查标准正态分布表求以下概率：
　　(1) $P\{\mu-\sigma < X \leqslant \mu+\sigma\}$。
　　(2) $P\{\mu-3\sigma < X \leqslant \mu+3\sigma\}$。
　　(3) $P\{\mu-1.96\sigma < X \leqslant \mu-\sigma\}$。
　　(4) $P\{X < \mu+\sigma\}$。
4．某地区47000人参加高考,物理学平均分为57.08分,标准差为18.04分。问：
　　(1) 成绩在90分以上有多少人？
　　(2) 成绩在80—90分之间有多少人？
　　(3) 60分以下有多少人？
5．某比赛共有100人参赛,欲评3个等级,问：各等级评定人数应是多少合适？

7

抽样理论与参数估计

【评价目标】
1. 理解随机抽样的定义,了解几种随机抽样的方法。
2. 了解参数估计的类型,掌握平均数与方差、标准差的点估计方法。
3. 理解抽样分布的概念,掌握中心极限定理与平均数的两种抽样分布。
4. 理解正态分布与 t 分布的异同,能够熟练使用 t 分布表。
5. 掌握区间估计的原理,能够进行不同情况下总体平均数的区间估计。

      推论性统计(statistical inference),或者称统计推论,是指根据样本获得的信息对总体的特征做出推论,并对这种推论的正确性用概率加以说明。举个简单的例子看看我们平时是如何进行推论的。假如有一天晚上你的朋友很不高兴地回到家。你知道他今天参加一次很重要的面试,并且还知道他对面试很没有信心,因为面试的内容他不太熟悉。根据这些"事实",你会给出一个结论:他面试不太成功。但你对你的结论有绝对把握吗?没有,你只能说很可能,因为你的朋友也还有可能是因为其他原因而不高兴。

      类似的,我们的统计推论是通过样本的信息来对总体做出结论,因此必须意识到,推论也有可能是错误的。而这一点恰恰是许多人容易忽视并产生误解的。例如,许多人出门前会关注天气预报,当天气预报说今天会下雨,大家就会带伞。但当没有下雨时,许多人就会抱怨说天气预报不准,其实是因为他们忽视了这个概率的问题。天气预报就是一种统计推论,天气预报员根据所得到的一些信息如湿度等对下雨的概率作出推测,如果概率较大,就会做出可能下雨的预报,但不排除也有其他天气的可能性,只不过在天气预报中都没有列出概率。

      当然,如果我们的推论是建立在总体信息的基础上就不会有犯错误的可能性,但关键问题是我们不可能得到总体的信息,特别是当总体无限大的时候。例如抛硬币,10次有几次正面朝上,我们可以实际操作一下得到数据,但每次都有不同的结果,其次数可以是无限次。又如,研究在工业区旁边的小区里患癌症的人是否会比非工业区多,可能把所有的相关对象都调查完吗?当然不行,因此我们不可能得到总体参数,只能从总体中随机抽取一些样本,依赖于样本来完成对总体的推论。那么在推论的过程中就必须承认有犯错误的可能性,但如何能把这种犯错误的可能性减小,以及如何计算出抽样误差,把根据该样本推论时可能犯错误的概率也计算出来,就是推论性统计要做的事情。因此推论性统计就是描述性统计、概率、逻辑以及判断力的结合。

我们在一进入推论性统计中就提出,从样本推论总体必须解决两个问题:一是如何使所抽取的样本对总体有最好的代表性;二是研究样本的结果能在多大程度上代表总体的情况。前一个问题将通过随机抽样来解决,后一个问题将用参数估计来解释。

第一节 随机抽样与点估计

一、什么是随机抽样

抽样研究法是当前心理研究中使用最多的一种方法,即是从总体中抽取一部分个体作为样本进行研究,然后根据对样本的研究结果推论总体的状况。抽样研究具有相当明显的优点:一方面,它在人力、物力和时间上比较节约;另一方面,它也可以得到相当准确的结果。但抽样研究的优点是建立在样本的代表性前提上,如果样本代表性差,则抽样研究就没有意义。例如,1936年美国大选,在大选之前《文艺文摘》为预测选举结果发出1000万份问卷,大约回归了240万份,根据对回归问卷的统计分析,它预言兰登(Alfred Landon)将以高出15%的票数击败罗斯福(Franklin Roosevelt),但其预测以惨败告终,结果是罗斯福得票62%,兰登只得到38%的选票。与之对比,有一位年青人叫盖洛普,只用了5万份问卷,就成功地预测了罗斯福总统当选。《文艺文摘》的失败主要原因是,它的抽样调查样本虽然很大,但不具有代表性,是从电话号码登记卡、汽车登记卡、报刊订户名单等资料中选取被调查人,而1936年正当经济危机大萧条后的复苏时期,当时参加选举的有数不清的穷人,他们没有电话,也没有汽车,因此《文艺文摘》的调查样本不能反映这部分人的投票意愿。盖洛普采用的是配额抽样法,他首先把全体选民的性别、年龄、种族、职业行业、居住地等各种比例搞清楚,然后按比例抽取调查样本,使样本基本能代表总体的社会经济状况,这使得他的调查结果基本能够代表总体的情况,因此虽然样本不大,却获得了预测的成功。

随机化(randomization)是抽样研究的基本原则。所谓随机化原则,是指在进行抽样时,总体的每一个体是否被抽取,并不由研究者主观决定,而是由等概率原理所决定,即每一个体被抽取的可能性是相等的。由于随机抽样使每个个体有同等机会被抽取,因而有相当大的可能性使样本保持和总体相同的结构。或者说,具有最大的可能使总体的某些特征在样本中得以表现。所以说随机抽样可以保证样本代表总体。并且随机抽样对于抽样误差的范围可以预算或控制。抽样误差是指样本统计量与总体参数之间的差异,例如以样本平均数估计总体平均数时,从总体中随机抽取一个样本,即使没有系统误差和过失误差,样本平均数也不一定等于总体平均数,这时样本平均数与总体平均数之间的差异就叫抽样误差。对于抽样误差的预算,意味着能对研究结果的精确度进行客观地评价。

二、随机抽样方法

1. 简单随机抽样法

一般所说的随机抽样,就是指简单随机抽样,它是最基本的抽样方法,适用范围广,最能体现随机化原则,原理简单。抽取时,总体中每个个体应有独立的、等概率的被抽取的可能。常用的具体抽取方式有抽签法和随机数字法。抽签法是把总体中的每一个体都编上号码并做成签,充分混合后从中随机抽取一部分,这部分签所对应的个体就组成一个样本。随机数字表是由一些任意的数字毫无规律地排列而成的数字表。附表2就是由1万个数字无规律排列组成的一个随机数字表。使用随机数字表进行抽样时,先给总体编号,然后从表中任意一个数字开始依次往下数,并把最后几位数字小于总体编号数字选出按研究要求组成一个样本。假如从50人中随机抽取10人,先将50人从1到50编上号,假如选定04与05—09交叉处的99896开始,纵向往下数并规定凡是最后两位数字小于50的均可入样本,则23、41、26、25、18、9、28、1、36、16十个编号的人可组成一个样本。

2. 等距抽样

等距抽样也叫机械抽样或系统抽样,就是事先将总体中各个体按某一标志排列好,然后依固定的顺序与间隔来抽取。用于排列的标志,一般与研究目的无直接关系,只是为了遵守随机原则,可以按照固定的顺序与间隔机械地抽取样本。等距抽样与简单随机抽样相比,有两个优点:一是抽取方法简便易行;二是在编号的总体中样本分布较为均匀,因此这种方法比简单随机抽样法能得到更准确的结果。但对于间隔多少则视总体大小和样本所需容量而定。但是,如果总体具有某一种周期性变化,则等距抽样的代表性远不如简单随机抽样。例如某个总体中男、女生是按奇偶编号的,如果间隔4个抽取1个样本的话,很有可能都抽到男生或女生。

3. 分层随机抽样

这种抽样方法是按照总体已有的某些特征,将总体分成几个不同的部分,每一部分称为一个层。在每一个层中实行简单随机抽样,这种抽样方法是较充分地利用了总体的已有信息,是一种实用和操作都较方便的抽样方法。

例如要抽样了解某年参加高考考生的语文考试成绩。因为报考不同学科的考生,所考科目是不同的,因而要按科目分类来分层抽样。如分为文科、理科、艺术、体育、外语等五个层次来进行简单随机抽样。在教育调查中则可以按地区类型(大城市、中等城市、城镇、乡镇)、学校类型(公办、民办、重点、非重点)、学校规模(大、小)等不同的要求来分层抽样。

分层抽样的一个重要问题是总体如何分层的问题。分层抽样中,分多少层视具体情况而定。总的原则是:层内样本的变异要小,而层与层之间的变异要尽可能地大,否则将失去分层的意义。

按分层抽样的要求,既然各层之间的差异要求较大,则各层抽样的样本容量也可以不相同,所以,应当按照实际情况,合理地将样本容量分配到各层,以确保抽样的合理性。

三、点估计

用抽样法研究问题,是一种以局部情况推断总体情况的方法。由于样本是总体的一部分,因此样本的特征在一定程度上可以反映总体的特征。从这个意义上讲,可以根据样本统计量对总体参数进行估计。但是另一方面,样本毕竟只是总体的一小部分,它难以准确无误地反映总体的特征。一般来说,样本统计量和总体参数之间总是有差异的,如果这种差异来自于抽样的随机性,通常称为抽样误差(sampling error)。假设对于一个200人的总体,我们统计出年龄的平均数为67岁。从这个总体中随机抽取一个20人的样本,对这20人的年龄进行统计,得到年龄平均数为65岁。67岁与65岁之间的差异即为抽样误差。如果从一个总体中多次随机抽取样本,由于各个样本中包含的个体不同,每一次抽样所得到的样本统计量可能是不同的,而总体参数往住是确定的。

人们对样本进行研究,但真正关心的是总体的状况。由于样本在一定程度上反映了总体的状况,因此可以根据样本统计量估计总体的参数,即参数估计。经常需要估计的总体参数有总体的平均数和方差。如果将总体的平均数和方差视为数轴上的两个点,这种估计称为点估计。如果要求估计哪一段数值区间将包含总体的平均数或方差,这种估计称为区间估计。在此我们先讨论点估计。

1. 总体平均数的点估计

如何估计总体平均数?人们的长期实践经验表明,可以用样本平均数 $\bar{X}$ 作为总体平均数 μ 的估计。样本容量越大,估计得越准确。用严格的数学方法,可以证明样本平均数 $\bar{X}$ 是总体平均数 μ 的无偏估计。所谓无偏估计(unbiased estimate),是指这种估计不存在系统偏差。具体地说,每次抽样的 $\bar{X}$ 可能大于也可能小于 μ,但 $\bar{X}$ 是围绕着 μ 波动。如果从一个总体中多次随机抽取样本,$\sum(\bar{X}-\mu)=0$,各个样本平均数的平均数将等于总体平均数,并且,只要样本容量"充分大",样本平均数在总体平均数附近的波动程度就很小。因此样本平均数 $\bar{X}$ 可以作为总体平均数 μ 的最佳估计,当 μ 未知的情况下,我们可以用 $\bar{X}$ 来代替。

2. 总体方差与标准差的点估计

既然样本平均数可以作为总体平均数的估计,那么根据样本测量值得到的样本方差 S^2 能否作为总体方差 σ^2 的估计呢?方差描述的是变量取值的离散程度,也就是变量取值偏离平均数的程度。样本如果是随机样本,样本值的离散程度显然可以反映总体的离散程度。但统计学家们发现,如果用前面学过的方差计算公式 $S^2 = \frac{\sum(X-\overline{X})^2}{n}$(在这里我们用小写的 n 是为了表明该计算是对抽取出的样本进行的计算,而不是总体)计算出样本方差来估计总体方差 σ^2,会有一种系统的低估偏向,即计算出来的样本方差一般偏小,因此样本方差 S^2 就不是 σ^2 的无偏估计量。两者的偏差可以通过下面这个校正公式进行调整:

$$\sigma^2 \cong \frac{n}{n-1}S^2 \qquad (公式\ 7\text{-}1)$$

从这个公式可以看出,当抽取的样本容量 n 越大时,抽样误差就会越小,例如,$n=5$ 时,$\frac{n}{n-1}=1.25$,而当 $n=5000$ 时,$\frac{n}{n-1}=1.0002$。因此大样本情况下,样本方差与总体方差就会比较接近。

那么当总体方差 σ^2 未知的情况下,如何用样本数据来表示总体方差的无偏估计呢?如果把前面学过的方差计算公式与公式 7-1 合在一起,就可以得出另一个公式:

$$\hat{S}^2 = \frac{\sum(X-\overline{X})^2}{n-1} \qquad (公式\ 7\text{-}2)$$

使用符号 $\hat{S}^2$,使之与样本方差 S^2 区分开来。$\hat{S}^2$ 就是总体方差的无偏估计量。同样,也可以得到总体标准差的无偏估计量 $\hat{S}$,公式表示为:

$$\hat{S} = \sqrt{\frac{\sum(X-\overline{X})^2}{n-1}} \qquad (公式\ 7\text{-}3)$$

虽然在大样本情况下,样本方差与总体方差会比较接近,但样本容量大到什么情况二者才会没有差异,或差异很小,我们并不非常清楚。为了方便计算以及公式的记忆,因此在总体方差、标准差未知的情况下,我们都用 $\hat{S}^2$ 或 $\hat{S}$ 来作为其最佳的估计量。

表 7-1 列出了各项总体参数的无偏估计量及其计算公式。

表 7-1 总体参数的无偏估计量

样本统计量	$\overline{X}=\frac{\sum X}{n}$	$\hat{S}^2=\frac{\sum(X-\overline{X})^2}{n-1}$	$\hat{S}=\sqrt{\frac{\sum(X-\overline{X})^2}{n-1}}$	$r=\frac{\sum Z_X Z_Y}{n}$
总体参数	μ	σ^2	σ	ρ

第二节 抽样分布

用样本平均数 $\overline{X}$ 估计总体平均数 μ,用样本方差 $\hat{S}^2$ 估计总体方差 σ^2,都是对总体参数的无偏估计,这种估计由于不包含系统偏差,是很好的估计。但点估计总是以抽样误差的存在为前提,又不能提供正确估计的概率,因而点估计有不足之处。例如,我们只能大体上知道样本容量比较大时,多数的样本 $\bar{X}$ 靠近总体 μ,但大到什么程度,"多数"和"靠近"到什么程度,还是不清楚,这是由于点估计是用估计量的一个具体的数值作为待估参数的估计值,而估计量是一个随机变量,所以点估计以随机变量中的某一个值来作估计,很显然会产生一定的误差。若误差较小,这个点估计值还是一个好的估计值;若误差较大,这个点估计便失去了意义。而区间估计在一定意义上弥补了点估计的不足之处。为了讨论区间估计问题,首先要对样本统计量的分布问题,即抽样分布有所了解。

一、什么是抽样分布

当我们通过样本的统计量对总体的特征做出推论时,我们的推论把握有多大?为什么可以把一个样本的结果一般化到整个总体呢?如果继续从总体中抽取相同大小的样本,可能会得到又一个不同的统计量,如平均数,它可能会高于也可能会低于总体平均数,当然也可能会非常接近总体平均数,我们如何根据这些变异性做出结论呢?答案是如果我们能知道这种变异性的范围,那么就能通过一次的结果做出预测了。而抽样分布告诉我们的就是这种变异性的范围。

抽样分布(sampling distribution)指样本统计量的理论概率分布,即我们从一个总体中随机抽取出一个容量为 n 的样本,记为 $X_{11} \sim X_{1n}$,对于这些数据,我们可以计算出该样本的某个统计量如平均数 $\bar{X}_1$ 或标准差 S_1,然后把这个样本放回总体中,再随机抽取出相同容量 n 的另一个样本 $X_{21} \sim X_{2n}$,又可得到另一个样本平均数 $\bar{X}_2$ 和标准差 S_2。把样本放回总体是为了使每次抽样时总体的每个个体都有着相同的概率,确保我们的抽样是随机抽样。如此反复抽下去,就可以得到样本容量为 n 的一切可能样本的平均数($\bar{X}_1 \bar{X}_2 \bar{X}_3 \cdots \bar{X}_k \cdots$)和标准差($S_1 S_2 S_3 \cdots S_k \cdots$)。这无限多个样本平均数或样本标准差的频数分布就称为抽样分布。由于在实践中不可能完全穷尽所有样本,对于统计量的分布形状只能通过某种数学模型计算得知,因此抽样分布是一种理论分布。之前我们已熟悉了两种基本随机变量的理论分布:二项分布与正态分布。通过它们,我们可以确定一个样本中大多数的观测值会落在哪个位置,以及每个分数的相应概率。抽样分布与基本随机变量分布有着类似的功能,只是它们针对的对象不同而已。

从抽样分布的概念中可知,抽样分布其实就是对样本统计量变异性的说明。记得我们之前使用 z 分数来说明某个分数在一个分布中的相对位置。抽样分布也一样可以让我们确定某个样本统计量在所有该样本统计量的理论分布中的相对位置。因此抽样分布提供了一个平台。我们一直强调一个单一的分数是没有意义的,除非把它放在一个整体中考虑。同样的,一个单一的统计量也是没有意义的,除非我们知道该统计量总体的情况,并把它与总体中的其他值进行比较,它才是有意义的。对每个统计量都会有一个抽样分布,包括平均数、方差、标准差、比率以及相关系数等,由于平均数的抽样分布是应用得较多的一种,因此首先介绍平均数的抽样分布,有时也称为平均数分布,对于其他统计量的分布,在随后相应的章节中将一一给读者介绍,但所有统计量的抽样分布原理是大致相同的。

二、平均数的抽样分布

1. 中心极限定理与正态分布

根据中心极限定理,平均数的抽样分布呈现的是正态分布。

中心极限定理(the central limit theorem)在理论及实验上都得到了证明,它是统计推论的重要基础。在具体分析该定理之前,我们要先强调几个前提:第一,总体有一个固定的平均数和标准差。这意味着在我们抽样过程中,总体的平均数和标准差是不会变化的。第二,抽样是随机的,在总体中的每个单位都有相同的概率被抽取到。因此在抽样过程中只有抽样误差存在,没有任何的系统误差。最后,每个抽取的样本容量是相等的。在这些前提条件下,中心极限定理提出了三条定理:

定理一 任何抽样分布中的平均数等于总体的平均数,即:

$$\mu_{\bar{X}} = \mu \qquad \text{(公式 7-4)}$$

例如,从一个总体中有放回地随机抽取了 100 个样本,每个样本都有 n 个被试。这样就可以计算出 100 个样本平均数,那么这 100 个样本平均数的平均数就是抽样分布中的平均数,用 $\mu_{\bar{X}}$ 表示,它将逐渐接近于总体平均数。

定理二 平均数的抽样分布是近似正态分布,无论总体的形状如何。

这是一个有趣且重要的定理。它表明平均数的抽样分布总是近似正态分布,无论总体分布是怎样。总体可能是正态分布,偏态,U 形,L 形或任何其他的可能形状,但当抽取的样本容量即样本所包含的被试数量足够大时,平均数的抽样分布都将趋于正态分布。一般而言,当样本容量达到 30 个或以上时,平均数的抽样分布都将变成正态分布。

定理三 平均数抽样分布的标准差等于总体标准差除以样本容量的平方根,即:

$$\sigma_{\bar{X}} = \frac{\sigma}{\sqrt{n}} \qquad \text{(公式 7-5)}$$

这里的 n 指样本容量,$\sigma_{\bar{X}}$ 为平均数分布的标准差,为了与总体的标准差相区别,一般被称为标准误(standard error),有时也用 SE 表示。标准误反映的是样本平均数分布的离散程度,也可以说它反映的是样本平均数的抽样误差情况,表明样本平均数与总体平均数之间的离差距离。从这个公式可以看出,平均数的标准误与下列两个因素有关:

(1) 样本容量。当增加样本容量时,标准误就会减少,表明样本平均数更为集中在总体平均数左右,因此更能代表总体平均数。可见大样本将给总体参数更好的估计值。

(2) 总体标准差。标准误与总体标准差成正比,因此当总体的分散程度大,对于任何固定的样本大小,样本平均数的离散情况也将增加。

有了平均数和标准差,不论是原始数据的分布还是样本平均数的分布,都可以通过

求 z 分数,将各自的正态分布形式转换成相同的标准正态分布,样本平均数分布中的标准分数可写作:

$$z = \frac{\overline{X} - \mu}{\sigma_{\overline{X}}}$$ (公式 7-6)

有了中心极限定理,可以使我们在具体的统计工作中比较方便地推论样本平均数 $\overline{X}$ 的分布状况,只要样本容量"足够大",不必考虑总体是否服从正态分布,即可认为 $\overline{X}$ 是近似服从正态分布,并且根据正态分布理论,可以对有关 $\overline{X}$ 的许多统计分析问题进行推断。所以,正态分布理论在推论统计中具有特别重要的意义。

2. t 分布

中心极限定理二中提到,当样本容量 $n > 30$ 时,无论总体的分布形态是不是正态分布,此时样本平均数分布都趋向于正态分布,因此如果想知道大样本的平均数分布下的概率可查正态分布表。但当 $n < 30$ 时,容量的变化对平均数分布的影响较大,容量增加一个或减少一个,平均数分布的形态都有变化。另外,中心极限定理三中提到样本平均数分布的标准误 $\sigma_{\overline{X}} = \frac{\sigma}{\sqrt{n}}$,这时需要使用到总体标准差。但在实践中,总体标准差往往是未知的,这时必须使用样本标准差去估计它。在点估计中我们已经提到,样本标准差 S 并不是总体标准差 σ 的无偏估计,这时需要使用 $\hat{S} = \sqrt{\frac{\sum(X-\overline{X})^2}{n-1}}$ 来估计总体标准差,因此这时候标准误的计算公式为:

$$\sigma_{\overline{X}} = \text{SE}_{\overline{X}} = \sqrt{\frac{\hat{S}^2}{n}} = \frac{\hat{S}}{\sqrt{n}}$$ (公式 7-7)

该公式经过转换后也可以写成:

$$\sigma_{\overline{X}} = \text{SE}_{\overline{X}} = \sqrt{\frac{\sum(X-\overline{X})^2}{n(n-1)}} = \sqrt{\frac{\frac{\sum(X-\overline{X})^2}{n}}{n-1}} = \sqrt{\frac{S^2}{n-1}} = \frac{S}{\sqrt{n-1}}$$ (公式 7-8)

此时正态分布已不能准确地描述小样本($n < 30$)中平均数的分布情况。英国一位年轻的生物学家高赛特解决了这个问题。由于他进行的研究经常没办法采集到大样本数据,为了解决数据的统计问题,高赛特推导出一种新的抽样分布来描述小样本中平均数的分布状态。由于他所在的公司不让职员发表他们的研究,因此他在 1908 年以笔名 "student" 发表了一篇文章介绍了他提出的抽样分布,这就是 t 分布,有时也称为学生氏分布(student's distribution)。这时计算出的统计量为 t 统计量,其公式表示为:

$$t = \frac{\overline{X} - \mu}{S/\sqrt{n-1}}$$ (公式 7-9)

由于实践研究中经常涉及小样本数据,因此 t 分布已经成为统计分析中应用较多的一种抽样分布。

3. t 分布与正态分布的比较

t 分布与正态分布有着很多的相似性，但它们之间也有重要的差异。图 7-1 表明了它们之间的关系。

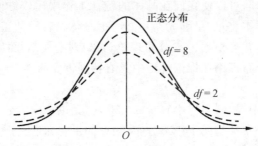

图 7-1 t 分布曲线（虚线）与正态分布曲线（实线）的比较

两种分布的相似性：

(1) 正态分布和 t 分布都属于抽样分布。中心极限定理表明，当样本容量足够大时，来自任何总体的平均数的抽样分布都属于趋于正态分布。t 分布也是平均数的抽样分布，只是它反映的是小样本的平均数抽样分布。

(2) 两种分布都是一种左右对称的分布，因此，许多我们对正态分布的解释也同样适用于 t 分布的解释，只是它们的数值会有所不同。例如正态分布中 $z=\dfrac{\overline{X}-\mu}{\sigma/\sqrt{n}}$ 查 z 值，而 t 分布中 $t=\dfrac{\overline{X}-\mu}{S/\sqrt{n-1}}$，利用 t 分布表查出的是 t 值。但当 n 足够大的时候，t 值逐渐接近于 z 值。

(3) 两个分布中的平均数都为 0。在正态分布中，我们可以使用 z 分数来确定获得某个观测值的概率。观测值离平均数越远，z 值就越大。同样的原理也可以用在 t 分布上。因此两种分布都可以让我们判断获得的样本平均数与总体平均数之间的距离。

正态分布与 t 分布之间的差别表现在：

(1) 任何正态分布都可以转化为标准正态分布，但 t 分布的分布形状是随着样本容量 $n-1$ 的变化而变化的一族分布。$n-1$ 也称为自由度（degrees of freedom），是指任何变量中可以自由变化的数目，是 t 分布密度函数中的参数，它代表 t 分布中独立随机变量的数目，故称自由度，一般用 df 来表示。自由度不同，t 分布形状也不同，图 7-1 表示了 $df=2$ 和 $df=8$ 时的 t 分布。当样本容量趋于 ∞ 时，t 分布为正态分布，$\sigma_{\overline{X}}=\sqrt{\dfrac{S^2}{n-1}}=1$；当 $df>30$ 以上时，t 分布接近正态分布，标准误大于 1，随着 df 的增大而渐趋于 1；当 $df<30$ 时，t 分布与正态分布相差较大，随着 df 减少，离散程度（标准误）加大，分布图的中间变低但尾部变高。

资料卡

　　自由度在统计中是一个非常重要的概念,从计算上来说,它仅为样本容量 $n-1$,当样本容量较大时,它与 n 的差别很小,但在意义上却有着重要的区别。概率的"自由"部分意味着变化的自由。标准差是由方差计算来的,而方差是由离均差计算来的。当我们把样本平均数当作总体平均数的估计量来用时,统计学家们常常用已经"失去一个自由度"这句话来表示这件事。这给估计总体方差和标准差留下 $(n-1)$ 个自由度。

　　为了说清楚这个问题,我们举一个数字的实例。假设有 5 个测量数据:5,7,10,12 和 16,其平均数为 10。现在我们用这个值作为总体平均数的估计量。算术平均数的数学要求是离均差之和等于 0。这样本中的 5 个离均差 $-5, -3, 0, +2$ 和 $+6$,它们的和是 0。要满足这个条件就是说,总和等于 0,这些离差有几个能同时变换(就好象在抽取新的样本)但保证其总和仍等于 0。稍微想一想或尝试错误就可以知道,如果其中任意 4 个离差随意变动了,第 5 个就必须固定。例如我们将前 4 个离差变成 $-8, -4, +1$ 和 -2,如果要使总和还等于 0,第 5 个离差必须是 $+13$。请尝验任何其他的变动,如果总和仍要求等于 0,5 个离差中的一个就自动地固定了,因此只有 $4=5-1$ 个在设置的限制内能够"自由变动"。

　　在计算平均数中有 n 个自由度,因为个案假定完全是独立抽取的。如果它们不是独立抽取的,则在计算平均数中,有少于 n 的自由度。自由度的数目并不总是 $(n-1)$,在以后不同章节我们会具体分析它们的变化。

　　(2) 由于 t 分布是随着自由度变化而变化的一族分布,因此 t 分布表不同于正态分布表。附表 3 是常用的 t 分布表,由三部分组成:t 值、自由度和显著性水平。表的左列为自由度,表的最上一行是不同自由度下 t 分布两尾端的概率,即 P 值。它是指某一 t 值时,t 分布两尾部概率之和,即双侧界限。这点一定要与正态分布表中区分开来,正态分布表中的概率是指从平均数到右侧某一 z 分数的面积,是属于单侧的,如图 7-2A 阴影面积所示。而 t 分布表中的概率是两尾部概率之和,是双侧的,通常称为双尾概率 (two-tailed probability),如图 7-2B 所示的两边阴影部分之和。表的最下一行是单侧界限,即从 t 值以下 t 分布一侧尾部的概率值,称之为单尾概率 (one-tailed probability),如图 7-2C 所示。双尾概率通常写作 $t_{a/2}$,单尾概率写作 t_a,a 表示两尾端概率之和,称为显著性水平 (significant level)。双尾概率、单尾概率以及显著性水平都是统计推论中非常重要的几个概念,我们随后会逐渐涉及这些概念。表内的数值是与不同的 P 值和 df 值相对应的 t 值,是根据 t 分布函数计算得到的,它随 df 及概率不同而变化。例如,$df=20$,双侧概率为 0.05 时,t 值为 2.086,记为 $t_{0.05/2}=2.086$,意思是在 t 值小于 -2.086 以下的概率与 t 值大于 2.086 以上的概率之和为 0.05,即两尾端的面积和为 0.05。上例的单尾概率就记为 $t_{0.025}=2.086$。同样的自由度若概率为 0.01 时,双尾概率为 $t_{0.01/2}=2.845$,单尾概率为 $t_{0.005}=2.845$。若自由度为 30 时,$t_{0.01/2}=2.750$,虽然与自由度为 20 时相差很小,但说明 t 值是随自由度的变化而变化的。

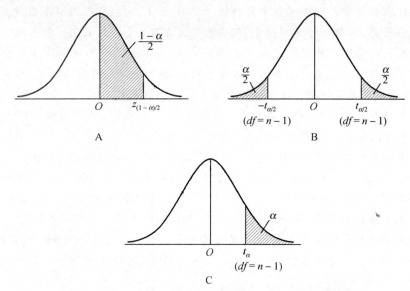

图 7-2 正态分布表与 t 分布表中的概率示意图

通常使用 t 分布表有两种情况:一种是已知自由度和概率值查 t 值,另一种是已知自由度和 t 值查相应的概率值。从 t 分布表可发现,当自由度 $df=30$ 时,在 0.05 概率水平时 $t=2.042$,而正态分布表中相同概率时 $z=1.96$,二者相差甚微;当 $df\rightarrow\infty$ 时,t 值表中所列不同概率下的 t 值与正态分布表相应概率下的 z 值完全相同,因此当 $df>120$ 后 t 分布表中没有列出相对应的 t 值,我们就可以直接查正态分布表下的 z 值来使用。

第三节 区间估计

正如我们之前所说的,抽样分布是样本与总体之间的桥梁,这点从中心极限定理就可以得到充分的体现。平均数的抽样分布是对样本平均数的理论描述,而它又与总体有着密切的关系,其分布中的平均数和标准差与总体的平均数和标准差有着一定的关系,因此通过抽样分布这个桥梁,就可以在样本与总体之间建立一个联系,即可以从样本去推论总体的情况。理解这点,对接下来学习区间估计以及随后的假设检验有着非常重要的意义。

一、区间估计的几个概念

区间估计(interval estimation)是指根据样本统计量及样本分布理论以一定的概率推断出可能包含了总体参数的一个区间范围。对于估计出的这个区间范围也称为置信区间(confidence interval,CI)。置信区间的上、下两端点值称为置信界限。做此推断的概率称为置信度或置信水平(confidence level),用 $1-\alpha$ 表示,其中的 α 是指显著性水平(significant level),也指做出这个区间范围推断可能犯错误的概率。例如,0.95 的置信区间是指以 95% 的准确性推断出该区间可能包含总体参数在内,做此判断可能出现错误的概率为 5% ($\alpha=0.05$)。因此显著性水平即是指判断可能犯错误的概率,在统计中,它是根据研究的目的事先确定的,即某研究允许犯错误的概率是多少,在此概率基础上,估计的范围应该达到多少。

二、区间估计的原理

区间估计的原理就是样本分布理论。以平均数的区间估计为例,我们看看区间估计是如何根据样本分布理论进行的。

根据中心极限定理,样本平均数的分布呈现的是正态分布,若总体方差已知,可以计算出平均数分布的标准差,即标准误 $\sigma_{\bar{X}}=\dfrac{\sigma}{\sqrt{n}}$。根据正态分布,可以说:有 68.26% 的 $\bar{X}$ 落在 $\mu\pm 1\sigma_{\bar{X}}$ 之间,有 95% 的 $\bar{X}$ 落在 $\mu\pm 1.96\sigma_{\bar{X}}$ 之间,有 99% 的 $\bar{X}$ 落在 $\mu\pm 2.58\sigma_{\bar{X}}$ 之间等。或者说,$\mu\pm 1\sigma_{\bar{X}}$ 之间包含了所有 $\bar{X}$ 的 68.26%,$\mu\pm 1.96\sigma_{\bar{X}}$ 之间包含了所有 $\bar{X}$ 的 95%,$\mu\pm 2.58\sigma_{\bar{X}}$ 之间包含了所有 $\bar{X}$ 的 99%,等等,如图 7-3 所示。

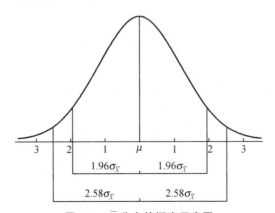

图 7-3 $\bar{X}$ 分布的概率示意图

只要符合正态分布,$\bar{X}$ 的分布一定遵循正态分布理论所计算出的概率。可是在实际的研究中,只能得到一个样本平均数,我们可将这个样本平均数看做无限多个样本平均数之中的一个。当只知样本平均数 $\bar{X}$,而不知总体平均数 μ 时,可根据平均数的抽样分布进行推理。

如果所有样本平均数中有 68.26% 的 $\bar{X}$ 落在 $\mu \pm 1\sigma_{\bar{X}}$ 之间,那么可以推理:所有样本平均数中有 68.26% 的 $\bar{X}$ 加减一个标准差这一间距之内将包含总体参数 μ 在内,也就是说有 68.26% 的机会 μ 被包含在任何一个平均数 $\bar{X} \pm 1\sigma_{\bar{X}}$ 之间,或者说,估计 μ 在 $\bar{X} \pm 1\sigma_{\bar{X}}$ 之间正确的概率为 68.26%。按同样的道理也可以说 μ 在 $\bar{X} \pm 1.96\sigma_{\bar{X}}$ 之间正确的概率为 95%,μ 在 $\bar{X} \pm 2.58\sigma_{\bar{X}}$ 之间正确的概率为 99%。如图 7-4A,虚线表示以 μ 为平均数分布中的平均数 $\mu_{\bar{X}}$ 的抽样分布,而实际上总体平均数 μ 是未知的,因此该抽样分布很难确定具体位置。但我们可得该抽样分布中的一个样本平均数 $\bar{X}$,因此就以 $\bar{X}$ 代替 $\mu_{\bar{X}}$ 确定了抽样分布,在图中以实线表示。由前述推论可得出,从样本平均数 $\bar{X}$ 加减 2.58 个标准误这一间距之内将包含总体参数 μ,这时我们估计的正确概率是 99%。那为什么要用平均数加减一定标准误呢?这是因为样本平均数 $\bar{X}$ 究竟落在 μ 的左侧还是右侧是不能确定的,所以用 $\bar{X} \pm 2.58\sigma_{\bar{X}}$ 这一段距离表示置信区间。

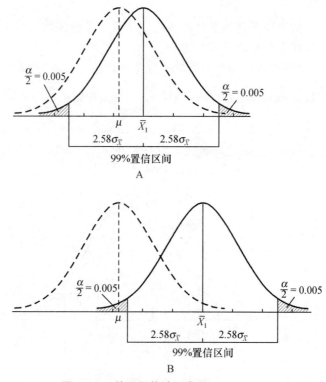

图 7-4 μ 的区间估计示意图

当以一定的概率(置信度)推断出这一区间可能包含了总体参数 μ 在内时,实际的 μ 值是否包含在内并不能确切知道,也有可能我们抽取出的样本平均数离总体参数太远,从而依据它按一定概率推断出的区间没有包含总体参数在内,如图 7-4B 中,由于

$\bar{X}_1$ 离总体平均数太远,因此依据 $\bar{X}_1$ 计算出的 99% 置信区间中无法包含总体平均数。因此,当我们依据 $\bar{X}_1$ 计算 99% 置信区间,并推断这一区间将包含总体参数 μ 在内时,我们还冒着 1% 的危险,即还有 1% 的可能性这一区间不包含总体参数在内,即做这一推断可能犯错误的概率还有 1%,也称之为显著性水平,用 α 表示。图中 $\alpha=0.01$,注意,这时的 α 是指双尾概率。如果我们能确切知道 $\bar{X}$ 落在 μ 的左侧,那么置信区间就表示为 $\bar{X}-(\bar{X}+2.58\sigma_{\bar{X}})$,其置信度为 99.5%,而可能犯错误的概率,也就是显著性水平 $\alpha=0.005$,这时的 α 是指单尾概率。同样的,如果确切知道 $\bar{X}$ 落在 μ 的右侧,那么置信区间就表示为 $\bar{X}-(\bar{X}-2.58\sigma_{\bar{X}})$,做这样判断的正确率有 99.5%,还有 0.5% 犯错误的可能。可见,如果能确切知道 $\bar{X}$ 落在 μ 的哪一侧,不仅可以缩短置信区间的长度,还可提高正确估计的概率,但事实上这一点是无法做到的。

至此为止,我们可以对区间估计的原理做个总结:

在计算区间估计值,解释估计的正确概率时,依据的是该样本统计量的分布规律及样本分布的标准误。也就是说,只有知道了样本统计量的分布规律及样本统计量分布的标准误,才能依据样本统计量推断出一定的区间长度来估计总体参数,并对区间估计的概率进行解释,其中样本分布提供了概率解释的依据,如不同的样本统计量可能有不同的分布,其概率的解释也是不同的,因此具体用哪种抽样分布,应视具体情况而定。而标准误的大小决定了区间估计的长度,标准误小,相同的概率下区间估计的范围就小一些;标准误大,区间估计就大一些。一般情况下,加大样本容量可使标准误变小。

三、总体平均数的区间估计

1. 区间估计的步骤

(1) 计算样本的平均数。

(2) 计算标准误。

有两种情况:当 σ^2 已知时,$\sigma_{\bar{X}}=\dfrac{\sigma}{\sqrt{n}}$,其中 n 为样本容量,这时在计算中不用样本方差 S^2。

当 σ^2 未知时,$\sigma_{\bar{X}}=\dfrac{\hat{S}}{\sqrt{n}}$,这时用总体标准差的无偏估计量 $\hat{S}$ 来计算标准误。我们也可以用样本标准差或直接用原始数据计算标准误:

$$\sigma_{\bar{X}}=\dfrac{S}{\sqrt{n-1}} \quad \text{或} \quad \sigma_{\bar{X}}=S_{\bar{X}}=\sqrt{\dfrac{\sum(X-\bar{X})^2}{n(n-1)}}$$

(3) 确定置信度或显著性水平。

区间估计中存在着正确估计的概率大小及估计范围大小两个问题。人们在解决实际问题时,总希望估计值的范围小一点,正确的概率大一点。但在样本容量一定的情况下,这两个要求是一对矛盾。如果想使估计正确的概率加大,势必要将置信区间加长,就像在百分制的测验中,估计一个人的得分可能为 0 至 100 分之间就绝对正确一样。反之,如果要使估计的区间变小,那就会降低正确估计的概率。

统计学上一般都需要根据研究的目的预先确定显著性水平,即允许犯错误的概率。$\alpha=0.05$ 和 $\alpha=0.01$ 是人们习惯上常用的两个显著性水平。这是依据 0.05 或 0.01 属于小概率事件,小概率事件在一次抽样中是不可能出现的原理规定的。也就是说,眼前所抽取的这个样本的平均数,不大可能是属于样本分布尾端很少可能出现的那个样本。因而,据此样本的平均数对总体参数进行估计,则犯错误的可能性很小(不超过 5%或 1%的概率)。当然,有的研究可能把显著性水平定得更小,如某些精密的仪器允许其犯错误的概率只能是 0.1%,甚至更小,即在 1000 次试验中,只能有 1 次出错。因此显著性水平主要依据研究的目的而定。当然,显著性水平 α 确定后,置信度也就确定了,因为置信度$=1-\alpha$。

(4) 根据样本统计量的抽样分布,确定查何种统计表。

确定 $\alpha=0.05$ 或 $\alpha=0.01$ 的横坐标值。一般当总体方差 σ 已知,查正态分布表;当总体方差未知时,查 t 分布表(当 $n>30$,也可查正态分布表作近似计算)。根据概率确定 $z_{(1-\alpha)/2}$,根据概率和自由度$(n-1)$确定 $t_{\alpha/2}$。两者的下标表示不一样是因为正态分布表和 t 分布表查法不一样,正态分布表中 z 值对应的概率是从平均数到 z 值之间,而不是尾端,且对应的是曲线下一半的面积,因此用$(1-\alpha)/2$;而 t 分布表中 t 值对应的概率是尾端的概率,如果是用上一行则为双尾概率,故用 $t_{\alpha/2}$,如果是用单尾概率,则表示为 t_α。

(5) 计算置信区间。

如果查正态分布表,置信区间 CI 可写作:

$$\mathrm{CI}_{\bar{X}} = \bar{X} \pm z_{(1-\alpha)/2}\sigma_{\bar{X}}$$

如果查 t 分布表,置信区间可写作:

$$\mathrm{CI}_{\bar{X}} = \bar{X} \pm t_{\alpha/2}\sigma_{\bar{X}}$$

(6) 解释置信区间。

在解释置信区间时要注意,因为总体平均数是一个常数,它是固定不变的,变化的是我们的估计区间,即如果从总体中重新随机抽取出相同容量的样本,可计算出不同的平均数和标准误,那么据此计算出的置信区间也会有所不同,因此该区间会随着样本而变动。根据某个样本计算出的 95%置信区间,其实是指如果重复抽样 100 次,可能有 95 次计算出的置信区间中会包含总体平均数,还可能有 5 次计算出的置信区间没有包含总体平均数。因此概率的解释不是针对总体平均数,而是指置信区间,即计算出的置信区间可能包含总体平均数的概率为 $1-\alpha$,做此判断犯错误的概率为 α。

2. 总体方差 σ^2 已知时,对总体平均数 μ 的估计

(1) 当总体分布为正态时,不论样本 n 的大小,都可以根据样本分布理论对总体平均数进行估计。依据上面所讲的步骤,查正态分布表,确定 $z_{(1-\alpha)/2}$,一般情况下显著性水平确定为 0.05 或 0.01,因此其 $z_{(1-0.05)/2}=1.96, z_{(1-0.01)/2}=2.58$。这两个数值经常使用,建议大家牢记,以节省查表的时间。

(2) 当总体为非正态分布时,只有当样本容量 $n>30$,才能根据样本分布对总体平均数进行估计,否则不能进行估计。

【例 7-1】 某培智儿童学校的学生智力水平低于正常儿童,假设该校学生的智商分数服从正态分布,已知该校学生智商分数的方差为 25,抽查 10 名学生的智力水平,测得智商如下:

$$85 \quad 70 \quad 90 \quad 81 \quad 72 \quad 75 \quad 80 \quad 82 \quad 76 \quad 79$$

试问:该校学生的平均智商会在多少之间?

解: ① 计算样本平均数: $\bar{X} = \dfrac{\sum X}{n} = 79$。

② 计算标准误:此题的总体分布为正态,σ^2 已知,故直接用总体方差来计算标准误

$$\sigma_{\bar{X}} = \sqrt{\dfrac{\sigma^2}{n}} = \sqrt{\dfrac{25}{10}} = 1.58$$

③ 确定显著性水平,一般定为 0.05 或 0.01。

④ 查正态分布表,确定 $z_{(1-0.05)/2}=1.96, z_{(1-0.01)/2}=2.58$。

⑤ 计算置信区间:$95\% \mathrm{CI}_{\bar{X}} = 79 \pm 1.96 \times 1.58 = 75.90 - 82.10$

$99\% \mathrm{CI}_{\bar{X}} = 79 \pm 2.58 \times 1.58 = 74.92 - 83.08$

⑥ 解释置信区间:结果表明,75.90—82.10 这个区间包含 μ 的可能性概率为 95%,估计错误的概率为 5%。同理,74.92—83.08 这个区间包含 μ 的可能性概率为 99%,估计错误的概率为 1%。

上题中如果把样本容量增加到 100,而样本平均数也等于 79,让我们看看在区间估计上有什么变化。首先计算标准误 $\sigma_{\bar{X}} = \sqrt{\dfrac{\sigma^2}{n}} = \sqrt{\dfrac{25}{100}} = 0.5$,然后计算置信区间: $95\% \mathrm{CI}_{\bar{X}} = 79 \pm 1.96 \times 0.5 = 78.02 - 79.98, 99\% \mathrm{CI}_{\bar{X}} = 79 \pm 2.58 \times 0.5 = 77.71 - 80.29$。很明显,样本大时估计的区间小,其样本平均值更接近总体平均值。因此在条件允许的情况下,应用大样本进行观测,对总体参数进行估计更具优越性。

3. 总体方差 σ^2 未知时,对总体平均数 μ 的估计

总体方差未知,用总体方差的无偏估计量 $\hat{S}^2$ 作为估计值,实现对总体平均数 μ 的估计。有两种情况:

(1) 总体分布为正态分布。这时,样本容量 n 无论大小,样本平均数的分布为 t 分布。

(2) 总体分布虽然不呈正态分布,但样本容量 $n>30$ 时,样本分布接近正态分布,也可用正态分布近似值计算。

【例 7-2】 从某小学四年级随机抽取 10 名学生,测量其五线谱识谱的能力,得到的

分数为：

$$85 \quad 70 \quad 90 \quad 81 \quad 72 \quad 75 \quad 80 \quad 82 \quad 76 \quad 79$$

试估计该小学四年级五线谱识谱能力总体平均数95%和99%的置信区间。

解：① 计算样本平均数：$\bar{X} = \dfrac{\sum X}{n} = 79$。

② 由于总体方差未知，用下面公式计算标准误：

$$\sigma_{\bar{X}} = S_{\bar{X}} = \sqrt{\dfrac{\sum(X-\bar{X})^2}{n(n-1)}} = \sqrt{\dfrac{326}{10(10-1)}} = \sqrt{\dfrac{326}{90}} = \sqrt{3.622} = 1.90$$

③ 确定显著性水平，一般定为0.05或0.01。

④ 查t分布表，确定$df = n-1 = 9$时，$t_{0.05/2} = 2.262$，$t_{0.01/2} = 3.25$。

⑤ 计算置信区间：$95\% CI_{\bar{X}} = 79 \pm 2.262 \times 1.9 = 74.70 - 83.30$

$99\% CI_{\bar{X}} = 79 \pm 3.25 \times 1.9 = 72.83 - 85.18$

⑥ 解释置信区间：结果表明，74.70—83.30这个区间包含μ的可能性概率为95%，估计错误的概率为5%；同理，72.83—85.18这个区间包含μ的可能性概率为99%，估计错误的概率为1%。

【例7-3】 从2009年北京某师范大学音乐学院研究生专业考试中随机抽1000份中外音乐史试卷成绩，算得平均分数为80.43分，标准差为32.67分，试估计总体平均数95%和99%的置信区间。

解：$\sigma_{\bar{X}} = \dfrac{S}{\sqrt{n-1}} = \dfrac{32.67}{\sqrt{999}} = 1.03$，由于$n=1000$，$t$值与$z$值几乎没有差别，因此我们可以使用正态分布来计算区间：$95\% CI_{\bar{X}} = 80.43 \pm 1.96 \times 1.03 = 78.41 - 82.45$分，$99\% CI_{\bar{X}} = 80.43 \pm 2.58 \times 1.03 = 77.77 - 83.09$分。

答：在95%的置信度下，中外音乐史的平均数应该在78.41—82.44分之间，在99%的置信度下，平均数应该在77.77—83.09分之间，作这样判断的错误概率分别为5%和1%。

【自测题】

一、单选题

1. t分布是关于平均值的对称分布，当样本容量n趋于∞时，t分布为：_____
   A. 二项分布　　　　B. 正态分布　　　　C. F分布　　　　D. χ^2分布

2. 下面不是t分布表的组成部分的是：_____
   A. t值　　　　　　B. df　　　　　　C. 显著性水平　　　D. z值

3. 事先将总体中各个体按某一标志排列好，然后以固定的顺序与间隔来抽取，这是：_____

A. 简单随机抽样 B. 等距抽样
C. 分层随机抽样 D. 随机抽样

4. 下面不是置信区间长度的影响因素的是：_____
   A. 自由度 B. 总体标准差 C. 总体平均数 D. 样本容量

5. 关于区间估计的表述正确的是：_____
   A. 置信度用 α 表示
   B. 置信区间表明区间估计的可靠性
   C. 置信界限所划定的区间用于表示可能包含总体参数在内的区间
   D. 估计总体参数可能落在置信区间以外的概率,为显著性水平

6. 某次测验的标准误为 3,被试甲在此测验中得分为 70,则其真实水平 95% 的置信区间为：_____
   A. [64.12—75.88] B. [62.26—77.74]
   C. [64.12—77.74] D. [62.26—64.12]

7. 严格按照程序从总体中随机抽取一个样本,但样本平均数却不一定等于总体平均数,这时样本平均数与总体平均数之间的差异叫做：_____
   A. 抽样误差 B. 过失误差 C. 系统误差 D. 实验误差

8. 总体方差未知时,可以作为总体方差的估计值的是：_____
   A. S B. S^2 C. S_{n-1}^2 D. S_{n-1}

9. 用从总体中抽取的一个样本统计量作为总体参数的估计值称为：_____
   A. 样本估计 B. 点估计 C. 区间估计 D. 总体估计

10. 区间估计依据的原理是：_____
    A. 概率论 B. 样本分布理论 C. 小概率事件 D. 假设检验原理

二、名词解释
1. 抽样分布
2. 标准误
3. 参数估计
4. 置信区间
5. 显著性水平

三、简答题
1. 简述中心极限定理。
2. 试比较点估计与区间估计的优缺点。
3. 以总体平均数为例简述区间估计的原理。
4. 什么是标准误？影响标准误的因素有哪些？

四、计算题

1. 查 t 分布表求下列值：

    (1) $df=25, t_{0.05/2}=?, t_{0.05}=?$

    (2) $df=40, t_{0.01/2}=?, t_{0.01}=?$

    (3) $df=28, t_{0.05/2}=?, t_{0.05}=?$

2. 已知学生历年的体检情况，如体重标准差为 6 kg，今年随机抽 50 名学生测其体重平均数是 54 kg，试估计学生的体重的真实情况。（取 99% 与 95% 的置信区间）

3. 已知四年一班的语文测验成绩的分布为正态分布，其总体标准差为 7 分，从这个总体中抽取 $n=25$ 的样本，算得样本平均数为 82 分，$S=6$ 分，试估计该科测验真实分数的可能范围。（取 99% 与 95% 的置信区间）

4. 在一次预试中，得知某校 200 名学生的成绩平均数是 80 分，$\hat{S}=9$ 分，如果正式题目与预试题目相同，试估计测验平均成绩的范围。（取 99% 与 95% 的置信区间）

8

单样本的假设检验

【评价目标】
1. 掌握假设检验的基本原理及基本步骤,理解两类错误的概念及其关系。
2. 能够熟练运用 z 检验或 t 检验进行不同条件下单样本的平均数检验。
3. 理解相关系数的抽样分布及和假设检验方法。

推论性统计包含两个方面:参数估计和假设检验。至此为此,我们已经学习了参数估计,包括点估计和区间估计。例如从某个总体中抽取出一个样本,得到样本平均数为34,点估计是估计总体平均数也是34。区间估计就是依据平均数抽样分布和标准误计算出可能包含总体平均数的置信区间为 $34 \pm z_{(1-\alpha)/2}\sigma_{\bar{X}}$ 或者 $34 \pm t_{(\alpha/2)}\sigma_{\bar{X}}$,作判断犯错误的概率是 α。那么什么是假设检验呢?

参数估计是对总体参数进行估计,如果这时总体参数已知,如心理学家通过大量的调查已得出某一个年龄段的平均智商水平是100,一个样本的平均智商是110,这两个数值之间存在着差距,这个差距代表什么呢?是由于偶然误差因素的影响,使样本平均数与总体的一般水平之间存在着一些差距,还是由于我们得到的这个样本智商水平不同于一般水平才产生的差异?这时,我们将依据一定的原理及标准对这种差异做出判断,这种判断的过程就是假设检验的过程,是对单个样本统计量与总体参数的差异检验。

另外,我们也可能探讨多个样本之间的差异。例如我们现在都在进行教学改革,我们想知道与旧的教学方法相比,新的教学方法是否会产生不同的教学效果,分别抽取两个班作为样本,一个班进行传统教学方法,一个班进行新的教学方法,我们以两个班学生的学习成绩来代表不同方法的效果,那么对这两个班学习成绩的差异我们也会产生两种想法,即这种差异是由于偶然误差所引起的呢,还是由两种不同的教学方法引起的。如果是由偶然误差引起的,那么它们将属于同一个处理总体;而如果是它们之间真正存在着差异,则表明它们属于不同的处理总体,也就是两种方法产生了不同的学习效果。即从样本统计值得出的差异来判断它们是否来自于不同的总体。这也是假设检验中非常重要的一个类型。

资料卡

总体可分为有限总体和无限总体，它还可以分成真实总体和假设总体。假设总体又称为处理总体(treatment population)，它只有在实验中才存在。我们研究的目的是假定这个处理总体存在，找出该总体的一些特征。如医学家研究出一种新药物来治疗AIDS。在生活中有一个感染了AIDS的真实总体，但没有感染了AIDS又接受该新药物治疗的这样一个总体。医学家希望知道如果有这么一批人会发生什么样的情况。从感染了AIDS的总体中随机抽取一些个体，然后随机分配到两组。第一组为控制组，由带有AIDS接受常规治疗的病人组成。第二组为处理组，由带有AIDS接受新药物治疗的病人组成。我们将从统计上比较两组之间的差异，然后把从样本中获得的结果推论到总体中去。当然，这里的总体是假定的，因为只有当我们使用这个药物时它才存在。如果统计发现差异是明显的，医学家会据此做出结论：接受新药物治疗的AIDS病人(一个总体)将比接受传统治疗的病人(另一个总体)有明显的好转。

那么对于这些差异判断的依据标准是什么呢？标准就是抽样分布及概率判断等。假设检验的过程就是事先对总体参数或总体分布形态做出一个假设，例如在上面的例子中假设我们所获得的样本平均智商水平110与一般水平100没有差异，然后依据样本信息及抽样分布理论来判断这个假设是否合理，如果根据样本统计量得出的差异(110－100＝10)超过了统计学规定的某一个限度(显著性水平)，则表明这个差异已不属于偶然因素，而是总体上确有差异，这种情况称差异显著。反之，如果所得差异未达到规定限度，说明该差异主要来源于偶然因素，这时称差异不显著。具体地说，若样本统计值与相应总体已知参数差异显著，意味着该样本已基本不属于该总体；若两个样本统计值的差异显著，则意味着它们是来自于不同的总体。由于统计中的假设检验目的在于检验差异，所以假设检验又称为差异的显著性检验。

本章主要介绍假设检验的原理以及单个样本统计量与总体参数的差异检验。

第一节 假设检验原理

一、假设检验的基本概念

假设检验就是利用样本统计量或样本分布，在一定的可靠性程度上，对关于总体参数或总体分布的某一假设作出拒绝或保留的判断过程。

1. 研究假设与统计假设

假设检验必然是先假设,然后检验我们所做假设的真伪。假设是根据已知理论与事实对研究对象作出的假定性说明。在进行一项研究时,研究者往往根据已有的理论和经验事先对研究结果作出一种预想的希望证实的假设,这种假设叫研究假设。为了在统计上便于进行检验,我们需要把研究假设转化成统计假设,即用统计学术语对总体参数作出假定性说明。

【例 8-1】 某校高中一年级,试用一种新的教学法,根据试验结果知道,用原来的教学法,数学考试平均成绩为 79 分(记为 μ_0),标准差为 11 分(记为 σ_0);使用新的教学法后,从中随机抽取参加试验的学生 30 人(记为 n),计算得到他们数学平均成绩为 84 分(记为 $\bar{X}$)。能否从总体上说新的教学法与原来的教学法存在差异?

解: 新的教学法使用后,所抽取的样本平均成绩 $\bar{X}=84$ 分,比原来总体平均成绩 $\mu_0=79$ 分高出 5 分。从统计的原理来说,这增加的 5 分,有可能是由于随机抽样引起的差异,称为偶然误差;也有可能是由于新的教学法确实比原来的教学法好,采用新的教学法能有效地提高学生的成绩,称为系统误差。学生成绩的变化究竟是偶然误差引起,还是由系统误差引起,这需要进行统计检验后才能下结论。

由于假设是在研究之前就做出的,而在研究之前对结果只能是一种预测,我们无法确定新教学法可能产生什么样的效应,也可能由于学生对新方法的不适应反而降低了考试平均成绩,因此认为,不同教学方法可能会产生不同的教学效果(研究假设)。如果以 μ_0 来代表原来教学方法下学生多次考试的平均成绩,以 μ_1 代表新教学方法下取得的学生平均成绩,这时统计假设表示为:

$$\mu_1 \neq \mu_0$$

在统计假设中我们使用总体平均数 μ 而不用样本平均数 $\bar{X}$,是因为样本统计量的差异是已知的,而统计的目的是希望通过样本的差异推论总体的情况,因而应该是对总体作出假设。

2. 反证法与虚无假设

作出统计假设后,如何检验假设的正确性?在逻辑学上有一个基本的规则,即通常我们只能证伪,而不可能求真。这个规则很容易理解,例如要想证实"所有的绵羊都是黑的"这个陈述是正确的,你就必须把所有的绵羊都看一遍,然后发现绵羊都是黑的,你才能做出这个结论。事实上你做不到,因为"所有"指的是一个总体,包括活着的,死了的,甚至还没出生的绵羊。但如果想推翻这个陈述或证明这个陈述是假的就较为容易了,只要你找出一只不是黑的绵羊就可以。类似的,对于统计假设的检验也是一样,我们不可能证实它的真实性,这时只能借助于逻辑学上的反证法(falsification),即通过证明我们假设的对立面是错误的,从而反证我们的假设是正确的。

因此,在统计上,首先需要建立与统计假设对立的假设,即统计假设的对立面,称作虚无假设(null hypothesis),也称无差假设、零假设,用 H_0 表示。为了与之对应,就把统计假设称为备择假设(alternative hypothesis),用 H_1 表示,意思是一旦有充分理由否定了虚无假设,则这个假设"备你选择"。由于它是与虚无假设相对立的,有时也称为对立假设。

在例 8-1 中统计假设为 $\mu_1 \neq \mu_0$,那么对应的虚无假设为 $\mu_1 = \mu_0$,表示"这种新教学法下的学生平均成绩与原来教学方法下学生的平均成绩没有差异",即新教学方法没有效果。简单表示如下:

$$H_0: \mu_1 = \mu_0$$
$$H_1: \mu_1 \neq \mu_0$$

这时的虚无假设否意味着两种方法下的学生成绩是完全相等的呢?当然不可能,因为我们得到的样本统计量之间总会有差异,只能说如果虚无假设是正确的,那么我们观察到的差异只是来源于抽样误差。如果虚无假设被证实是假的,即我们观察到的差异太大了,以致于无法用抽样误差来解释,这时我们就有理由认为,由于得到的证据不支持虚无假设,因此接受备择假设作为对总体参数情况更可靠的一种描述。

检验过程就是判断虚无假设是否为真的过程。首先我们假定虚无假设为真,在此前提下,如果导致违反逻辑或违背人们常识和经验的不合理现象出现,则表明"虚无假设为真"的假定是不正确的,也就不能接受虚无假设,那我们就接受它的备择假设,实际上,这就支持了最初的研究假设。若没有导致不合理现象出现,那就认为"虚无假设为真"的假定是正确的,也就是说要接受虚无假设,后者的决定被认为是该实验无法证实研究假设。这就是反证法。

3. 小概率反证法

我们在统计中一般希望能够拒绝虚无假设,从而接受备择假设,那么什么时候可以拒绝虚无假设呢?依据是什么呢?依据就是抽样分布及小概率事件原理。我们用例 8-1 的数据来加以具体说明。

心理与教育测量的理论研究表明,一般认为学生的考试成绩是服从正态分布的。根据抽样分布理论,旧教学法下的学生数学成绩的平均数分布也是正态分布,其分布中的平均数为 μ_0,标准误 $\sigma_{\bar{X}} = \dfrac{\sigma_0}{\sqrt{n}}$。根据虚无假设,样本平均数 $\bar{X}$ 应该也是属于这个总体中的一员,$\bar{X}$ 与 μ_0 的差异来自于抽样误差。但也有可能 $\bar{X}$ 不是来自于这个总体,因而产生了差异,如何判断这个差异的来源呢,统计学上对此规定了一个限度,称之为显著性水平 α,如果根据样本统计量得出的差异($84-79=5$)超过了统计学规定的某一个限度(显著性水平),则表明这个差异已不属于偶然因素,而是总体上确有差异,这时称为差异显著;反之,如果所得差异未达到规定限度,说明该差异主要来源于偶然因素,这时称为差异不显著。

而显著性水平设置的依据就是小概率事件原理。所谓的概率事件是指:衡量一个事件发生与否的可能性用概率大小来表示。通常概率大的事件容易发生,概率小的事件不容易发生。习惯上将发生概率很小,如 $p<0.05$ 的事件称为小概率事件,一般认为,在一次试验或观察中该事件发生的可能性很小,因此如果只进行一次试验的话,几乎是不可能发生的。

因此如果虚无假设为真,$\bar{X}$ 属于总体平均数为 μ_0,标准误 $\sigma_{\bar{X}} = \dfrac{\sigma_0}{\sqrt{n}}$ 的平均数分布中的一员,那么根据区间估计 $u_0 \pm z_{\frac{\alpha}{2}} \sigma_{\bar{X}}$,可以计算出 95% 置信区间,这时计算出来的两个数值就是图 8-1 中的两条临界线位置。一次抽样中样本平均数出现在两条临界线中间的概率有 95%,属于大概率事件,而出现在两条临界线之外的阴影区的概率只有 5%,即从这个总体中随机抽样 100 次,所得的平均数只有 5 次可能会落在这个区间之外。在统计上把这种情况认为是小概率事件。如果小概率事件在一次试验中就发生了,这违背人们常识和经验,将成为假设检验中的"不合理现象",那么"虚无假设为真"这个前提假定也将被拒绝。因此只要我们得到的样本平均数没有超出左右两个临界线落到阴影区,那么它们的差异就被认为仅是由偶然误差所致,或者说这个样本平均数与总体平均数差异不显著,因此不能拒绝虚无假设,我们把非阴影区也称为非拒绝区。如果这个样本平均数落到了阴影区,亦即很难发生的情况出现了,根据小概率事件原理,只进行一次试验,小概率事件几乎是不会发生的,那么我们就有充分的理由认为这个样本平均数与总体平均数的差异显著,说明该样本不是来自这个总体的,从而拒绝虚无假设 $\mu_1 = \mu_0$,因此阴影区又称为拒绝区。

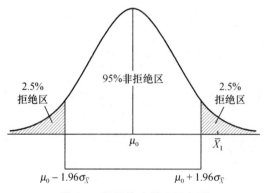

图 8-1 假设检验原理示意图

我们把例 8-1 中的数据代入公式,求得 $\sigma_{\bar{X}} = \dfrac{\sigma_0}{\sqrt{n}} = \dfrac{11}{\sqrt{30}} = 2.01$,95% 置信区间 $= 79 \pm 1.96 \times 2.01 = 75.06$—$82.94$,这时计算出来的两个数值就是图 8-1 中的两条临界线位置。而我们实际上得到的样本平均数 $\bar{X} = 84$,落在了拒绝区,因此我们可以拒绝虚无假设 $H_0: \mu_1 = \mu_0$,即认为新的教学法与原来的教学法确实存在差异,也可以认为,这 5 分的差异是由于采用了不同的教学法所产生的,即这种差异是由系统误差所引起的,而不是由抽样误差所引起的。从该实验来说，也说明了新的教学法确实比旧的教学法优越。

另外，也可以通过计算样本平均数 $\bar{X}$ 在平均数抽样分布中的位置，即 z 分数，然后与我们设定的概率对应的 z 分数进行比较，如果 $z_{\bar{X}} > z_{(1-\alpha)/2}$，说明样本平均数 $\bar{X}$ 已落入拒绝区，如果 $z_{\bar{X}} < z_{(1-\alpha)/2}$，则说明 $\bar{X}$ 在非拒绝区。上例中 $\bar{X} = 84$，代入公式得 $z_{\bar{X}} = \dfrac{\bar{X} - \mu_0}{\sigma_{\bar{X}}} = \dfrac{84 - 79}{2.01} = 2.488$。如果我们设定的显著性水平 $\alpha = 0.05$，查表得 $z_{(1-0.05)/2} = 1.96$，$2.448 > 1.96$，如图 8-2 所示，因此可以拒绝虚无假设。

假设检验的整个过程可归纳成图 8-3。

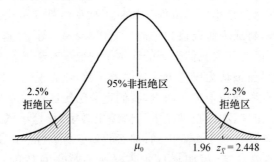

图 8-2 假设检验解题示意图

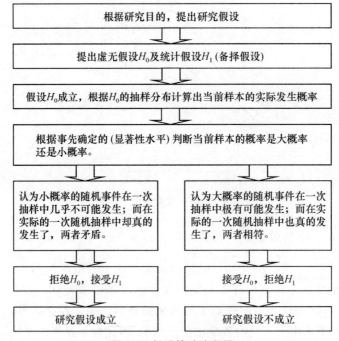

图 8-3 假设检验流程图

在统计推论的过程中要注意,如果无法拒绝虚无假设,并不意味着虚无假设就是正确的,只是现在还没有收集到足够的证据证明它是假的。同样的道理,也不能证实备择假设就是真的,只是当拒绝了虚无假设的时候,我们有条件地接受了备择假设作为一种正确的陈述。必须意识到,接受备择假设的决定是建立在概率的基础上,进一步的研究也有可能会修正我们的结论。

4. 单尾检验与双尾检验

在例 8-1 中所作的假设为:

$$H_0: \mu_1 = \mu_0$$
$$H_1: \mu_1 \neq \mu_0$$

这是由于在研究前我们对结果差异的方向无法确定,因此进行了无方向性的统计假设。如果我们根据理论和相关研究能确定出差异的方向,就可以进行有方向性的统计假设。如例 8-1 中,如果该种教学方法已经在许多地方试验过了,都取得了较好的效果,那么我们就可预测在该研究中新教学法下的学生成绩应该也会高于旧教学方法,即:

$$H_0: \mu_1 \leqslant \mu_0$$
$$H_1: \mu_1 > \mu_0$$

作出正确的假设是非常重要的,因为随后的检验是依据假设进行的。对于无方向性的假设,我们进行双尾检验(Two-tailed test),即只强调差异而不强调方向性的检验。这时在总体平均数的两侧都需要有一个临界点,临界点以外的区域为拒绝区。如 $\alpha=0.05$,则两端的拒绝区面积比率各为 0.025,如图 8-4A。对于有方向性的假设,我们进行单尾检验(one-tail test),这时只需在一侧(左侧或右侧,视具体假设而定)有一个临界点,该临界点以外的区域为拒绝区。因此单尾检验既强调差异也强调方向。如果 $\alpha=0.05$,对虚无假设为 $H_0: \mu_1 \geqslant \mu_0$ 的检验使用的标准为图 8-4B,对虚无假设为 $H_0: \mu_1 \leqslant \mu_0$ 的检验则使用的标准为图 8-4C。

例如,例 8-1 中如果采用的假设为:

$$H_0: \mu_1 \leqslant \mu_0$$
$$H_1: \mu_1 > \mu_0$$

这时进行单尾检验,计算得到的实际统计量不变,只是临界值发生了变化。在 $\alpha=0.05$,查表得 $z_{0.5-0.05}=1.645$,$2.448 > 1.645$,因此拒绝虚无假设。

可见,在单尾检验下临界值减小,从而使实际统计量超过临界值的概率增大,在一定程度上,可提高研究的效果。

在实际研究中何时用单尾检验,何时用双尾检验,应根据研究目的,以及对研究结果的预测来确定,不能依据实际的结果或随心所欲地选择。如果你有足够的证据预测结果将以某种方式出现,你就可以选择有方向性的假设,正如我们在 t 分布表中看到,有方向性假设下(单尾概率)进行的区间估计长度更短,且更为精确。而如果你不能预测差异的方向时,或者并不需要预测一个特定的结果时,就选择无方向性假设。但要注

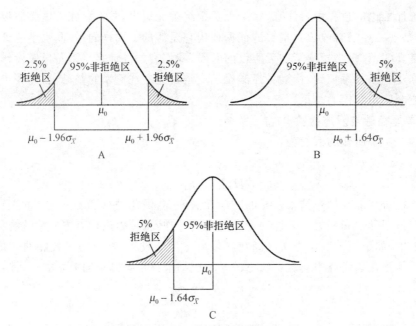

图 8-4 单尾检验与双尾检验示意图

意,在数据收集之前就应该做出虚无假设和备择假设,因为如果是数据收集之后再做假设,我们的假设就会被数据所误导,而不是依据理论来进行的假设。例如只因为收集到的样本平均数高于总体平均数,就进行方向性的假设,而实际上可能我们再次抽样的样本平均数就低于总体平均数了。记住,违背科学研究规范,缺乏科学研究道德的行为,是从事心理学研究的人最忌讳的。

5. 参数检验与非参数检验

如果已知相关数据的总体分布,只是不了解相应参数取值情况,这时采用的检验形式通常为参数检验。如随后涉及的 z 检验、t 检验及 F 检验等都对总体分布形态有着一定的要求,这些都属于参数检验的方法。如果对相关数据的分布形式并不了解,就必须先确定数据的分布形式,这样才可以进一步对分布做出更为具体的说明以及解释。然而在实践中常常遇到一些问题的总体分布并不明确,亦即不符合参数检验的条件,对于这类问题的检验就使用统计学中的另一类方法:非参数检验。非参数检验既不依赖于特定的总体分布,也无需对总体参数规定条件,应用比较方便。在心理学或其他行为科学研究中,许多变量是称名变量或顺序变量,只能应用非参数检验方法。

二、假设检验中的两类错误

1. Ⅰ类错误和Ⅱ类错误

当 H_0 为真时拒绝 H_0 所犯的错误称为Ⅰ类错误(type Ⅰ error)。如图 8-1,8-2 所

示,假定虚无假设 $H_0: \mu_1 = \mu_0$ 为真,那么 $\bar{X}$ 是从平均数为 μ_0 的总体中抽取出的任意一个样本平均数,它可能大于 μ_0,也可能小于 μ_0,但只要没有超出左、右两个临界线落到阴影区,$\bar{X}$ 与 μ_0 的差异就被认为仅由抽样误差所致,这时不能推翻虚无假设。如果 $\bar{X}$ 落到了阴影区,亦即很难发生的情况出现了,根据小概率事件原理,我们就有充分理由拒绝虚无假设。但即使两边阴影区的面积再小,例如只有 5% 或 1%,按照概率法则,任意抽取的样本平均数仍有 5% 或 1% 的可能落入该区域,也就是说 H_0 仍有 5% 或 1% 的可能是真的,因而如果按这个概率拒绝 H_0,做出 $\bar{X}$ 与 μ_0 差异显著的结论,犯错误的可能性就有 5% 或 1%。统计学上将这类当 H_0 为真的,我们拒绝了 H_0 时所犯的错误称为 Ⅰ 类错误,其概率也就是我们所设定的显著性水平 α,故又常常称为 α 型错误。若设 $\alpha = 0.05$,习惯上称 $\bar{X}$ 与 μ_0 在 0.05 水平上的差异显著,意思是在这个水平上拒绝虚无假设,我们有 5% 犯错误的可能性,或者说在这个水平上作出拒绝虚无假设的决定时,我们冒着 5% 犯错误的危险。可见,Ⅰ 类错误是指在虚无假设为真的前提下,根据抽样分布拒绝虚无假设时可能犯的错误,其概率即显著性水平 α 必须在每一次假设检验之前就选定。

读者可能会问,如果把显著性水平尽量定低点是不是就能降低冒险的概率?为什么一定要用 1% 或 5% 呢?显著性水平的确定在区间估计时就有提过,它并不是固定的,主要根据研究而定,因为在统计实践中人们一般采用 0.01 和 0.05 两个水平,因此在本书中一般也采用这两个水平。但我们一定要记住一点,把显著性水平设低点,犯 Ⅰ 类错误的可能性降低了,但却提高了犯 Ⅱ 类错误的可能性。

什么是 Ⅱ 类错误呢? Ⅰ 类错误是指在虚无假设为真的前提下拒绝虚无假设所可能犯的错误,如果没有拒绝虚无假设,是否就意味着不会犯错误呢?答案是否,因为虚无假设是真是假并不知晓,在假设检验过程中,我们只是先假定虚无假设是真的,然后根据虚无假设下的抽样分布进行概率推论,但实际上也可能存在着另一种情况,即虚无假设其实是不正确的,但我们却根据虚无假设下的抽样分布接受了它,即没有拒绝虚无假设,这时我们也犯着一定的错误,这种错误称为 Ⅱ 类错误(type Ⅱ error),其概率通常用 β(beta) 表示。因此 Ⅱ 类错误是指当 H_0 为假时不拒绝 H_0 所犯的错误。这是一个非常重要的问题,也是初学者常常误解的一个问题。

例如,当我们从一个总体平均数为 100 的总体中抽取出一个样本,得到样本平均数为 103,如果假设二者之间没有差异,即 $H_0: \mu_1 = \mu_0$,103 是 $\mu_0 = 100$ 的平均数分布中的一员,在此前提下,关于 103 与 100 的差异就要在图 8-5 中左边的正态分布中讨论。如果定 $\alpha = 0.05$,其临界点为 $z_{(1-\alpha)/2}$(双尾概率),根据虚无假设,随机得到的 $\bar{X}$ 只有 5% 的可能会落到拒绝区中(图中以左斜线阴影部分表示),这时根据 $\mu_0 = 100$ 的抽样分布拒绝 H_0 我们犯 Ⅰ 类错误的概率为 5%。但如果 $\bar{X}$ 没有落到拒绝区,我们就会接受虚无假设。从图中可看出,103 并未落到拒绝区,因此我们接受虚无假设。

但虚无假设也有可能本来就是不成立的,如果虚无假设不成立,即 $\mu_1 \neq \mu_0$,那么

103 应该是来自另一个抽样分布,我们以 103 为总体平均数建立一个抽样分布,如图 8-5 右边的正态分布。很明显,这里表明的是两个总体,一个总体平均数为 100,另一个总体平均数为 103。可以看到,这两个分布之间存在着重叠。如果以 $z_{(1-\alpha)/2}$ 为临界点,右边分布中的某些数值会落到左边分布的非拒绝区中,其概率就是 β,在图中以右斜线阴影部分表示,因此如果只根据左边分布,即 $H_0:\mu_1=\mu_0$ 为真时的抽样分布,在 $\bar{X}$ 没有落到拒绝区,不拒绝虚无假设,就会有概率为 β 的犯错误可能性,假设 β 为 0.26,即有 26% 的概率没有检验出真实差异。

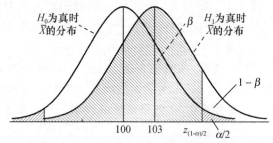

图 8-5　α 和 β 的关系示意图

可见,在总体的真实情况未知下,根据虚无假设下的样本分布进行推断时,不论是拒绝虚无假设还是接受虚无假设,我们都有可能犯错误:① 虚无假设 H_0 本来是正确的,但拒绝了 H_0,这类错误称为 I 类错误;② 虚无假设 H_0 本来是不正确但却没有拒绝 H_0,这类错误称为 II 类错误。假设检验的各种可能结果如表 8-1 所示。

表 8-1　假设检验中的两类错误

实际情况	检验结果	
	拒绝 H_0	不拒绝 H_0
H_0 真	I 类错误(α)	结论正确($1-\alpha$)
H_0 假	结论正确($1-\beta$)	II 类错误(β)

无论是拒绝还是不拒绝虚无假设,都有犯错误的可能,但只要我们把犯错误的概率规定在统计学上所允许的范围之内,所做的统计判断或结论即成立。这种带有概率性质的推理是统计推论的又一个重要特色。因此我们的研究需要在规定 α 的同时尽量减小 β,以提高我们的推论可靠性。

2. 两类错误的关系

(1) $\alpha+\beta$ 不一定等于 1

α 和 β 是在两个前提下的概率。α 是拒绝 H_0 时犯错误的概率(这时前提是"H_0 为真");β 是不拒绝 H_0 时犯错误的概率(这时前提是"H_0 为假"),所以 $\alpha+\beta$ 不一定等于 1。这点从图 8-5 中可以得到证明。很显然,当 $\alpha=0.05$ 时,β 不一定等于 0.95。

(2) 在其他条件不变的情况下,α 和 β 不可能同时减小或增大

这一点从图 8-5 中也可以清楚看到。当临界点 $z_{(1-\alpha)/2}$ 向右移动时,α 减小,但此时 β 一定增大;反之,$z_{(1-\alpha)/2}$ 向左移动则 α 增大而 β 减小。一般在差异检验中主要关心的是能否有充分理由拒绝 H_0,从而证实 H_1,所以 α 在统计中规定得较严。心理学实验研究中 α 至多不能超过 0.05。至于 β 往往就不予重视了。其实 β 在心理学研究中也是极为重要的,这点从 $1-\beta$ 即统计检验力可以得到说明。

3. 统计检验力

如果 μ_1 和 μ_0 之间确实存在着差异,并且我们也在 $\alpha=0.05$ 水平上正确拒绝了虚无假设,这时我们就做出了正确判断,在图 8-5 中,意味着 $\overline{X}$ 落在临界点 $z_{(1-\alpha)/2}$ 之外,根据右边的正态分布,这时的概率为 $1-\beta$,因此 $1-\beta$ 表明了我们正确检验出差异的概率,统计中学把它称为统计检验力(power of test)。例如,在例 8-1 中我们在 0.05 水平上拒绝了虚无假设,即认为新的教学法与原来的教学法确实存在差异,新的教学法比旧的教学法优越。此时的 β 如果为 0.16,那么该实验的统计检验力就等于 0.84,意味着如果重复实验,100 次中可能有 84 次能发现两种教学法的差异。或者换句话说,100 次中可能有 84 次能重复出相同的实验结果,即实验的可重复性较强。可见,统计检验力反映了实验能正确辨别真实差异的能力。因此许多情况都需要在规定 α 的同时尽量减小 β,从而使我们的实验有较大的统计检验力。如何能做到这点呢?我们可以从影响统计检验力的因素入手:

(1) μ_1 与 μ_0 的真实差异

从图 8-5 和图 8-6 的比较中可看出,当其他条件不变,μ_1 与 μ_0 的真实差异变大时,$1-\beta$ 也越大,即接受 H_1 的把握度增大。在未知总体的情况下如何确保 μ_1 与 μ_0 的真实差异尽可能大呢?最好的办法就是有效地选择被试群。例如,你想研究酒精对记忆的影响,如果只选择酗酒 1、2 年的被试,很可能这种影响还没有表现出来。而如果你选择酗酒 50 年以上的被试与同年龄段的非酗酒进行比较,效果就会明显很多。

(2) 样本容量

从样本分布理论可知,样本平均数分布的标准误为 $\sigma_{\overline{X}} = \dfrac{\sigma}{\sqrt{n}}$,它与样本容量的平方根成反比,与总体的标准差成正比,因此增大样本容量,或最小化总体的离散程度,将减小标准误,从而使样本平均数分布变得陡峭,在其他条件不变时,β 会减小,而 $1-\beta$ 会增加,如图 8-7 所示。

因此可直接通过增大样本量来提高统计检验力,但要注意的是,增大样本量并不是一件容易的事,收集数据需要花费时间和经费,因此我们要依据研究确定合适的样本量。而最小化总体标准差可通过总体的明确界定产生一定的效果,例如,你把总体定为"孩子",这个范围是非常广泛的,只要小于 18 岁都可以算在内。如果总体定为"3 岁小孩",其总体的变异程度必然会大大减小。因此在研究取样之前明确界定研究总体是很有意义的。

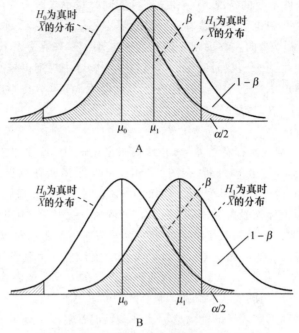

图 8-6 μ_1 与 μ_0 的真实差异影响 β 大小示意图

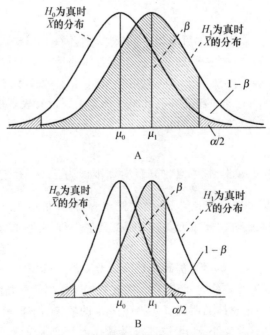

图 8-7 不同标准误影响 β 大小示意图

（3）单尾检验

单尾或双尾检验的选择也会影响到统计检验力。如果在确切知道差异方向的前提下使用单尾检验,这时就把分界点只放在分布的一侧,其概率为原来两边的概率的总和,如图 8-7 中的分界点就会往左移动,在此情况下 β 会减小,而 $1-\beta$ 会增加。因此,单尾检验会比双尾检验更有统计检验力,但做怎样的假设及检验主要依据研究目的。

三、假设检验的基本步骤

下面以平均数为例介绍假设检验的一般步骤：

1. 建立虚无假设和备择假设

双侧检验为：

$$H_0: \mu_1 = \mu_0$$
$$H_1: \mu_1 \neq \mu_0$$

单侧检验为：

$$H_0: \mu_1 \geqslant \mu_0 \quad \text{或} \quad H_0: \mu_1 \leqslant \mu_0$$
$$H_1: \mu_1 < \mu_0 \quad \quad\quad H_1: \mu_1 > \mu_0$$

2. 选择并计算检验统计量

在 H_0 成立的前提下,寻找和决定合适的统计量及其抽样分布,并计算出统计量的值。这一步是最重要,但也是最难的一步。很多初学者在统计时总会问"我可以使用这个统计方法来分析我的数据吗？",答案是"可以",但这个答案不能给你任何帮助,因为所有统计方法都可应用于任何一批数据中,但其计算出的结果是否有意义却是另外一回事。因此,如果把问题改成"这个统计方法可以回答我在假设中提出的问题吗？"会让你更有选择性。首先,你所做的虚无假设和备择假设是决定选择哪个统计量的一个因素,其他的因素包括收集的数据类型等。我们在随后的章节中将具体分析每种方法的适用条件,这是读者在随后的学习中最应该关注的内容。

3. 根据显著性水平 α 确定临界值

选定显著性水平 α,查相应的分布表来确定临界值,从而确定出 H_0 的拒绝区或非拒绝区。

4. 根据统计结果,做出推论结论

对 H_0 作出判断和解释,即把临界值与统计量值相比较,若统计量值落在 H_0 的拒绝区中,表明在虚无假设成立的条件下,获得该统计量值及更大极端值的概率 $p<0.05$,根据小概率事件原理,可以拒绝 H_0；若统计量值落在 H_0 的接受区中,即获得该统计量的概率 $p>0.05$,因此不能拒绝 H_0 即接受 H_0。

当拒绝 H_0 时,我们就会说差异是显著的,那么统计上的"显著"是什么意思呢？它意味着该结果值得进一步思考和讨论。"统计性显著"只是一种概述,表明"这些结果不太可能来源于偶然,因此值得进一步分析"。但"显著"并不代表着"重要"。有很多因素会导致统计显著,如样本量大小等,但这种显著在实际生活中并没有什么意义。

第二节 平均数的显著性检验

平均数的显著性检验是指对样本平均数与总体平均数之间差异的显著性检验。检验的目的是确定样本平均数与已知总体平均数之间的差异是否由抽样误差造成,或者说样本是否来自已知总体。根据总体分布的形态及总体方差是否已知,其具体检验过程分为以下三种情况:

一、总体正态分布、总体方差已知

当总体正态分布,总体方差已知时,样本平均数的抽样分布服从正态分布,此时无论样本大小,均可用样本平均数分布的标准误按正态分布计算检验统计量,并从正态分布表中查出临界点的值。这种检验称为 z 检验,其检验统计量 z 值的计算公式为:

$$z = \frac{\overline{X} - \mu_0}{\frac{\sigma_0}{\sqrt{n}}} \qquad (公式 8-1)$$

【例 8-2】 全市统一考试的数学平均分 $\mu_0=62$ 分,标准差 $\sigma_0=10.2$ 分。一个学校的 90 名学生该次考试的平均成绩 $\overline{X}=68$ 分,问该校成绩与全市平均成绩差异是否显著。(取 $\alpha=0.01$)

解:设全市的成绩服从正态分布。从表面看该校的考生平均成绩 $\overline{X}$ 比全市的平均分高一些,但这种差异是来自偶然误差还是来自系统误差,还不得而知,假若能再进行等值试卷的考试,也许该校成绩比全市成绩低,因而需要用双尾检验。

① 建立虚无假设和备择假设:

双侧检验为:

$$H_0: \mu_1 = \mu_0 \text{ 或 } \mu_1 = 62$$
$$H_1: \mu_1 \neq \mu_0 \text{ 或 } \mu_1 \neq 62$$

② 选择并计算检验统计量。

已知 $\mu_0=62, \sigma_0=10.2, \overline{X}=68, n=90$,代入公式:

$$z = \frac{\overline{X} - \mu_0}{\frac{\sigma_0}{\sqrt{n}}} = \frac{68 - 62}{\frac{10.2}{\sqrt{90}}} = 5.58$$

③ 根据显著性水平 α 确定临界值。

已给出 $\alpha=0.01$,查正态分布表得知 $z_{(1-0.01)/2}=2.58$。

④ 根据统计结果,做出推论结论。

由于 $|z|=5.58>2.58$,落入了拒绝区,因此可以认为,该校学生的考试成绩与全市的平均成绩有显著差异,从该校平均成绩 68 分,全市平均成绩 62 分来看,即该校学生

的学业平均水平高于全市的学业平均水平。作这样判断我们犯错误的可能性为1%。

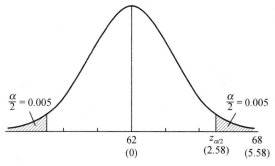

图 8-8　解题示意图

我们也可以通过计算出的 z 值查正态分布表得知其相应的概率,如 $z=5.58$,查正态分布表得知 $p<0.00006$($z \geqslant 5.58$ 或 $z \leqslant -5.58$,双尾概率)(由于正态分布表中只到 $z=3.99$,因此我们直接给出一个近似值,在许多统计软件中都会直接给出 z 统计量对应的具体 p 值),然后通过 p 值与我们设定的 α 进行比较,如果 $p<\alpha$,则说明我们取得的样本统计量是一个小概率事件,因此可以拒绝虚无假设;而如果 $p>\alpha$,不能拒绝虚无假设。在例 8-2 中,$p<0.00006<\alpha$,因此可以拒绝虚无假设。

【例 8-3】　有人从受过良好早期教育的儿童中随机抽取 70 人进行韦氏儿童智力测验,结果 $\overline{X}=103.3$,已知该测验的常模平均分 $\mu_0=100$,标准差 $\sigma_0=15$。能否认为受过良好早期教育的儿童智商高于一般水平?(取 $\alpha=0.05$)

解:设测验分数服从正态分布。根据该题题意,确定应该受过良好早期教育的儿童智商高于一般水平,因而使用单尾检验。

① 建立虚无假设和备择假设:
$$H_0: \mu_1 \leqslant \mu_0$$
$$H_1: \mu_1 > \mu_0$$

② 选择并计算检验统计量。

已知 $\mu_0=100$, $\sigma_0=15$, $\overline{X}=103.3$, $n=70$,代入公式:
$$z = \frac{\overline{X}-\mu_0}{\frac{\sigma_0}{\sqrt{n}}} = \frac{103.3-100}{\frac{15}{\sqrt{70}}} = 1.84$$

③ 根据显著性水平 α 确定临界值。

已给出 $\alpha=0.05$,查正态分布表得知 $z_{0.5-0.05}=1.645$(单尾概率)。

④ 根据统计结果,做出推论结论。

由于 $|z|=1.84>1.645$(或查正态分布表,$p\{z \geqslant 1.84\}=0.5-0.46712=0.03288<0.05$,一般直接表示为 $p<0.05$),可以拒绝虚无假设,即可认为受过良好早期教育的儿童智商高于一般水平。作这样判断我们犯错误的可能性为 5%。

这时可能读者会有一个疑问，既然我们已算出该样本统计量所对应的具体概率值 p，是否可以用它来表示我们犯错误的概率呢？如上题中 $p=0.03288$，那么我们做出拒绝虚无假设判断时可能犯Ⅰ类错误的概率约为 3.3%。这种说法是不正确的。因为假设检验是在虚无假设 H_0 正确的前提下进行的。在这里需指出，所有的变异应该都是来源于抽样误差，其抽样分布下的面积为 1，在此前提下计算出的 p 值仅仅表明了在一次抽样中获得某个特定值及之上的概率，如果再次抽样研究的话，计算出的 p 值又会有所不同。因此对该值的解释应该是"假如 H_0 是正确的，在一次抽样中获得该样本统计量或更大值的概率是 p。如果该值越过了我们所设定的界线，我们愿意拒绝 H_0，支持 H_1。作出判断时我们犯Ⅰ类错误的概率是 5%。"可见 p 值的作用仅在于与所设定的标准进行比较，确定是否有足够的理由拒绝 H_0。

同样的道理，有些研究者认为越小的 p 值表明检验的效果越好，如例 8-2 中得到的 $p<0.01$，例 8-3 中得到的 $p=0.03288$，有人说例 8-2 中的差异更为显著。这种说法是不正确的。如前所述，显著性水平是在统计之前确定的，它反映的是该研究所允许犯错误的概率，因此不论样本得到的 p 值是多少，只要越过了设定的显著性水平，就可以拒绝虚无假设，其结果表明这种差异不是来源于抽样误差，值得进一步去关注。

二、总体正态分布、总体方差未知

总体正态分布，总体方差未知时进行样本平均数与总体平均数差异的检验，其基本原理与总体方差已知时相同，所不同的是在标准误的计算上，由于总体方差未知，要用其无偏估计量 $\hat{S}^2 = \dfrac{\sum(X-\overline{X})^2}{n-1}$ 来代替 σ_0^2，标准误 $\sigma_{\overline{X}} = \dfrac{\hat{S}}{\sqrt{n}} = \dfrac{S}{\sqrt{n-1}}$。这时样本平均数的抽样分布服从 t 分布，因而总体方差未知时所进行的检验称做 t 检验。其检验统计量 t 值的计算公式为：

$$t = \frac{\overline{X} - \mu_0}{\dfrac{S}{\sqrt{n-1}}} \quad (df = n-1) \tag{公式8-2}$$

【例 8-4】 学生的学习成绩与教师的教学方法有关。某校一教师采用了一种他认为新式有效的教学方法。经过一学年的教学后，从该教师所教班级中随机抽取了 6 名学生的考试成绩，分别为 48.5, 49.0, 53.5, 49.5, 56.0, 52.5，而在该学年考试中，全年级的总平均分数为 52.0，试分析采用这种教学方法与未采用新教学方法的学生成绩有无显著的差异。（已知考生成绩服从正态分布，取 $\alpha = 0.05$）

解：从题目中的数据可计算得知

$$\overline{X} = \frac{\sum X_i}{N} = \frac{(48.5+49.0+53.5+49.5+56.0+52.5)}{6} = 51.5$$

$$S = \sqrt{\frac{\sum(X-\overline{X})^2}{N}} = 2.723$$

① 建立虚无假设和备择假设：

双侧检验为：

$$H_0: \mu_1 = \mu_0 \text{ 或 } \mu_1 = 52$$
$$H_1: \mu_1 \neq \mu_0 \text{ 或 } \mu_1 \neq 52$$

② 选择并计算检验统计量：

$$t = \frac{\overline{X} - \mu_0}{\frac{S}{\sqrt{n-1}}} = \frac{51.5 - 52}{\frac{2.723}{\sqrt{6-1}}} = -0.41$$

③ 根据显著性水平 α 确定临界值。

已给出 $\alpha = 0.05$，查 t 分布表得知 $df = 6 - 1 = 5$ 时，$t_{0.05/2} = 2.571$。

④ 根据统计结果，做出推论结论。

由于 $|t| = 0.41 < 2.571$，$p > 0.05$，不能拒绝虚无假设，即不能说采用这种新教学方法与未采用新教学方法的学生成绩有差异，或者说新教学方法对学生学习成绩没有产生影响。

从 t 分布表中可以看到，在某一显著性水平下，随着 df 的增大，$t_{\alpha/2}$ 逐渐接近 $z_{\alpha/2}$，因而在实际使用中，当 $n \geq 30$ 时，t 分布常常被近似的按正态分布对待，这时检验也可以近似地应用 z 检验 $\left(z = \frac{\overline{X} - \mu_0}{\frac{S}{\sqrt{n}}}\right)$，但 $n < 30$ 时则必须用 t 检验。因此 z 检验又称为大样本检验，t 检验又称为小样本检验。

由于 $n \to \infty$ 时，$t_{0.05/2}$ 才等于 1.96，除此以外，一般 $t_{\alpha/2}$ 总是大于相应的 $z_{\alpha/2}$，因此在理论上（或实际应用要求严格时）只要总体为正态分布，总体方差已知，不论 $n \geq 30$ 还是 $n < 30$ 都应该用 z 检验，而总体为正态分布，总体方差未知时，即使 $n \geq 30$ 也没有必要近似地用 z 检验，应该用 t 检验。

三、总体非正态分布

在心理研究领域中，大部分的连续变量都可以看成服从正态分布。若有充足的理由认为某一变量的总体分布不是正态分布，就不能进行 z 检验或 t 检验，而应该采用非参数检验。

但实际上，当样本容量较大的情况下，也可以近似地应用 z 检验。在抽样分布的讨论中，中心极限定理指出：从平均数为 μ_0，标准差为 σ_0 的总体（无论正态与否）中随机抽样，则样本平均数 $\overline{X}$ 的分布将随着样本容量的增大而趋于正态分布，且 $\mu_{\overline{X}} = \mu_0$，$\sigma_{\overline{X}} = \frac{\sigma_0}{\sqrt{n}}$。所以，当 $n \geq 30$ 时，尽管总体分布未知或非正态，对于平均数的显著性检验仍可以

用 z 检验,即:

$$z' = \frac{\overline{X} - \mu_0}{\frac{\sigma_0}{\sqrt{n}}} \quad (公式 8\text{-}3)$$

由于这时的 z 检验是近似的,故以 z' 来表示。如果总体标准差 σ_0 未知,也可用其无偏估计量 $\hat{S} = \sqrt{\dfrac{\sum(X-\overline{X})^2}{n-1}}$ 来计算,即 $z' = \dfrac{\overline{X}-\mu_0}{\frac{\hat{S}}{\sqrt{n}}} = \dfrac{\overline{X}-\mu_0}{\frac{S}{\sqrt{n-1}}}$。

【例 8-5】 某省进行数学竞赛,结果分数的分布不是正态分布。竞赛的总平均分是 43.5 分,其中某市参加竞赛的学生 168 人,平均分 $\overline{X}=45.1$ 分,$S=18.7$ 分。问:该市平均分与省平均分是否有显著差异?(取 $\alpha=0.05$)

解:因为是大样本,可认为近似正态分布。

① 建立虚无假设和备择假设:

$$H_0: \mu_1 = \mu_0$$
$$H_1: \mu_1 \neq \mu_0$$

② 选择并计算检验统计量:

$$z' = \frac{\overline{X}-\mu_0}{\frac{S}{\sqrt{n-1}}} = \frac{45.1-43.5}{\frac{18.7}{\sqrt{168-1}}} = 1.11$$

③ 根据显著性水平 α 确定临界值。

已给出 $\alpha=0.05$,查正态分布表得知 $z_{(1-0.05)/2}=1.96$(双尾概率)。

④ 根据统计结果,做出推论结论。

由于 $|z|=1.11<1.96$,$p>0.05$,可认为市平均分与省平均分无显著差异。

当总体非正态分布,且样本容量较小时,不符合近似 z 检验的条件,此时只能用非参数方法或对数据进行转换。有关非参数检验方法将在第十二章介绍。

第三节 相关系数的显著性检验

一、相关系数的抽样分布

第五章我们学会了相关系数的计算,它表示两变量之间关系密切的程度,其数值从 -1.00 到 $+1.00$ 变化。如果相关系数为 0,则表示两变量之间不存在线性相关关系。通常我们得到的相关系数也是一个样本统计量,通过它,可以估计两个总体的相关程度,即总体相关系数 ρ。那么如何应用样本相关系数来推论出总体相关程度呢?类似于样本平均数,如果从 $\rho=0$ 的总体随机抽取出的样本计算相关系数 r,由于抽样误差的原因,其值可能大于也可能小于 0,那么无数次抽取后的相关系数也将形成一个抽样分布,我们同样可以应用抽样分布理论及假设检验的程序对相关系数进行推论性统计。

由于相关系数 r 的抽样分布比较复杂,受 ρ 的影响很大。图 8-9 表示从 $\rho=0$ 及 $\rho=\pm 0.80$ 的三个总体中抽样样本 r 的分布。可看到,当 $\rho=0$ 时 r 的分布左右对称,$\rho=0.80$ 时为正偏态分布。对于这一点并不难理解。ρ 的取值在 -1.00 和 $+1.00$ 之间,那么 r 的取值也是在 -1.00 和 $+1.00$ 之间,当 $\rho=0$ 时 ρ 的分布理应以 0 为中心左右对称。而当 $\rho=0.80$ 时 r 的范围仍然是 -1.00 和 $+1.00$ 之间,但 r 的值肯定受 ρ 的影响,趋向于 $+1$ 的值比趋向于 -1 的值要出现得多些,因而分布形态不可能对称。当 $\rho=-0.80$ 时 r 的分布也有一样的特点。所以一般认为 $\rho=0$ 时 r 的分布符合 t 分布;$\rho\neq 0$ 时 r 的分布不是对称的,而是偏态的。

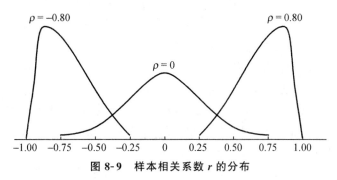

图 8-9　样本相关系数 r 的分布

二、相关系数的假设检验

1. $H_0:\rho=0$

在实际研究中得到一个具体的相关系数值时,它是否就说明了两变量之间在总体上是相关的呢($\rho\neq 0$)? 从相关系数的抽样分布来看,虽然总体上可能并无相关($\rho=0$),但由于抽样误差的存在,样本的相关系数不一定等于 0,所以需要对这个值进行显著性检验。由于我们的研究假设一般认为样本的相关系数表明总体存在着相关,即 $\rho\neq 0$,因此虚无假设就是 $\rho=0$。如前所述,当 $\rho=0$ 时,相关系数的抽样分布为 t 分布,因此对于相关系数的假设检验就是 t 检验,检验过程与平均数的假设检验是类似的,具体计算公式如下:

$$t=\frac{r-0}{\sqrt{\frac{1-r^2}{n-2}}} \quad (df=n-2) \qquad (公式 8-4)$$

式中,r 为样本相关系数,n 为样本容量。

在此要注意的是,在相关系数的 t 检验中,自由度为 $n-2$,不同于单样本平均数的假设检验。那是因为计算相关系数需要两变量,每个变量在计算的过程中都将失去一个自由度,因此一共失去两个自由度,即 $n-2$。

【例 8-6】 心理学家认为,性格越外向的人越容易出现冒险行为。为了验证这一假设,随机抽取了 25 名被试,分别测得他们的性格外向得分以及冒险意愿得分,两列得分之间的相关系数为 0.462。问该结果是否证实了心理学家的假设。(取 $\alpha=0.05$)

解:

① 建立虚无假设和备择假设:

$$H_0: \rho = 0$$
$$H_1: \rho \neq 0$$

② 选择并计算检验统计量:

$$t = \frac{r-0}{\sqrt{\frac{1-r^2}{n-2}}} = \frac{0.462}{\sqrt{\frac{1-0.462^2}{25-2}}} = 2.50$$

③ 根据显著性水平 α 确定临界值。

已给出 $\alpha=0.05$,查 t 分布表,当 $df=25-2=23$ 时,$t_{0.05/2}=2.069$。

④ 根据统计结果,做出推论结论。

由于 $t=2.50>2.069$,$p<0.05$,可以拒绝虚无假设,即认为性格外向与冒险行为之间存在着一定的线性相关,但从相关系数的值来看,其相关的密切程度并不大。

2. $H_0: \rho \neq 0$

人们常常说"相关系数 r 是显著的"(或"不显著"),这都是特指在虚无假设 $\rho=0$ 这一前提下的检验结果,这种情况在实际中用得较多。但是它只解决了两个总体是否有相关的问题,或者说由此只能说明 r 是否来自 $\rho=0$ 的总体。有时在研究中还需要了解 r 是否来自 ρ 为某一特定值的总体,即当 $\rho \neq 0$ 时的显著性检验。

从图 8-9 中可知,当 $\rho \neq 0$ 时的抽样分布都是偏态的,不符合 t 检验。统计学家费舍(Sir Ronald Fisher)发现了一种程序,可将 r 转换成 Z_r,附表 4 列出了从 0—1 的 r 值对应的 Z_r,转换后的 Z_r 的分布为近似正态分布,其平均数为 Z_ρ(Z_ρ 为 ρ 的转换分),标准误 $SE_{Z_\rho} = \frac{1}{\sqrt{n-3}}$,这样就可以进行 z 检验了:

$$z = \frac{Z_r - Z_\rho}{\sqrt{\frac{1}{n-3}}} \quad \text{(公式 8-5)}$$

【例 8-7】 某研究者估计,对于 10 岁儿童而言,比奈智力测验与韦氏儿童智力测验的相关系数为 0.70。今随机抽取 10 岁儿童 50 名,进行上述两种智力测验,结果相关系数 $r=0.54$。问实测结果是否支持该研究者的估计。(取 $\alpha=0.05$)

解: 查附表 4:$r=0.54$ 时 $Z_r=0.604$,$\rho=0.70$ 时 $Z_\rho=0.867$,于是

$$z = \frac{Z_r - Z_\rho}{\sqrt{\frac{1}{n-3}}} = \frac{0.604 - 0.867}{\sqrt{\frac{1}{50-3}}} = -1.80$$

已给出 $\alpha=0.05$,查正态分布表得知 $z_{(1-0.05/2)}=1.96$。由于 $|z|=1.80<1.96$, $p>0.05$,即实得的 r 值与理论估计值差异不显著,实测结果支持该研究者的估计。

【自测题】

一、单选题

1. 统计推论的出发点是:_____
   A. 虚无假设　　　B. 对立假设　　　C. 备择假设　　　D. 统计假设
2. 在假设检验中,只强调差异而不强调方向性的检验是:_____
   A. z 检验　　　B. t 检验　　　C. 单尾检验　　　D. 双尾检验
3. 设 α 不变,单尾检验改为双尾检验时,拒绝虚无假设的可能性:_____
   A. 变大　　　B. 变小　　　C. 无关　　　D. 不变
4. 下列关于Ⅰ型错误和Ⅱ型错误说法中正确的是:_____
   A. $\alpha+\beta=1$　　　　　　　　B. $\alpha+\beta$ 不一定等于 1
   C. α 减小 β 也随着减小　　　D. $\alpha=\beta$
5. 在癌症检查中,虚无假设 H_0 为"该病人没有患癌症"。下面情况中最为危险的是:_____
   A. H_0 是虚假的,但是被接受了　　　B. H_0 是虚假的,并且被拒绝了
   C. H_0 是真实的,并且被接受了　　　D. H_0 是真实的,但是被拒绝了
6. 在心理统计中,统计检验力是指:_____
   A. α　　　B. β　　　C. $1-\alpha$　　　D. $1-\beta$
7. 下列可以提高统计检验力的方法是:_____
   A. 增加样本容量　　　　　　B. 将 α 水平从 0.01 变为 0.05
   C. 使用单尾检验　　　　　　D. 以上方法均可提高统计检验力
8. 在假设检验中,总体分布为正态,总体方差未知,应该用:_____
   A. z 检验　　　B. t 检验　　　C. F 检验　　　D. χ^2 检验
9. 严格按照程序从总体中随机抽取一个样本,但样本平均数却不一定等于总体平均数,这时样本平均数与总体平均数之间的差异叫做:_____
   A. 系统误差　　　B. 过失误差　　　C. 抽样误差　　　D. 实验误差
10. 在相关系数 t 检验中,自由度应为:_____
    A. n　　　B. $n-1$　　　C. $n-2$　　　D. $n-3$

二、名词解释

1. 假设检验
2. 小概率事件
3. Ⅰ类错误与Ⅱ类错误
4. 统计检测力

三、简答题
1. 简述假设检验的基本步骤。
2. 试说明单尾检验与双尾检验的区别与联系。
3. 试分析Ⅰ类错误和Ⅱ类错误的关系。

四、计算题
1. 某学科高等教育自学考试的成绩历来都是服从正态分布,总平均数一直维持在60分的水平上,总体标准差也一直为15分。2007年10月该科考试后,某研究者希望检验一下这次的总体水平是否还是60分,他随机抽取了一个容量为100的样本,算得这个样本的平均数为63分,请问能否说这次该科考试的总平均分与以往不同。(取 $\alpha=0.05$,双侧检验)
2. 某市小学五年级语文统考,已知考试成绩服从正态分布,根据往年经验,统考的总平均数为85分。今年统考后随机抽取了一个容量为100的样本,算得样本平均数为86分,标准差为10分。请问今年该市小学五年级语文统考成绩是否高于往年。(取 $\alpha=0.05$,单侧检验)
3. 已往研究发现,学生的自我效能感与学习成绩之间存在着某种关系。为了验证这一结果,某研究者随机抽取了30名被试,分别测得他们的自我效能感得分以及某学年的总成绩,两列分数之间的相关系数为0.68。问该结果是否证实了已往研究的结果。(取 $\alpha=0.05$)

9

双样本的假设检验

【评价目标】

1. 理解平均数差异的抽样分布及检验原理。
2. 理解独立样本与相关样本的概念。
3. 能够熟练运用 z 检验或 t 检验进行不同条件下双样本的平均数检验。
4. 理解 F 分布的概念和特点,掌握方差齐性检验的原理与步骤。

第八章讲述了单样本的假设检验,在实际研究中,经常需要比较两个样本,例如比较女生和男生在能力测验上是否有差别,这时我们可以从两个总体中分别随机抽取出一个样本,进行相应的能力测验,如果两个样本的测验平均分差异 $(\overline{X}_1-\overline{X}_2)$ 越过一定的界限,就可以推论两个样本所对应的总体之间是存在差异的。这就是对双样本平均数的假设检验。

第一节 平均数差异的检验原理

一、平均数差异的抽样分布

假设从第一个总体 (μ_1,σ_1) 随机抽取出一个样本计算出 $\overline{X}_1$,从第二个总体 (μ_2,σ_2) 也随机抽取出一个样本计算出 $\overline{X}_2$,这时可以计算出两个样本平均数的差值,记为 $D_{\overline{X}} = \overline{X}_1 - \overline{X}_2$。如果我们重复这个抽样过程,就会得到 $D_{\overline{X}}$ 的抽样分布。那么这个分布是什么形状呢?

由中心极限定理可知,如果两个总体的平均数是相同的,即 $\mu_1 = \mu_2$,那么从这两个总体中抽取出的样本平均数的差异 $D_{\overline{X}}$ 是服从平均数为 0 的正态分布。我们可以把它推论到两个总体平均数不相同的情况,即平均数差异 $D_{\overline{X}}$ 服从平均数为 $\mu_1 - \mu_2$ 的正态分布。这点是很容易理解的,因为中心极限定理第一条表明,$\mu_{\overline{X}} = \mu$,那么 $D_{\overline{X}}$ 的总体平均数 $\mu_{D_{\overline{X}}} = \mu_{\overline{X}_1} - \mu_{\overline{X}_2} = \mu_1 - \mu_2$。如果假设两个总体的平均数是相等的,则 $\mu_1 - \mu_2 = 0$,

$D_{\bar{X}}$ 服从平均数为 0 的正态分布。

二、平均数差异的检验原理

对两个平均数差异的检验,也是首先假定 $D_{\bar{X}}$ 是来自于平均数为 $\mu_{D_{\bar{X}}}$ 的总体中,然后根据 $D_{\bar{X}}$ 的抽样分布理论来进行判断,如果 $D_{\bar{X}}$ 与 $\mu_{D_{\bar{X}}}$ 之间的差异越过了一定的界限,就拒绝了虚无假设,其检验原理如图 9-1 所示。

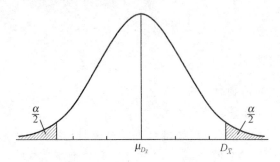

图 9-1 平均数差异检验示意图

可见两样本平均数差异的显著性检验与前一章的单样本平均数检验($\bar{X}-\mu_0$)是类似的,因此假设检验的原理和步骤也是类似的,例如虚无假设为 $H_0:\mu_1=\mu_2$ 时,如果差异显著拒绝了虚无假设,说明两个总体平均数并不相等,即 $\bar{X}_1-\bar{X}_2$ 的差异不是来源于抽样误差,而是它们对应的两个总体之间存在着差异。如果 $H_0:\mu_1-\mu_2=5$,说明 $\bar{X}_1-\bar{X}_2$ 的值不是来源于总体平均数为 5 的抽样分布,即 $\bar{X}_1$ 和 $\bar{X}_2$ 分别对应的两个总体平均数的差异不等于 5。

此外,与单样本平均数的显著性检验类似,两样本平均数差异的显著性检验在总体方差已知的情况下使用正态分布和 z 检验,而在总体方差未知的情况下使用 t 分布和 t 检验。但平均数差异的检验需要考虑的条件要复杂些,不仅要考虑总体分布和总体方差,还需要注意两个总体方差是否一致、两个样本是否相关以及两个样本容量是否相同等一系列条件。不同条件下须用不同的公式,不能用错,这是在实际应用中特别要引起重视的问题。

第二节 独立样本的平均数差异检验

所谓独立样本,是指两个样本的数据之间是相互独立的,其数据一般来自组间设计。组间设计通常把被试分成若干个小组,每组分别接受一种实验条件(实验组或控制组),即不同的被试接受不同的实验条件。由于被试是随机取样并随机分组安排到不同的实验条件中,因此又称为完全随机设计。完全随机分组后,各组的被试之间相互独立,因而这种设计又称为"独立组"设计。这时比较不同实验条件下获得的样本平均数是否具有显著差异就构成了独立样本的平均数差异检验。根据总体分布的形态及总体方差是否已知，其具体检验过程分为以下几种情况：

一、两个总体都是正态，两个总体方差都已知

如前所述，当总体方差已知时，平均数差异的分布为正态分布，其分布中的平均数为 $\mu_1 - \mu_2$，标准误为 $\sigma_{\bar{X}_1 - \bar{X}_2}$，我们可以使用 z 检验来进行两个独立样本平均数的差异检验。

$$z = \frac{(\bar{X}_1 - \bar{X}_2) - (\mu_1 - \mu_2)}{\sigma_{\bar{X}_1 - \bar{X}_2}} \qquad (公式 9-1)$$

这时关键在于标准误 $\sigma_{\bar{X}_1 - \bar{X}_2}$ 的计算。方差有一个重要性质，就是当两个变量相互独立时，其和（或差）的方差等于各自方差的和：

$$\sigma^2_{(X \pm Y)} = \sigma^2_X + \sigma^2_Y \qquad (公式 9-2)$$

因此当 $\bar{X}_1$ 与 $\bar{X}_2$ 独立时，$(\bar{X}_1 - \bar{X}_2)$ 的方差应等于各自分布的方差之和，即：

$$\sigma^2_{(\bar{X}_1 - \bar{X}_2)} = \sigma^2_{\bar{X}_1} + \sigma^2_{\bar{X}_2} \qquad (公式 9-3)$$

因 $\sigma^2_{\bar{X}_1} = \frac{\sigma^2_1}{n_1}, \sigma^2_{\bar{X}_2} = \frac{\sigma^2_2}{n_2}$，则 $\sigma^2_{(\bar{X}_1 - \bar{X}_2)} = \sigma^2_{\bar{X}_1} + \sigma^2_{\bar{X}_2} = \frac{\sigma^2_1}{n_1} + \frac{\sigma^2_2}{n_2}$，即

$$\sigma_{(\bar{X}_1 - \bar{X}_2)} = \sqrt{\frac{\sigma^2_1}{n_1} + \frac{\sigma^2_2}{n_2}} \qquad (公式 9-4)$$

因此 z 统计量的计算公式为：

$$z = \frac{(\bar{X}_1 - \bar{X}_2) - (\mu_1 - \mu_2)}{\sqrt{\frac{\sigma^2_1}{n_1} + \frac{\sigma^2_2}{n_2}}} \qquad (公式 9-5)$$

【例 9-1】 在参加了全国统一考试后，且已知考生成绩服从正态分布。在甲省抽取了 153 名考生，得到平均分为 57.41 分，且该省的总标准差为 5.77 分；在乙省抽取了 686 名考生，得到平均分数 55.95 分，该省的总标准差为 5.17 分。问两省在该次考试中，平均分是否有显著的差异。（取 $\alpha = 0.01$）

解： 由题目已知：$\bar{X}_1 = 57.41, \bar{X}_2 = 55.95, \sigma_1 = 5.77, \sigma_2 = 5.17$。

① 建立虚无假设和备择假设：

$$H_0 : \mu_1 = \mu_2$$
$$H_1 : \mu_1 \neq \mu_2$$

② 选择并计算检验统计量：

$$z = \frac{(\bar{X}_1 - \bar{X}_2) - (\mu_1 - \mu_2)}{\sigma_{\bar{X}_1 - \bar{X}_2}} = \frac{(57.41 - 55.95) - 0}{\sqrt{\frac{5.77^2}{153} + \frac{5.17^2}{686}}} = 2.88$$

③ 根据显著性水平 α 确定临界值。

已给出 $\alpha = 0.01$，查正态分布表得知 $z_{(1-0.01)/2} = 2.58$。

④ 根据统计结果,做出推论结论。

由于 $|z|=2.88>2.58$,$p<0.01$,即认为两省考生平均成绩有显著差异。

从这里我们也可以看出虽然两省的样本平均分仅相差 11.46 分,但经过统计推断分析,两省的总体平均分之间却有显著的差异。

二、两个总体都是正态,两个总体方差都未知

当总体方差 σ^2 未知时可用样本方差 $\hat{S}^2$ 来代替计算标准误 $SE_{(\bar{X}_1-\bar{X}_2)}$(这时用 SE 来表示标准误,以示区别),这时的平均数检验需使用 t 检验。由于两个总体方差都需要使用样本方差去估计,因此在平均数差异检验时还应当考虑两个总体方差的具体情况:

1. 两个总体方差齐性,即 $\sigma_1^2=\sigma_2^2$

由于 σ_1^2 和 σ_2^2 都未知,需要用它的无偏估计量 $\hat{S}_1^2$ 和 $\hat{S}_2^2$ 分别估计各自的总体方差,如果两个样本容量相等,可直接用 $\hat{S}_1^2$ 和 $\hat{S}_2^2$ 来代替 σ_1^2 和 σ_2^2,此时平均数差异分布的标准误为:

$$SE_{(\bar{X}_1-\bar{X}_2)} = \sqrt{\frac{\hat{S}_1^2}{n_1}+\frac{\hat{S}_2^2}{n_2}} \quad \text{(公式 9-6)}$$

由于 $\frac{\hat{S}^2}{n}=\frac{S^2}{n-1}$,代入公式 9-6,则:

$$SE_{(\bar{X}_1-\bar{X}_2)} = \sqrt{\frac{S_1^2}{n_1-1}+\frac{S_2^2}{n_2-1}} \quad \text{(公式 9-7)}$$

这时 t 统计量的计算公式为:

$$t = \frac{(\bar{X}_1-\bar{X}_2)-(\mu_1-\mu_2)}{SE_{\bar{X}_1-\bar{X}_2}} \quad (df=n_1+n_2-2) \quad \text{(公式 9-8)}$$

因为每个样本的自由度都为 $n-1$,因此两个样本平均数差异检验的自由度就为 n_1+n_2-2。

如果两样本容量不等时,考虑到样本容量产生的影响,这时应该用 $\hat{S}_1^2$ 和 $\hat{S}_2^2$ 的加权平均来代替总体方差更为合适,即:

$$S_P^2 = \frac{(n_1-1)\hat{S}_1^2+(n_2-1)\hat{S}_2^2}{(n_1-1)+(n_2-1)} = \frac{n_1 S_1^2+n_2 S_2^2}{n_1+n_2-2} \quad \text{(公式 9-9)}$$

S_P^2 称为联合方差,可同时作为两个总体方差的最佳估计值,这时

$$SE_{(\bar{X}_1-\bar{X}_2)} = \sqrt{\frac{\sigma_1^2}{n_1}+\frac{\sigma_2^2}{n_2}} = \sqrt{S_P^2\left(\frac{1}{n_1}+\frac{1}{n_2}\right)} = \sqrt{\frac{n_1 S_1^2+n_2 S_2^2}{n_1+n_2-2} \cdot \left(\frac{n_1+n_2}{n_1 \cdot n_2}\right)}$$

$$\text{(公式 9-10)}$$

可见在研究中取容量相同的样本,在结果处理中公式更加简单明了。

【例 9-2】 某校进行一项智力速度测验,共有 19 名学生参加,其中男生 12 人,女生 7 人。测验共 200 道题目,在规定时间里,答对 1 题记 1 分,测验结束后,得到以下的测

验成绩：

男生 12 人：83、146、119、104、120、161、107、134、115、129、99、123

女生 7 人：70、118、101、85、107、132、94

试问男女生的平均成绩有无显著差异。（取 $\alpha=0.05$）

解：

① 建立虚无假设和备择假设：

$$H_0: \mu_1 = \mu_2$$
$$H_1: \mu_1 \neq \mu_2$$

② 选择并计算各个统计量。

男生：$\bar{X}_1 = \dfrac{\sum X}{n} = 120$，$\hat{S}_1^2 = \dfrac{\sum (X-\bar{X})^2}{n-1} = 445.82$，$\hat{S}_1 = 21.11$

女生：$\bar{X}_2 = \dfrac{\sum X}{n} = 101$，$\hat{S}_2^2 = \dfrac{\sum (X-\bar{X})^2}{n-1} = 425.33$，$\hat{S}_2 = 20.62$

首先需要对两个样本的方差进行齐性检验，以确定两个总体方差是否齐性（方差齐性检验过程见第四节）。方差齐性检验的结果表明两样本对应的总体方差是齐性的，即 $\sigma_1^2 = \sigma_2^2$，因两样本容量不等，因此使用公式 9-9，即：

$$S_P^2 = \frac{(n_1-1)\hat{S}_1^2 + (n_2-1)\hat{S}_2^2}{(n_1-1)+(n_2-1)} = 438.59$$

$$\text{SE}_{(\bar{X}_1-\bar{X}_2)} = \sqrt{S_P^2 \left(\frac{1}{n_1}+\frac{1}{n_2}\right)} = 9.96$$

$$t = \frac{(\bar{X}_1-\bar{X}_2)-(\mu_1-\mu_2)}{\text{SE}_{\bar{X}_1-\bar{X}_2}} = \frac{(120-101)-0}{9.96} = 1.91$$

③ 根据显著性水平 α 确定临界值。

已给出 $\alpha=0.01$，查 t 分布表得知 $df=12+7-2=17$ 时，$t_{0.05/2}=2.11$。

④ 根据统计结果，做出推论结论。

由于 $|t|=1.91<2.11$，$p>0.05$，即保留 H_0，认为男女生的平均成绩无显著差异。

2. 两个总体方差不齐，即 $\sigma_1^2 \neq \sigma_2^2$

参数检验在应用过程中有一些前提假设，在满足这些条件下才能使用，如果违背假设，就会出现错误的结果。独立样本 t 检验的前提假设包括：① 每个总体中随机抽取的分数应该是正态分布的；② 每个总体的离散程度是相同的，即方差齐性；③ 两个样本之间是相互独立的。因此当我们通过方差齐性检验得知 $\sigma_1^2 \neq \sigma_2^2$ 且总体方差未知时，这时就不能使用独立样本 t 检验，这种情况下的平均数差异检验是统计学中一个著名问题，称为贝赫兰斯-费希尔（Behrens-Fisher）问题。

当总体方差不齐时，求两个样本的联合方差即失去意义，这时只能用两个样本方差作为各自的无偏估计量，在 $H_0: \mu_1 = \mu_2$ 成立的条件下，根据公式 9-7 和 9-8 计算出的统

计量 t 值不再服从自由度为 n_1+n_2-2 的 t 分布。柯克兰与柯克斯于1957年提出一种方法，认为当总体方差不齐时计算出的统计量 t' 是近似的 t 分布，因此临界值不能直接用 $df=n_1+n_2-2$ 所对应的 t_α，而要用下面的公式计算：

$$t'_\alpha = \frac{SE_{\bar{X}_1}^2 \cdot t_{1(\alpha)} + SE_{\bar{X}_2}^2 \cdot t_{2(\alpha)}}{SE_{\bar{X}_1}^2 + SE_{\bar{X}_2}^2} \qquad \text{(公式 9-11)}$$

式中：$SE_{\bar{X}_1}$ 和 $SE_{\bar{X}_2}$ 分别为两个样本平均数分布的标准误；$t_{1(\alpha)}$ 为 t 分布中在 α 显著水平下与样本1的自由度 $df_1=n_1-1$ 对应的临界值，$t_{2(\alpha)}$ 为 t 分布中在 α 显著水平下与样本2的自由度 $df_2=n_2-1$ 对应的临界值。若实际得到的 $t>t'_\alpha$，则认为两个样本平均数在 α 显著水平上差异显著。

【例 9-3】 为了比较独生子女与非独生子女在社会性方面的差异，随机抽取独生子女25人，非独生女子31人，进行社会认知测验，结果独生子女 $\bar{X}_1=25.3$，$S_1=6$，非独生子女 $\bar{X}_2=29.8$，$S_2=10.2$。试问：独生与非独生子女社会认知能力是否存在显著差异？（取 $\alpha=0.05$）

解：
(1) 建立虚无假设和备择假设：

$$H_0: \mu_1 = \mu_2$$
$$H_1: \mu_1 \neq \mu_2$$

(2) 选择并计算各个统计量。

对 S_1^2 和 S_2^2 进行方差齐性检验的结果表明，差异显著，意味着总体方差不等，即 $\sigma_1^2 \neq \sigma_2^2$，因此：

$$SE_{(\bar{X}_1-\bar{X}_2)} = \sqrt{\frac{S_1^2}{n_1-1} + \frac{S_2^2}{n_2-1}} = 2.229$$

$$t = \frac{(\bar{X}_1-\bar{X}_2)-(\mu_1-\mu_2)}{SE_{(\bar{X}_1-\bar{X}_2)}} = \frac{(25.3-29.8)-0}{2.229} = -2.01$$

(3) 根据显著性水平 α 确定临界值：

$$t'_{0.05/2} = \frac{SE_{\bar{X}_1}^2 \times t_{1(0.05/2)} + SE_{\bar{X}_2}^2 \times t_{2(0.05/2)}}{SE_{\bar{X}_1}^2 + SE_{\bar{X}_2}^2}$$

其中 $SE_{\bar{X}_1}^2 = \frac{S_1^2}{n_1-1} = 1.5$，$SE_{\bar{X}_2}^2 = \frac{S_2^2}{n_2-1} = 3.468$，查表得 $t_{1(0.05/2)}=2.064(df_1=24)$，$t_{2(0.05/2)}=2.042(df_2=30)$，则 $t'_{0.05/2} = \frac{1.5 \times 2.064 + 3.468 \times 2.042}{1.5+3.468} = 2.049$。

(4) 根据统计结果，做出推论结论。

由于 $|-2.01|<2.049$，$p>0.05$，即接受 H_0，表明在这项社会认知能力上独生与非独生子女无显著差异。

上题中两个统计量2.042与2.049的差异非常小，如果我们把显著性水平降低一些,结果就为显著了,这样就能拒绝虚无假设,接受研究假设,但这种做法是否可行? 从科学统计上说,这种做法是不可行的。这也是很多统计者会犯的一种错误。Shine 于 1980 年就提出不可行的几点理由:首先,这种做法是缺乏科学道德的,研究者应该在分析数据之前就设定显著性水平。其次,不能根据样本计算得来的概率 p 值来修正 α 水平,因为 p 值是在虚无假设为真的前提下,根据样本统计量计算出来的,而虚无假设是真是假并不清楚,因此不能反过来使用 p 值来修正 α。

三、两个总体都是非正态分布

在平均数的假设检验中曾指出,当总体分布非正态时,可以取大样本($n>30$)进行近似的 z 检验,这种方法同样适用于两个非正态分布总体的平均数差异检验。也就是说,当两个样本容量都大于 30 也可以用近似 z 检验。

第三节 相关样本的平均数差异检验

所谓相关样本,是指两个样本的数据之间存在一一对应的关系,其数据一般来自于组内设计。组内设计一般分为两种:重复测量设计和配对组设计。重复测量设计又称为被试内设计,指一个被试完成所有的实验条件,例如同一组被试进行了两次测验,那么一个被试就有两个分数,两组分数之间是一一对应的关系。配对组设计是指将被试按照某种要求进行一一配对后,然后每一配对中的一人完成一种实验条件,各个实验条件中获得的数据是一一对应的。这时比较不同实验条件下获得的样本平均数是否具有显著差异就构成了相关样本的平均数差异检验。由于两个样本之间是相关的,因此存在着一个相关系数,根据相关系数是否已知,以及总体分布的形态、总体方差是否已知,其具体检验过程分为以下几种情况:

一、两个总体都是正态,相关系数已知

1. 两个总体方差都已知

在独立样本平均数差异检验中,我们曾提到,当两个变量相互独立时,其和(或差)的方差等于各自方差的和:$\sigma^2_{(X\pm Y)} = \sigma^2_X + \sigma^2_Y$。而如果两个变量之间相关时,两变量之差的方差为:

$$\sigma^2_{(X-Y)} = \sigma^2_X - 2r\sigma_X\sigma_Y + \sigma^2_Y \quad \text{(公式 9-12)}$$

式中的 r 即为变量 X 与 Y 的相关系数。因此当 $\bar{X}_1$ 与 $\bar{X}_2$ 相关时,$(\bar{X}_1-\bar{X}_2)$ 的方差为:

$$\sigma^2_{(\bar{X}_1-\bar{X}_2)} = \sigma^2_{\bar{X}_1} - 2r\sigma_{\bar{X}_1}\sigma_{\bar{X}_2} + \sigma^2_{\bar{X}_2} \quad \text{(公式 9-13)}$$

$$\sigma_{(\bar{X}_1-\bar{X}_2)} = \sqrt{\frac{\sigma^2_1}{n_1} + \frac{\sigma^2_2}{n_2} - 2r \times \frac{\sigma_1}{\sqrt{n_1}} \times \frac{\sigma_2}{\sqrt{n_2}}} \quad \text{(公式 9-14)}$$

不难发现，当 $r=0$ 时，即当两个样本没有相关（相互独立）时，上式就转变成独立样本的标准误计算公式：$\sigma^2_{(\overline{X}_1-\overline{X}_2)}=\sigma^2_{\overline{X}_1}+\sigma^2_{\overline{X}_2}$，所以独立样本实际上是相关样本的特例。

相关样本 z 检验的统计量计算公式为：

$$z=\frac{(\overline{X}_1-\overline{X}_2)-(\mu_1-\mu_2)}{\sqrt{\dfrac{\sigma_1^2}{n_1}+\dfrac{\sigma_2^2}{n_2}-2r\dfrac{\sigma_1}{\sqrt{n_1}}\times\dfrac{\sigma_2}{\sqrt{n_2}}}} \quad \text{（公式9-15）}$$

【例9-4】 某幼儿园在儿童入园时对49名儿童进行了比奈智力测验（$\sigma=16$），结果平均智商 $\overline{X}_1=106$；一年后再对同组被试施测，结果 $\overline{X}_2=110$。已知两次测验结果的相关系数 $r=0.74$，问能否说一年后儿童智商有了显著提高。（取 $\alpha=0.01$）

解：

① 设：$H_0:\mu_1\geq\mu_2$

　　　$H_1:\mu_1<\mu_2$

② 选择并计算各个统计量：

$$\sigma_{(\overline{X}_1-\overline{X}_2)}=\sqrt{\frac{\sigma_1^2}{n_1}+\frac{\sigma_2^2}{n_2}-2r\frac{\sigma_1}{\sqrt{n_1}}\times\frac{\sigma_2}{\sqrt{n_2}}}$$

$$=\sqrt{\frac{16^2}{49}+\frac{16^2}{49}-2\times 0.74\times\frac{16}{\sqrt{49}}\times\frac{16}{\sqrt{49}}}=1.65$$

$$z=\frac{(\overline{X}_1-\overline{X}_2)-(\mu_1-\mu_2)}{\sigma_{(\overline{X}_1-\overline{X}_2)}}=\frac{110-106}{1.65}=2.42$$

③ 根据显著性水平 α 确定临界值。

已给出 $\alpha=0.01$，查正态分布表得知 $z_{(1-0.01)}=2.32$（单侧概率）。

④ 根据统计结果，做出推论结论。

由于 $|z|=2.42>2.32$，$p<0.05$，即拒绝 H_0，表明一年后儿童智商有显著的提高。

2. 两个总体方差都未知

当总体方差未知时，可用样本方差来估计，这时的检验用 t 检验。标准误和 t 统计量的计算公式为：

$$\text{SE}_{(\overline{X}_1-\overline{X}_2)}=\sqrt{\frac{S_1^2+S_2^2-2rS_1S_2}{n-1}} \quad \text{（公式9-16）}$$

$$t=\frac{(\overline{X}_1-\overline{X}_2)-(\mu_1-\mu_2)}{\text{SE}_{(\overline{X}_1-\overline{X}_2)}} \quad (df=n-1) \quad \text{（公式9-17）}$$

【例9-5】 某实验想调查学习重复次数对记忆效果的影响，自变量是重复次数，分为两种：重复学习3次和5次，因变量是被试的回忆词汇量。实验采用重复测量设计，每个被试都完成两种实验条件，结果见下表。已测得两列变量的相关系数 $r=0.628$。问重复次数是否会对被试的回忆词汇量产生影响。（取 $\alpha=0.05$）

被试	重复 3 次 (X_1)	重复 5 次 (X_2)
1	10	7
2	17	18
3	15	20
4	8	15
5	18	19
6	10	13
7	16	17
8	12	16
9	13	18
10	9	16
	$\overline{X}_1 = 12.8$	$\overline{X}_2 = 15.90$
	$S_1 = 3.37$	$S_2 = 3.53$

解： ① 设：$H_0 : \mu_1 = \mu_2$

$H_1 : \mu_1 \neq \mu_2$

② 选择并计算各个统计量：

$$\text{SE}_{(\overline{X}_1 - \overline{X}_2)} = \sqrt{\frac{S_1^2 + S_2^2 - 2rS_1S_2}{n-1}}$$

$$= \sqrt{\frac{3.37^2 + 3.53^2 - 2 \times 0.628 \times 3.37 \times 3.53}{10-1}} = 0.99$$

$$t = \frac{12.8 - 15.9}{0.99} = -3.13$$

③ 根据显著性水平 α 确定临界值。

已给出 $\alpha = 0.05$，查 t 分布表得知 $df = 10 - 1 = 9$ 时，$t_{\alpha/2} = 2.262$。

④ 根据统计结果，做出推论结论。

由于 $|t| = 3.13 > 2.262$，$p < 0.05$，拒绝 H_0，即重复次数对被试的词汇回忆量产生了影响。

上题中如果我们忽略两个样本相关的事实，即实验采用的是组间设计，两组的被试是不同的，这时我们就用传统的 t 检验方法来计算，即：

$$\text{SE}_{(\overline{X}_1 - \overline{X}_2)} = \sqrt{\frac{S_1^2}{n_1 - 1} + \frac{S_2^2}{n_2 - 1}} = \sqrt{\frac{3.37^2 + 3.53^2}{10-1}} = 1.63$$

$$t = \frac{12.8 - 15.90}{1.63} = -1.90$$

这时 $t < t_{\alpha/2}$，不能拒绝虚无假设，因此如果采用独立样本进行计算，则两组之间没有显著差异。可见在统计过程中一定要清楚应用的条件，这样才能保证统计结果的正确性。

那么独立样本与相关样本的差异在哪呢？明显，在独立样本中计算得到的 t 值要小于相关样本计算得到的 t 值,这种差异主要来源于标准误的不同。相关样本中的标准误为 0.9937,要明显小于独立样本中的标准误 1.628。标准误反映的是抽样误差及数据的变异情况,它由每个样本的方差计算得来,而每个样本的方差反映的是每个样本的变异情况,这种变异包括由于被试变量、处理变量以及其他一些抽样误差所引起的变异。在相关样本中,我们采用的是相同的被试,因此由被试变量引起的变异在两个样本中是重复的,那么在统计时应该先把这种变异从总的变异中去除掉,因此相关样本中的标准误要小于独立样本。可见,相关样本的 t 检验要比独立样本 t 检验更具效力。虽然相关设计比独立设计对处理效应更敏感,但具体应用什么设计还要考虑许多其他的因素,如重复效应、疲劳效应等。

二、两个总体都是正态,相关系数未知

当相关系数未知时,无法通过前面的公式计算标准误,这时可以使用直接差异法来计算标准误。简单来说,就是求出每一对数据的差值,用 d_i 表示,即 $d_i = X_{1i} - X_{2i}$,如果把 d_i 看成是一列原始分数,就等于把两列数据转化成一列数据,相当于单样本数据,该样本的平均数 $\bar{d} = \bar{X}_1 - \bar{X}_2$。根据中心极限定理,当 $n \to \infty$ 时,无数多个的 $\bar{d}$ 值构成的抽样分布为正态分布,该抽样分布中的平均数 $\mu_{\bar{d}} = \mu_1 - \mu_2$,标准误 $\sigma_{\bar{d}} = \dfrac{\sigma_d}{\sqrt{n}}$。因此对 $\bar{X}_1 - \bar{X}_2$ 的显著性检验实际上就转化为对 $\bar{d}$ 与 $\mu_{\bar{d}}$ 的显著性检验,其检验原理和步骤与单样本检验是完全一样的。

因差值的总体方差 σ_d^2 一般情况下是未知的,因此 $\bar{d}$ 抽样分布中的标准误可用样本方差 S_d^2 来计算,即:

$$\mathrm{SE}_{\bar{d}} = \mathrm{SE}_{(\bar{X}_1 - \bar{X}_2)} = \sqrt{\dfrac{S_d^2}{n-1}} = \sqrt{\dfrac{\dfrac{\sum(d-\bar{d})^2}{n}}{n-1}} = \sqrt{\dfrac{\sum d^2 - \dfrac{(\sum d)^2}{n}}{n(n-1)}}$$

(公式 9-18)

由于 S_d^2 是样本方差,故用 t 检验:

$$t = \dfrac{\bar{d} - \mu_{\bar{d}}}{\mathrm{SE}_{\bar{d}}} = \dfrac{(\bar{X}_1 - \bar{X}_2) - (\mu_1 - \mu_2)}{\mathrm{SE}_{(\bar{X}_1 - \bar{X}_2)}} = \dfrac{(\bar{X}_1 - \bar{X}_2) - (\mu_1 - \mu_2)}{\sqrt{\dfrac{\sum d^2 - \dfrac{(\sum d)^2}{n}}{n(n-1)}}}$$

(公式 9-19)

【例 9-6】 如例 9-5 中的相关系数未知,问重复次数是否会对被试的回忆词汇量产生影响。(取 $\alpha = 0.05$)

被试	重复3次(X_1)	重复5次(X_2)	$d(X_1-X_2)$	d^2
1	10	7	3	9
2	17	18	−1	1
3	15	20	−5	25
4	8	15	−7	49
5	18	19	−1	1
6	10	13	−3	9
7	16	17	−1	1
8	12	16	−4	16
9	13	18	−5	25
10	9	16	−7	49
	$\overline{X}_1=12.80$	$\overline{X}_2=15.90$	$\sum d=-31$	$\sum d^2=185$

解：① 设：$H_0:\mu_1=\mu_2$ 或 $\mu_{\bar{d}}=0$

$H_1:\mu_1\neq\mu_2$ 或 $\mu_{\bar{d}}\neq 0$

② 选择并计算各个统计量：

$$t=\frac{(\overline{X}_1-\overline{X}_2)-(\mu_1-\mu_2)}{\sqrt{\frac{\sum d^2-\frac{(\sum d)^2}{n}}{n(n-1)}}}=\frac{12.80-15.90}{\sqrt{\frac{185-\frac{(-31)^2}{10}}{10(10-1)}}}=-3.12$$

③ 根据显著性水平 α 确定临界值。

已给出 $\alpha=0.05$，查 t 分布表得知 $df=10-1=9$ 时，$t_{0.05/2}=2.262$。

④ 根据统计结果，做出推论结论。

由于 $|t|=3.12>2.262$，$p<0.05$，即拒绝 H_0，两种教学法下学生的识字得分有显著差异。

虽然采用的计算方法不同，但可看到例 9-5 和 9-6 所得到的结果是完全一样的。

另外，与独立样本 t 检验相比，相关样本 t 检验一般不需要事先进行方差齐性检验。因为相关样本是成对数据，即两列数据存在对应关系，这样可以求出对应数据的差值 d，把对 $(\overline{X}_1-\overline{X}_2)$ 的显著性检验转化为对 $\bar{d}$ 的显著性检验，因此不需要 $\sigma_1^2=\sigma_2^2$ 的前提假设。而独立样本的数据并不成对，即使 $n_1=n_2$ 时两组数据也不存在对应关系，因而不可能有对应数据的差值 d，只能以两个样本方差共同对总体方差进行估计，必须有 $\sigma_1^2=\sigma_2^2$ 的前提。

三、两个总体都是非正态分布

与独立样本的差异检验类似，当两个样本容量都大于 30 也可以用近似 z 检验：

$$z' = \frac{(\overline{X}_1 - \overline{X}_2) - (\mu_1 - \mu_2)}{\sqrt{\dfrac{\sigma_1^2 + \sigma_2^2 - 2r\sigma_1\sigma_2}{n}}} \qquad \text{(公式 9-20)}$$

或

$$z' = \frac{(\overline{X}_1 - \overline{X}_2) - (\mu_1 - \mu_2)}{\sqrt{\dfrac{S_1^2 + S_2^2 - 2rS_1S_2}{n}}} \qquad \text{(公式 9-21)}$$

综上所述,对双样本平均数差异的显著性检验,需要考虑总体分布、总体方差以及样本是否相关等多种具体条件,选用不同的计算公式。表 9-1 对这些公式进行一个小结,以方便读者更清楚地区分开来。

表 9-1 平均数差异的显著性检验小结

	总体分布	总体方差		检验方法	统计量
独立样本	正态分布	已知		z 检验	$\sigma_{(\overline{X}_1-\overline{X}_2)} = \sqrt{\dfrac{\sigma_1^2}{n_1} + \dfrac{\sigma_2^2}{n_2}}$,$z = \dfrac{(\overline{X}_1-\overline{X}_2)-(\mu_1-\mu_2)}{\sigma_{(\overline{X}_1-\overline{X}_2)}}$
		未知	$\sigma_1^2 = \sigma_2^2$	t 检验	$SE_{(\overline{X}_1-\overline{X}_2)} = \sqrt{\dfrac{S_1^2}{n_1-1} + \dfrac{S_2^2}{n_2-1}}$,$t = \dfrac{(\overline{X}_1-\overline{X}_2)-(\mu_1-\mu_2)}{SE_{(\overline{X}_1-\overline{X}_2)}}$ $(df = n_1+n_2-2)$
			$\sigma_1^2 \ne \sigma_2^2$	t 检验	$SE_{(\overline{X}_1-\overline{X}_2)} = \sqrt{\dfrac{S_1^2}{n_1-1} + \dfrac{S_2^2}{n_2-1}}$,$t = \dfrac{(\overline{X}_1-\overline{X}_2)-(\mu_1-\mu_2)}{SE_{(\overline{X}_1-\overline{X}_2)}}$
	非正态分布	当 $n_1>30$ 且 $n_2>30$		近似 z 检验	$z' = \dfrac{(\overline{X}_1-\overline{X}_2)-(\mu_1-\mu_2)}{\sqrt{\dfrac{\sigma_1^2}{n_1}+\dfrac{\sigma_2^2}{n_2}}}$ 或 $z' = \dfrac{(\overline{X}_1-\overline{X}_2)-(\mu_1-\mu_2)}{\sqrt{\dfrac{S_1^2}{n_1}+\dfrac{S_2^2}{n_2}}}$
相关样本	正态分布	已知	r 已知	z 检验	$\sigma_{(\overline{X}_1-\overline{X}_2)} = \sqrt{\dfrac{\sigma_1^2}{n_1}+\dfrac{\sigma_2^2}{n_2}-2r\times\dfrac{\sigma_1}{\sqrt{n_1}}\times\dfrac{\sigma_2}{\sqrt{n_2}}}$,$z = \dfrac{(\overline{X}_1-\overline{X}_2)-(\mu_1-\mu_2)}{\sigma_{(\overline{X}_1-\overline{X}_2)}}$
		未知		t 检验	$SE_{(\overline{X}_1-\overline{X}_2)} = \sqrt{\dfrac{S_1^2+S_2^2-2rS_1S_2}{n-1}}$,$t = \dfrac{(\overline{X}_1-\overline{X}_2)-(\mu_1-\mu_2)}{SE_{(\overline{X}_1-\overline{X}_2)}}$ $(df = n-1)$
			r 未知	t 检验	$SE_{(\overline{X}_1-\overline{X}_2)} = \sqrt{\dfrac{\sum d^2 - \dfrac{(\sum d)^2}{n}}{n(n-1)}}$,$t = \dfrac{(\overline{X}_1-\overline{X}_2)-(\mu_1-\mu_2)}{SE_{(\overline{X}_1-\overline{X}_2)}}$
	非正态分布			近似 z 检验	$z' = \dfrac{(\overline{X}_1-\overline{X}_2)-(\mu_1-\mu_2)}{\sqrt{\dfrac{\sigma_1^2+\sigma_2^2-2r\sigma_1\sigma_2}{n}}}$ 或 $z' = \dfrac{(\overline{X}_1-\overline{X}_2)-(\mu_1-\mu_2)}{\sqrt{\dfrac{S_1^2+S_2^2-2rS_1S_2}{n}}}$

第四节 方差齐性检验

在独立样本 t 检验中,如果总体方差未知,我们需要先通过样本方差判断两个总体方差是否相等,从而决定用哪个计算公式。通过样本方差 S_1^2 与 S_2^2 的差异来推论其各自的总体方差 σ_1^2 与 σ_2^2 是否也存在着差异,统计上将之称为方差齐性检验,即是对两样本方差的差异检验,其检验的原理也是抽样分布理论及小概率事件原理。

一、F 分布

两总体方差的差异符合什么样的抽样分布呢?与平均数不同,对方差差异的检验使用的是比率,若 $\sigma_1^2 = \sigma_2^2$,则 $\frac{\sigma_1^2}{\sigma_2^2} = 1$。若从这两个总体中分别随机抽取容量为 n_1 和 n_2 的两个样本,可以计算出两个样本方差 $\frac{S_1^2}{S_2^2}$ 的比值,用 F 来表示。那么无数次抽样后就有无数个 F 值,这些 F 值应该是一个什么样的分布形状呢?Fisher 发现,它们在 1 的附近波动,但并不以 1 为平均数而左右对称,其分布形状会随着两个样本容量的变化而变化,如图 9-2 所示。Fisher 将这个抽样分布命名为 F 分布,它是随着分子自由度 $df_1 = n_1 - 1$ 和分母自由度 $df_2 = n_2 - 1$ 的不同而变化的一族分布。

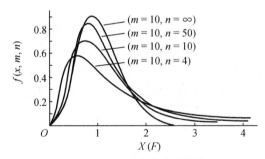

图 9-2　F 分布密度曲线图

1. F 分布的特点

(1) F 分布形态是一个正偏态分布,它的分布曲线随分子、分母的自由度不同而不同,随 df_1 和 df_2 的增加而渐趋正态分布。

(2) F 总为正值,因为 F 为两个方差的比率。

(3) 当分子的自由度为 1,分母的自由度为任意值时,F 值与分母自由度相同概率的 t 值(双尾概率)的平方相等。例如分子自由度为 1,分母自由度为 20,$F_{0.05(1,20)} = 4.35$,$F_{0.01(1,20)} = 8.10$,查 t 分布表知 $df = 20$ 时,$t_{0.05/2} = 2.086$,$(t_{0.05/2})^2 = 4.35$,$t_{0.01/2} = 2.845$,$(t_{0.01/2})^2 = 8.10$。这一点可以说明当组间自由度为 1 时(即分子的自由度为 1),F 检验与 t 检验的结果相同。

2. F 分布表

F 分布表是根据 F 分布函数计算得来。从图 9-3 可看出，由于 F 分布图形左右并不对称，因此双侧检验时左右临界值不一定是相反数，因此本书列出了单侧检验时所查的 F 分布表（附表 5），以及双侧检验时所查的 F 分布表（附表 6）。我们首先介绍一下单侧 F 分布表的使用。该表左一列为分母的自由度，从 1—30 比较详细，30 以后只列出间隔较大的一部分自由度。表的左二列为 α 概率：0.05 和 0.01，即 F 分布曲线下某 F 值之右侧的概率，表的最上行为分子的自由度，其值与分母自由度的值相似。表中其他各行各列的数值为 0.05 与 0.01 概率时，不同分子、分母自由度 F 分布的值。例，当 $df_1=2, df_2=9$（df_1 为分子自由度，df_2 为分母自由度）查 F 分布表第二栏第九行得到两个数字 $4.26(\alpha=0.05)$ 和 $8.02(\alpha=0.01)$，表明在分子自由度为 2，分母自由度为 9 的 F 分布曲线下，F 为 4.26 时，该 F 值右侧的概率为 0.05，F 为 8.02 时其右侧的概率为 0.01，还可进一步理解：从 σ_1^2 和 σ_2^2 两个正态总体中（$\sigma_1^2=\sigma_2^2$）随机抽取两个样本 100 次，得到 100 个样本方差的比值 F，只有 5% 的 F 值可能比 4.26 大，只有 1% 的 F 值可能比 8.02 大，以此类推。这时我们用符号 $F_{\alpha(2,9)}$ 来表示 F 值，α 表示显著性水平，括号中的 (2,9) 为分子的自由度与分母的自由度。

单侧检验中的临界值只有一个，我们用 $F_{\alpha(2,9)}$ 表示，类似的，双侧检验中就用 $F_{\alpha/2(2,9)}$ 来表示。但双侧检验中临界值应有两个（图 9-3），而附表 6 中（查法与附表 5 是一样的）只列出一个临界值，即为图 9-3 中右侧的临界值，那么左侧的临界值如何计算呢？根据 F 分布的理论，左侧临界值应为右侧临界值的倒数，即 $1/F_{\alpha/2}$，所以附表 6 中只列出各个不同自由度下的 $F_{\alpha/2}$ 值，然后求其倒数就可得另一边的临界值。例当 $df_1=2, df_2=7$ 时查双侧 F 分布表得到 $F_{0.05/2(2,7)}=6.54$，那么 $1/F_{0.05/2(2,7)}=0.153$，表明从 σ_1^2 和 σ_2^2 两个正态总体中（$\sigma_1^2=\sigma_2^2$）随机抽取两个样本，其样本方差的比值 F 大于 6.54 或小于 0.153 的可能性为 5%。

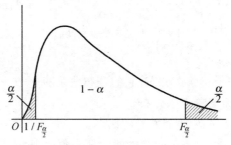

图 9-3 双侧 F 分布表示意图

二、方差齐性检验

在确定了两个方差比值的抽样分布之后，就可以进行方差齐性检验。当 σ_1^2 与 σ_2^2

都未知时,以各自的无偏估计量 $\hat{S}_1^2$ 与 $\hat{S}_2^2$ 代替。如果假定两个总体的方差是相等的,即 $\sigma_1^2 = \sigma_2^2$,那么 $\dfrac{\hat{S}_1^2}{\hat{S}_2^2}$ 的值应该在 1 的附近波动,其比值服从 F 分布。如果这个比值过大或过小,超过了我们所设定的某个水平,那么根据小概率事件原理,将对 $\sigma_1^2 = \sigma_2^2$ 这个前提假定产生疑问,从而拒绝这个假定,接受备择假设,即 $\sigma_1^2 \neq \sigma_2^2$。其具体的检验步骤如下:

① 建立虚无假设和备择假设:

$$H_0: \sigma_1^2 = \sigma_2^2 \quad \text{或} \quad \sigma_1^2 \geqslant \sigma_2^2$$
$$H_1: \sigma_1^2 \neq \sigma_2^2 \quad \text{或} \quad \sigma_1^2 < \sigma_2^2$$

② 选择并计算检验统计量:

$$F = \frac{\hat{S}_1^2}{\hat{S}_2^2} \quad \text{或} \quad F = \frac{S_1^2}{S_2^2} \quad (df_1 = n_1 - 1, df_2 = n_2 - 1) \quad \text{(公式 9-22)}$$

③ 根据显著性水平 α 确定临界值。

根据 α 查 F 分布表,注意是单侧检验还是双侧检验,其 F 分布表是不同的。如果是单侧检验,查附表 5,得出 $F_{\alpha(df_1, df_2)}$。如果是双侧检验,查附表 6,得出 $F_{\alpha/2(df_1, df_2)}$,然后求其倒数 $\dfrac{1}{F_{\alpha/2(df_1, df_2)}}$。

④ 根据统计结果,做出推论结论。

单侧检验中,如果 $F > F_{\alpha(df_1, df_2)}$,说明当前计算得到的 F 值落入了拒绝区,就可以拒绝虚无假设。在双侧检验中,如果 $F < \dfrac{1}{F_{\alpha/2(df_1, df_2)}}$ 或 $F > F_{\alpha/2(df_1, df_2)}$,说明当前 F 值落入了拒绝区。为了查表方便而不必去计算倒数,一般在求 F 值时将较大的样本方差放在分子,较小的样本方差放在分母,这样计算出的 F 值必然大于 1,所以虽然是双侧检验,但临界点只需右端一个,通过查表得到的数据就可以进行判断了。

【例 9-7】 对例 9-2 中的数据进行方差齐性检验,以确定使用哪个公式进行平均数差异的检验。($\alpha = 0.05$)

男生 12 人:83、146、119、104、120、161、107、134、115、129、99、123

女生 7 人:70、118、101、85、107、132、94

解:① 设:$H_0: \sigma_1^2 = \sigma_2^2$
$\quad\quad\quad H_1: \sigma_1^2 \neq \sigma_2^2$

② 选择并计算各个统计量:

男生:$\hat{S}_1^2 = \dfrac{\sum (X - \overline{X})^2}{n - 1} = 445.82;$ 女生:$\hat{S}_2^2 = \dfrac{\sum (X - \overline{X})^2}{n - 1} = 425.33$

$$F = \frac{\hat{S}_1^2}{\hat{S}_2^2} = \frac{445.82}{425.33} = 1.05$$

③ 根据显著性水平 α 确定临界值:

查 F 分布表,当 $\alpha = 0.05$ 时,$F_{0.05/2(11,6)} = 5.40$(因我们把较大的样本方差放在分

子,只要求出右侧的临界值即可)。

④ 根据统计结果,做出推论结论。

由于 $F < F_{0.05/2(11,6)}$,$p > 0.05$,即接受 H_0,认为两个总体方差之间没有差异。该结果表明,随后可以进行两个平均数差异的 t 检验。

读者可自行对例 9-3 进行方差齐性检验以资练习。

【自测题】

一、单选题

1. 在心理实验中,有时安排同一组被试完成两种条件的实验处理,这时获得的两组数据是:_____
   A. 相关的　　　B. 不相关的　　　C. 独立的　　　D. 不一定
2. 从某幼儿园随机抽取 22 名男幼儿和 22 名女幼儿,对其某项测验分数的平均数进行差异显著性检验,这两个组是:_____
   A. 独立大样本　　B. 独立小样本　　C. 相关大样本　　D. 相关小样本
3. 欲对一一匹配成的 15 对幼儿用新、旧两种教法进行记忆能力训练,后期对平均数进行差异显著性检验,这两个组是:_____
   A. 独立大样本　　B. 独立小样本　　C. 相关大样本　　D. 相关小样本
4. 在统计中,两个样本平均数进行差异 t 检验时要求两个样本对应的总体呈正态分布,以及:_____
   A. 两样本平均数相差不太大　　　B. 两样本数据不能相差太多
   C. 两样本方差相近　　　　　　　D. 两样本标准误相近
5. 两个 n 都为 20 的不相关样本的平均数之差 $d = 2.55$,其自由度是:_____
   A. 39　　　B. 38　　　C. 18　　　D. 19
6. 一个 $n = 20$ 的相关样本中,平均数之差 $d = 2.55$,其自由度是:_____
   A. 39　　　B. 38　　　C. 18　　　D. 19
7. 在大样本平均数差异的显著性检验中,当 $z \geq 2.58$ 时,说明:_____
   A. $p < 0.05$　　B. $p > 0.05$　　C. $p < 0.01$　　D. $p > 0.01$
8. 在假设检验中,如果数据不能进行参数检验,则可以考虑进行:_____
   A. 非参数检验　　　　　　　　B. z 检验
   C. 方差差异的显著性检验　　　D. F 检验
9. 方差齐性检验应该用:_____
   A. z 检验　　B. t 检验　　C. F 检验　　D. χ^2 检验
10. 下面不是 F 分布的特点的是:_____
    A. F 分布是一个正偏态分布　　　B. F 分布是一族分布
    C. F 分布是一个对称分布　　　　D. F 值总为正值

二、名词解释
1. 独立样本
2. 相关样本

三、简答题
1. 双样本平均数的差异检验比单样本平均数的差异检验增多了哪些前提条件？
2. 在进行差异的显著性检验时，若将相关样本误作独立样本处理，对差异的显著性有何影响？为什么？
3. 试说明 F 分布的特点。

四、计算题
1. 两市小学毕业生身高测查，历年的结果是：两市学生身高分布都服从正态，甲市的标准差一直为 6 厘米，乙市的标准差一直为 5 厘米。今年测查时，从甲市随机抽取了 36 人，测得平均身高为 136 厘米；从乙市随机抽取 25 人，测得平均身高为 138 厘米。请检验两市小学毕业生的平均身高有无显著差异。（$\alpha=0.05$）
2. 某研究认为，个体的空间转换速度可能存在着性别的差异。共有 112 名被试进行空间转换测验，其中男性 60 人，女性 52 人。测验结束后，得到男生的平均分数 $\bar{X}_1=80$ 分，标准差 $S_1=18$ 分；女生的平均分数 $\bar{X}_2=73$ 分，标准差 $S_2=15$ 分。试问结果是否证实了该研究设想。（$\alpha=0.05$）
3. 随机从某总体选取 10 名被试，分别实施两次数学测验，两次测验成绩见下表，问：被试在两次测验的平均数是否有显著差异？（$\alpha=0.05$）

被试	1	2	3	4	5	6	7	8	9	10
测验一	65	48	63	52	61	53	63	70	65	66
测验二	61	42	66	52	47	58	65	62	64	69

4. 若上题为独立样本，问：两次测验是否有显著差异？（$\alpha=0.05$）

10

方 差 分 析

【评价目标】
1. 理解方差分析的基本原理,掌握方差分析的基本步骤。
2. 掌握组间设计及组内设计的单因素方差分析基本模型和步骤,能够进行事后多重比较。
3. 理解多元方差分析的原理,了解多元方差分析的用途。

  两组实验设计是最基本的一种实验设计,但在实际研究中,为了了解人类行为的复杂性,我们经常会进行多组设计。例如,三种不同的教学方法哪种最能有效提高学生的学习成绩?五种新产品中,哪种产品的质量最好?在这些例子中,都需要比较两个以上的平均数差异,而 t 检验只能同时比较两个平均数之间的差异,这时就需要一个新的统计方法来帮助解决两个以上平均数的差异检验问题,这种方法就是方差分析。
  虽然方差分析对读者来说是一种新的统计方法,但它与之前的差异检验方法相比并没有太多新的概念,其程序也没有太多的差别。从名称上来看,方差分析又称做变异分析(analysis of variance,ANOVA),意味着在这种方法中主要使用的就是之前已非常熟悉的一个统计概念:方差(variance),它反映的是一组数据的变异情况。此外,其分析使用的原理也是抽样分布理论与小概率事件原理。
  与 t 检验不同的是,方差分析的优势在于它能在一个实验中同时检验多种情况之间的差异,如它能同时检验某个药物多种不同剂量所产生的效应。由于它是一个整体的检验,因此分析的结果能帮助我们确定实验中的因变量与自变量之间是否存在有意义的关系,以及这种关系的本质。

第一节 方差分析基本原理

一、一般线性模型

  在一个实验中,从一个平均数为 μ,标准差为 σ 的总体中随机抽取出一些被试,然后把他们随机分配给几个实验处理条件进行实验,从而得到每种条件下的被试数据。在方差分析中,我们把自变量即实验处理称为因素,不同的条件称为因素的水平。例如,我们想探讨噪音对解决数学问题的影响作用。噪音是自变量,划分为三个强度水平:强、中、无。因变量是解决数学问题时产生的错误频数。随机抽取12名被试,再随机把他们分到强、中、无三个实验组。每组被试在接受数学测验时都戴上耳机。强噪音组的被试通过耳机接受100分贝的噪音;中度噪音组的被试接受50分贝的噪音;无噪音组的被试则没有任何噪音。数学测验完毕后,计算每位被试的错误频数。

表 10-1 方差分析数据示例

	噪音			$k=3$
	强	中	无	
$n=4$	$X_{11}=16$	$X_{12}=4$	$X_{13}=1$	
	$X_{21}=14$	$X_{22}=5$	$X_{23}=2$	
	$X_{31}=12$	$X_{32}=5$	$X_{33}=2$	
	$X_{41}=10$	$X_{42}=6$	$X_{43}=3$	
	$\bar{X}_1=13$	$\bar{X}_2=5$	$\bar{X}_3=2$	$\bar{X}_t=6.67$

假定所有被试都是从同一个总体中随机抽取出来的,然后随机分配给因素的每个水平,根据抽样理论,我们认为每个组在实验开始之前代表着相同的总体。换句话说,在实验开始之前,我们假定各个组的平均数是相等的,都等于总体平均数,各组的方差也是相等的,代表着总体方差。但由于抽样误差的存在,各组平均数及方差之间会有所差异。那么这时,各个组内的方差,即每个小组计算出来的方差代表着每个组被试之间的个别差异,因为我们使用随机抽样和分配,因此这些差异也被随机分配,其平均差异应为0。

在实验中,被试被随机分配到其中一个处理组,接受因素一个水平的处理。这时不同的处理将造成被试分数的变异,这种变异称之为处理效应,以 $α_j$ 来表示,j 表示组数或处理水平数。由于每个被试都接受了其中一种处理,因此每一个分数与总平均数的差异中都将包含 $α_j$。$α_j$ 可能为0,如控制组中没有给予任何的实验处理。当有处理效应存在时,$α_j$ 可能为正值,也可能为负值。当没有处理效应存在时,由于抽样误差的原因,每一个分数与总平均数之间也不可能完全相等,因此 $X_{ij}-μ$ 的差异中除了处理效应外,还会有随机抽样误差,我们用 $ε_{ij}$ 来表示。那么对于实验中获得的每个数据,都可以用下式表示:

$$X_{ij} = μ + α_j + ε_{ij}$$ (公式 10-1)

式中,X_{ij} 表示一个特定处理条件内的一个观测值,i 表示组内第几个被试,j 表示组数;$μ$ 表示未施加任何处理前的总体平均数;$α_j$ 表示一个特定处理条件的效应,可能是0、正值或负值;$ε_{ij}$ 表示随机误差,有时也称为残差,即是所有变异中未能被处理效应所解释的剩余变异,如果实验是严格控制的,那么所有变异中除了处理效应产生的变化,剩余的应该就是抽样误差产生的变异,也称为随机误差。如前所述,因为我们使用随机抽样和分配,因此这些差异也被随机分配,其平均数应为 0,故假定 ε_{ij} 是来自一个平均数为 0,标准差等于总体标准差 σ 的随机总体。

这个公式称为一般线性模型(the general linear model)。该模型可解释为"任何单个分数是总体平均数、处理效应和随机误差的总和"。通过该模型,我们可以发现,任何单个分数与总体平均数之间的变异,都可分成两个部分:处理效应引起的变异和随机误差引起的变异,即 $X_{ij} - \mu = \alpha_j + \varepsilon_{ij}$。

二、方差的可分解性与 F 检验

1. 方差的可分解性

(1) 平方和的分解

方差分析的主要功能在于分析实验数据中不同来源的变异对总变异的贡献大小,从而确定实验中的自变量是否对因变量有重要影响。因此其依据的基本原理就是方差的可分解性。从第四章得知,方差是离均差平方和后的平均数,其中离均差平方和即反映了数据之间的变异情况,因此方差的可分解性具体来讲,就是将总平方和分解为几个不同来源的平方和。下面我们通过一个具体的例子来看看数据的变异是如何进行分解的。

在表 10-1 中,$k = 3$ 表示三种实验条件,$n = 4$ 表示每种实验条件中有 4 个被试,$\overline{X}_j$ 表示某种实验条件的平均数,$\overline{X}_t$ 表示总平均数。表中数据表明,三组平均数 $\overline{X}_1$、$\overline{X}_2$、$\overline{X}_3$ 与总体平均数 $\overline{X}_t$ 之间存在着差异,每组内的每个分数 X_{ij} 与该组平均数 $\overline{X}_j$ 之间也存在着差异,根据一般线性模型,$(\overline{X}_j - \overline{X}_t)$ 代表着每组的处理效应,$(X_{ij} - \overline{X}_j)$ 代表随机误差效应。因此每一数据与总平均数的差异等于它与本组平均数的差异加上小组平均数与总平均数的差异,即:

$$X_{ij} - \overline{X}_t = (X_{ij} - \overline{X}_j) + (\overline{X}_j - \overline{X}_t) \qquad \text{(公式 10-2)}$$

我们之前已说过,单考虑一个分数是没有意义的,因此我们求出每个分数与总平均数的离差平方和,即 $\sum_{j=1}^{k} \sum_{i=1}^{n} (X_{ij} - \overline{X}_t)^2$,式中,$\sum_{j=1}^{k}$ 表示从第 1 组加到第 k 组之和,$\sum_{i=1}^{n}$ 表示各组的数据从 1 加到 n 的和。离差平方和反映了数据之间的变异程度,因此公式 $\sum_{j=1}^{k} \sum_{i=1}^{n} (X_{ij} - \overline{X}_t)^2$ 反映出全部数据的变异情况,称为总平方和,用 SS_t 来表示,t 表示全部(total)的意思。这时,公式 10-2 可转化为:

$$\sum_{j=1}^{k} \sum_{i=1}^{n} (X_{ij} - \overline{X}_t)^2 = \sum_{j=1}^{k} \sum_{i=1}^{n} [(X_{ij} - \overline{X}_j) + (\overline{X}_j - \overline{X}_t)]^2$$

随后可推导出:

$$\sum_{j=1}^{k} \sum_{i=1}^{n} (X_{ij} - \overline{X}_t)^2 = \sum_{j=1}^{k} \sum_{i=1}^{n} (X_{ij} - \overline{X}_j)^2 + \sum_{j=1}^{k} n_j (\overline{X}_j - \overline{X}_t)^2 \qquad \text{(公式 10-3)}$$

式中，$\sum_{j=1}^{k}\sum_{i=1}^{n}(X_{ij}-\overline{X}_j)^2$ 反映的是每组内被试与组平均数的离差平方和，称为组内平方和，用 SS_W 表示，W 表示组内(within group)的意思；$\sum_{j=1}^{k}n_j(\overline{X}_j-\overline{X}_t)^2$ 反映的是每个组平均数与总平均数的离差平方和，称为组间平方和，用 SS_B 来表示，B 表示组间(between groups)的意思。

因此，公式 10-3 可简写成：

$$SS_T = SS_W + SS_B \quad \text{(公式 10-4)}$$

式中，
$$SS_T = \sum_{j=1}^{k}\sum_{i=1}^{n}(X_{ij}-\overline{X}_t)^2 \quad \text{(公式 10-5)}$$

$$SS_W = \sum_{j=1}^{k}\sum_{i=1}^{n}(X_{ij}-\overline{X}_j)^2 \quad \text{(公式 10-6)}$$

$$SS_B = \sum_{j=1}^{k}n_j(\overline{X}_j-\overline{X}_t)^2 \quad \text{(公式 10-7)}$$

可见，总变异可分解为两个部分：组内变异和组间变异。总变异的计算是把所有被试的数据作为一个组，这时不考虑被试是分配在哪个处理组。组内变异代表着由随机误差导致的被试差异，以及其他一些不能由实验者控制的因素所导致的差异，统称为实验误差。我们假定实验误差是随机分配的，因此单个分数可能高于或低于组平均数，从长远来看，实验误差的平均数应为 0，它不会对总体平均数产生任何效应。组间变异主要指由于接受不同的实验处理而造成的各组之间的变异，即自变量不同水平对数据产生的影响，可以用组平均数之间的差异来表示，组间平均数的差异越大，组间变异也就越大。由于组平均数是由该组各个分数求得，因此组间变异有着两个来源：误差变异和处理变异。误差变异由组内变异所估计，代表着未控制和未预测事件产生的个体分数之间的差异。处理变异是自变量不同水平的效应。因此，组间变异等于误差变异加上处理变异。

(2) 各个方差成分的计算

方差分析的作用在于分析实验数据中不同来源的变异对总变异的贡献大小，从而确定实验中的自变量是否对因变量有重要影响。在方差分析中，组间变异与组内变异的比较必须用各自的方差，不能直接比较各自的平方和，因为平方和的大小与项数(即 k 或 n)有关，应该将项数的影响去除掉，求其方差，即求组间方差和组内方差。由于这时都是使用样本统计量来作为总体参数的估计量，因此应该求其方差的无偏估计量，即把平方和除以自由度得到样本方差可作为其总体方差的无偏估计，其公式为：

组间方差：

$$\hat{S}_B^2 = \frac{SS_B}{k-1} \quad \text{(公式 10-8)}$$

式中，k 为水平数或组数，$k-1$ 也称为组间自由度，以 df_B 表示，可见 df_B 最少为 1。

组内方差：

$$\hat{S}_W^2 = \frac{SS_W}{\sum_{j=1}^{k}(n_j-1)} \qquad (公式\ 10\text{-}9)$$

式中，n_j 表示每个组的被试数，因为组内方差为各个组方差的平均，而每个组方差的计算中都将失去一个自由度，因此为 n_j-1，然后再对 k 个小组的自由度求和，因此组内自由度 $df_W = \sum_{j=1}^{k}(n_j-1)$。

总方差：

$$\hat{S}_T^2 = \frac{SS_T}{\sum_{j=1}^{k}n_j - 1} \qquad (公式\ 10\text{-}10)$$

式中，总方差的分母为总人数减去 1，因为总方差的计算把所有被试作为一个整体考虑，只失去一个自由度，因此总自由度 $df_T = \sum_{j=1}^{k}n_j - 1$。

总的来看，有三种类型的方差：总体方差、组间方差和组内方差。总体方差代表着所有被试之间的变异，然后我们把总体方差划分成组间和组内方差。组间方差源于自变量效应和随机误差。组内方差由每个处理组内被试成绩的差异组成。因此，组内方差是数据中随机误差总和的估计值，反映了如个体差异和抽样误差这样的因素。因为组内方差估计了不能解释的方差问题，因此它被认为是误差。类似的，因为组间方差是与处理变量有关变异的估计量，它被认为是处理变异。

那么在总方差中有多少比例是来源于误差（组内方差），有多少比例是来源于处理效应（组间方差）呢？换句话说，组平均数之间的差异是来源于实验误差还是处理效应呢？这个问题的回答可帮助我们确定实验中的自变量是否对因变量产生影响。我们将使用 F 比率来回答这个问题。

2. F 比率

F 比率为组间方差与组内方差比较得出的一个比率数，可以用以下几种方式来表示：

$$F = \frac{组间方差}{组内方差} \quad 或 \quad F = \frac{\sigma_B^2}{\sigma_W^2}$$

如前所述，组间方差源于处理效应和误差效应，而组内方差源于误差效应，因此 F 比率又可以表示为：

$$F = \frac{处理效应 + 实验误差}{实验误差} \qquad (公式\ 10\text{-}11)$$

从公式 10-11 可看出，如果实验中没有处理效应存在，或者说自变量没有对因变量产生影响，那么实验中的所有变异均来源于实验误差。一般情况下，实验误差不可能等于 0,因为所有被试不可能在实验前都是相同的,而实验者也不可能绝对同等地处理它们,但由于造成组平均数之间差异的误差与组内分数之间差异的误差都来源于随机误差,它们之间会非常接近,因此可以预测二者的比率应该接近于 1,即:

$$F = \frac{处理效应 + 实验误差}{实验误差} \approx \frac{实验误差}{实验误差} = 1$$

而如果实验中有处理效应存在,即自变量对因变量产生了影响,这时 F 比率会有什么变化呢?一般线性模型 $X_{ij} = \mu + \alpha_j + \varepsilon_{ij}$ 和公式 10-11 告诉我们,处理效应会对每个分数产生影响,从而使样本平均数高于或低于总平均数,这时组内变异体现的是实验误差,而组间变异不仅包括实验误差,还包含处理效应,因此组间方差会大于组内方差,那么二者的比率应该大于 1,即:

$$F = \frac{处理效应 + 实验误差}{实验误差} > 1$$

3. F 检验

但并不是 F 值大于 1 就表明有处理效应存在,因为第九章的方差齐性检验中已得知,从两个总体方差相等的总体中随机抽取出两个样本,其样本方差的比值会在 1 左右波动,其比值符合 F 分布。类似的,如果没有处理效应存在,$F = \frac{\sigma_B^2}{\sigma_W^2}$,其值应该符合 F 分布,因此在 1 左右波动,也可能会大于 1。因此这时根据样本方差计算出 F 值后,与 t 值类似,也需要根据 F 分布及小概率事件原理进行统计判断。

(1)虚无假设与备择假设

方差分析中的假设与 t 检验中的是类似的,其差别在于方差分析同时比较两个以上的平均数,以考查自变量对因变量的作用,因此虚无假设意指自变量对因变量没有产生影响,用符号表示为:

$$H_0 : \mu_1 = \mu_2 = \mu_3 \cdots = \mu_k$$

即假设各组平均数之间没有差异,各组都来自于同一个总体,组平均数之间的差异是来源于随机误差或抽样误差。

因为方差分析是一个整体检验,其目的在于判断自变量是否对因变量产生了影响,或者说平均数之间是否存在着系统的差异,因此对组平均数两两之间的差异如何并不做特定的陈述,其备择假设表示为:

$$H_1 : 至少有一对平均数是不等的$$

(2)F 检验

在虚无假设成立的条件下,组间方差 σ_B^2 与组内方差 σ_W^2 应该是相等的,即它们来自于同一个总体,因此这时的 F 比率应符合 F 分布。这时我们可以通过实验数据计算出 σ_B^2 与 σ_W^2 的无偏估计量 $\hat{S}_B^2$ 和 $\hat{S}_W^2$。由于方差是平方和除以项数所得,即把平方和进行平均,因此在 F 检验中通常称为均方,用 MS_B(组间均方)和 MS_W(组内均方)来表示。这时通过样本数据可计算出实得的 F 比率:

$$F = \frac{\mathrm{MS}_B}{\mathrm{MS}_W} \qquad \text{(公式 10-12)}$$

根据 F 分布，可以判断该 F 值相对应的概率水平，从而进行统计推论。由于在方差分析中关心的是组间方差是否显著大于组内方差，如果组间方差小于组内方差，就无需检验其是否小到显著性水平，因而总是将组间方差放在分子位置，进行单侧检验。如果 $F>1$，且超过了我们根据显著性水平确定的 F 临界值，落入了拒绝区，我们就有理由拒绝虚无假设，表明数据的总变异基本上是由不同的实验处理所造成，也就是说不同的实验处理之间存在着显著差异，或者说实验中的自变量对因变量有产生影响；而如果该 F 值没有超过临界值，我们就接受虚无假设，说明数据的总变异中由处理不同所造成的变异只占很小的比例，大部分是由实验误差和个体差异所致，也就是说不同的实验处理之间差异不大，或者说实验处理基本上无效。

4. F 值与 t 值的比较

如果我们使用方差分析来比较两个组平均数的差异，这时所得的结果与 t 检验结果是相同的。统计学家已发现，当组数 $k=2$ 时，$t^2=F$。这意味着如果想比较两个平均数的差异，可以使用方差分析或者是无方向性的 t 检验，其统计结论是相同的。读者可能会问"那为什么还要用 t 检验呢？都用方差分析不就行了？"但即使当 $k=2$ 时，F 检验与 t 检验还是存在一定的差别。t 检验是比较两个样本平均数差异的基本方法，它能让我们对平均数进行无方向性以及方向性的比较，而 F 检验只能对平均数进行无方向性的比较，其虚无假设只能为"$H_0: \mu_1 = \mu_2$"。主要是因为两种检验所依据的抽样分布是不同的。t 检验使用的是 t 分布，它是根据平均数差异的分布而产生的，因而有正值，也有负值，呈现出对称的分布形状。而 F 检验使用的为 F 分布，F 分布是方差比率的抽样分布，其值只有正值，因此 F 分布是正偏态的分布。

三、方差分析的基本步骤

下面我们以表 10-1 中的数据演示一下方差分析的基本步骤：

1. 求平方和

平方和的计算方法有两种，一种是用"平方和"定义公式，即公式 10-5, 10-6, 10-7。另一种是直接用原始数据的计算公式，在计算上会更为方便一些，即：

$$\text{总平方和}: SS_T = \sum \sum X_{ij}^2 - \frac{\left(\sum \sum X_{ij}\right)^2}{\sum n_j} \qquad \text{(公式 10-13)}$$

$$\text{组间平方和}: SS_B = \sum \frac{\left(\sum X_{ij}\right)^2}{n_j} - \frac{\left(\sum \sum X_{ij}\right)^2}{\sum n_j} \qquad \text{(公式 10-14)}$$

$$\text{组内平方和}: SS_W = \sum \sum X_{ij}^2 - \sum \frac{\left(\sum X_{ij}\right)^2}{n_j} \qquad \text{(公式 10-15)}$$

因 $SS_T = SS_W + SS_B$，只需要计算其中的两个就可以直接得到第三个平方和。

根据表 10-1 中的数据，可计算出：$SS_T = 816 - \frac{6400}{12} = 282.67$，$SS_B = 792 - \frac{6400}{12} = 258.67$，$SS_W = SS_T - SS_B = 282.67 - 258.67 = 24$。

2. 计算自由度

方差无偏估计公式中的分母也称为自由度。由于需要估计的有组间方差和组内方差，因此需要两个自由度，即：

$$组间自由度：df_B = k - 1$$

$$组内自由度：df_W = \sum(n_j - 1)$$

在表 10-1 中，$df_B = 2$，$df_W = 3 + 3 + 3 = 9$。

3. 计算均方

$$组间均方：MS_B = \frac{SS_B}{df_B}$$

$$组内均方：MS_W = \frac{SS_W}{df_W}$$

在表 10-1 中，$MS_B = \frac{258.67}{2} = 129.34$，$MS_W = \frac{24}{9} = 2.67$。

4. 计算 F 值

$$F = \frac{MS_B}{MS_W} = \frac{129.34}{2.67} = 48.44$$

5. 根据显著性水平 α 确定临界值

根据确定的显著性水平 α 及分子和分母自由度查 F 分布表（单侧），求出 F 分布中的临界值 $F_{\alpha(df_1, df_2)}$，括号中前面的数字表示分子自由度，后面的数字表示分母自由度。

根据表 10-1 中的数据，设定 $\alpha = 0.01$ 时，$F_{0.01(2,9)} = 8.02$。

6. 根据统计结果，做出推论结论

如果计算得到的 F 值大于所确定的临界值，表明 F 值出现的概率小于显著性水平，就可以拒绝虚无假设，说明不同组的平均数之间在统计上至少有一对有显著差异。假如实验控制适当，也可以提出自变量对因变量作用显著的结论。如果计算的 F 值小于临界值，就不能拒绝虚无假设，只能说不同组的平均数之间没有显著差异。

根据表 10-1 中数据的计算结果，$F > F_{0.01(2,9)}$，即 $p < 0.01$ 达到显著性水平，也就是说，在总变异中，三种不同强度的噪音引起的变异显著大于由误差（包括个体差异）引起的变异，因此认为三种实验处理之间差异显著。参考各组的平均数，进一步做事后检验，可以确定究竟是哪一对平均数之间有显著差异，得出更深层次的结论。

7. 陈列方差分析表

上面几个步骤的计算结果，可以归纳成一个方差分析表。一般在实验报告中的结果部分,不需要写出统计检验的过程,只需列出方差分析表,简明扼要,一目了然。不同的实验设计,方差分析表组成要素基本一致,主要包括变异来源、平方和、自由度、方差、F 值和 p 值。因实验设计不同,变异来源也不同,相应的自由度和方差值、F 值、p 值也会发生变化。

下面是根据表 10-1 数据进行方差分析后,归纳的方差分析表:

变异来源	平方和 SS	自由度 df	均方 MS	F	p
组间	258.67	2	129.34	48.44	<0.01
组内	24	9	2.67		
总变异	282.67	11			

四、方差分析的基本假定

方差分析有一定的条件限制,数据必须满足以下几个基本假定条件,否则由它所得出的结论将会出现错误。

1. 总体正态分布

方差分析同 z 检验和 t 检验一样,也要求样本必须来自正态分布的总体。在心理研究领域中,大多数变量是可以假定其总体服从正态分布,一般进行方差分析时并不需要去检验总体分布的正态性。当有证据表明总体分布不是正态时,可以将数据作正态化转化,或采用非参数检验方法。

2. 变异的相互独立性

总变异可以分解成几个不同来源的部分,这几个部分变异的来源在意义上必须明确,而且彼此要互相独立。这一点一般都可以满足。

3. 各实验处理组内的方差要一致

各实验处理组内的方差彼此应无显著差异,这是方差分析中最为重要的基本假定。在方差分析中用 $\hat{S}_W^2$ 作为总体组内方差 σ_W^2 的估计值,而 $\hat{S}_W^2$ 的计算相当于将各个处理组内样本方差进行平均。如果一组或多组方差比其他组方差大很多,或小很多,我们对总体方差的估计就不准确了。因此方差分析必须满足的一个前提条件就是,各实验处理组内的方差彼此无显著差异。这一假定若不能满足,原则上是不能进行方差分析的。为了满足这一假定条件,往往在做方差分析前首先对各组内方差做齐性检验。这与 t 检验中方差齐性检验的目的意义相同,只是在具体方法上由于要比较的样本方差多于两个而有所不同。

方差分析中的齐性检验常用哈特莱(Hartley)最大 F 比率法(maximum F-ratio)。这种方法简便易行,具体实施步骤是,先找出要比较的几个组内方差中的最大值和最小值,再代入下式:

$$F_{\max} = \frac{\hat{S}_{\max}^2}{\hat{S}_{\min}^2} \qquad (公式 10\text{-}16)$$

附表 7 列出了与不同的组数 k 和自由度 df 对应的 F_{max} 的临界值。如果实际计算出的 F_{max} 小于临界值，就可认为几个要比较的样本方差两两之间均无显著差异。

【例 10-1】 以表 10-1 中的数据为例进行方差齐性检验。

解：计算三组各自的方差为：$\hat{S}^2_{强}=5, \hat{S}^2_{中}=0.5, \hat{S}^2_{无}=0.5$，于是

$$F_{max} = \frac{\hat{S}^2_{max}}{\hat{S}^2_{min}} = \frac{5}{0.5} = 10$$

查附表 7，当 $k=3, df=n-1=3$ 时，$F_{max(0.05)}=15.5$（取 $df=4$），$F_{max}<F_{max(0.05)}$。

答：可以认为各组方差是齐性的。

在该例中，如果强和无两组自由度不同，则可以用其中较大的一个作为查表时所用的自由度。

第二节 单因素方差分析

单因素方差分析也称为一维方差分析（one-way ANOVA），指方差分析中只有一个自变量，该自变量有三种以上的水平。实验设计类型不同，方差分析的具体方法也有所差异，一般来说，包括组间设计和组内设计两种。

一、组间设计的方差分析

组间设计通常把被试分成若干个小组，每组分别接受一种实验处理，有几种实验处理，被试也就相应地被分成几组，即每个被试只接受自变量一个水平的实验处理。由于被试是随机取样并随机分组安排到不同的实验处理中，因此，它又叫做完全随机设计。这种实验设计安排被试的一般格式如下：

	自变量			
	水平 1	水平 2	……	水平 k
因变量	被试 11	被试 21	……	被试 $k1$
	被试 12	被试 22	……	被试 $k2$
	被试 13	被试 23	……	被试 $k3$
	……	……	……	……

从理论上讲，这类设计中，各个组别在接受实验处理前各方面相同，若实验结果中组与组之间有显著差异，就说明差异是由不同的实验处理造成的，这是完全随机设计的主要特点。当对这类设计中各组平均数进行方差分析时，统计结果差异显著，就表明实验处理是有效的。但是，在这类设计中，实验误差既包括被试个别差异引起的误差，又包括实验其他的误差，它们是无法分离的，因而其检验效率受到一定的限制。

1. 方差分析模型

方差分析的主要功能在于分析实验数据中不同来源的变异对总变异的贡献大小。

而不同实验设计下的方差分析其区别就在于变异来源的划分不同,或者说不同的实验设计,平方和的分解是不同的。单因素组间设计的方差分析模型是较为基础的模型,平方和一般被分解为组间平方和及组内平方和,即:

$$SS_T = SS_B + SS_W$$

式中,SS_B代表处理效应,SS_W代表误差效应。

方差分析的目的在于判断实验数据中的处理效应和误差效应对总变异的贡献大小,即对处理效应与误差效应的比率进行 F 检验,以确定不同处理间的差异是来源于处理效应,还是来源于误差效应。

2. 方差分析过程

单因素组间设计的方差分析步骤和过程与上一节所讲的方差分析步骤是相同的。下面我们通过例题简述它的具体过程。

【例 10-2】 某研究想了解不同类型的奖励对学生学习坚持性是否有不同的影响。从五年级中随机抽取 16 名学生,随机分配到四个处理组中,第一组学生每完成每一道数学题目后都会得到奖励;第二组学生完成 80% 的题目后会得到奖励;第三组和第四组分别完成 60% 和 50% 的题目后得到奖励。这种训练持续了一周后取消了奖励。然后给所有学生 12 道数学题目解答,统计学生在放弃解答时最终完成的题目数。其数据列在下表。问不同类型的奖励对学生学习坚持性是否有不同的影响。(取 $\alpha=0.05$)

$k=4$	第一组 100%		第二组 80%		第三组 60%		第四组 50%	
	X	X^2	X	X^2	X	X^2	X	X^2
	4	16	6	36	4	16	5	25
	2	4	3	9	5	25	8	64
	1	1	5	25	7	49	6	36
	3	9	4	16	6	36	5	25
$\sum$	10	30	18	86	22	126	24	150
$(\sum X)^2$	100		324		484		576	
n_j	4		4		4		4	
$\dfrac{(\sum X)^2}{n_j}$	25		81		121		144	

$$\sum\sum X_{ij} = 10+18+22+24 = 74, \quad \sum\sum X_{ij}^2 = 30+86+126+150 = 392$$

$$\sum n_j = 4+4+4+4 = 16, \quad \sum \dfrac{(\sum X_{ij})^2}{n_j} = 25+81+121+144 = 371$$

解: 为了确保各个组内的方差齐性,首先用哈特莱最大 F 比率法进行方差齐性检验。四组各自的方差分别为:$\hat{S}_1^2=1.67, \hat{S}_2^2=1.67, \hat{S}_3^2=1.67, \hat{S}_4^2=2.0$,于是

$$F_{\max} = \dfrac{\hat{S}_{\max}^2}{\hat{S}_{\min}^2} = \dfrac{2.0}{1.67} = 1.20$$

查附表 7,当 $k=4, df=n-1=3$ 时,$F_{\max(0.05)}=20.60$(取 $df=4$),$F_{\max}<F_{\max(0.05)}$,可以认为各组方差是齐性的,因此该数据可以进行方差分析。

设:$H_0: \mu_1=\mu_2=\mu_3=\mu_4$

H_1:至少有一对平均数是不等的

① 计算平方和:

$$SS_T = \sum\sum X_{ij}^2 - \frac{\left(\sum\sum X_{ij}\right)^2}{\sum n_j} = 392 - \frac{74^2}{16} = 49.75$$

$$SS_B = \sum \frac{\left(\sum X_{ij}\right)^2}{n_j} - \frac{\left(\sum\sum X_{ij}\right)^2}{\sum n_j} = 371 - \frac{74^2}{16} = 28.75$$

$$SS_W = \sum\sum X_{ij}^2 - \sum \frac{\left(\sum X_{ij}\right)^2}{n_j} = 392 - 371 = 21$$

(如果手工计算,建议用计算出的结果检验一下 $SS_T=SS_W+SS_B$ 是否成立,如果不成立,就是计算出现错误了。)

② 计算自由度:

$$df_B = k-1 = 4-1 = 3$$
$$df_W = \sum(n_j-1) = 3+3+3+3 = 12$$

③ 计算均方:

$$MS_B = \frac{SS_B}{df_B} = \frac{28.75}{3} = 9.58$$

$$MS_W = \frac{SS_W}{df_W} = \frac{21}{12} = 1.75$$

④ 计算 F 值:

$$F = \frac{MS_B}{MS_W} = \frac{9.583}{1.75} = 5.48$$

⑤ 根据显著性水平 α 确定临界值。

查 F 分布表,当 $\alpha=0.05$ 时,$F_{0.05(3,12)}=3.49$。

⑥ 根据统计结果,做出推论结论。

根据计算结果,$F>F_{0.05(3,12)}$,即 $p<0.05$ 达到显著性水平,因此我们可以拒绝虚无假设,认为不同类型的奖励对学生学习坚持性有影响。

⑦ 列出方差分析表:

变异来源	SS	df	MS	F	p
组间	28.75	3	9.583	5.48	<0.05
组内	21	12	1.75		
总变异	49.75	15			

有时,组间效应也称为因素效应,组内效应称为误差效应。在用 SPSS 统计软件计算得到的方差分析表中,会给出与 F 值相对应的具体 p 值。一般在 F 值的右上角用 * 表示在 0.05 水平上有显著差异,用 * * 表示在 0.01 水平上有显著差异,用 * * * 表示在 0.001 水平上有显著差异。这样方差分析表中就不用列出 p 值这一列,但要在表的下面用"表注"对星号代表的意义进行说明。

3. 事后多重比较

方差分析是一个整体性检验,如果 F 检验的结果表明差异不显著,说明实验中的自变量对因变量没有显著影响。相反,如果 F 检验表明差异显著,拒绝虚无假设时,就表明几个实验处理组的两两比较中至少有一对平均数间的差异达到了显著水平。至于是哪一对,方差分析并未给予回答。因此必须对各实验处理组的多对平均数进一步分析比较,判断究竟是哪一对或哪几对的差异显著,确定两变量关系的本质,这就是事后检验(post hoc test),这个统计分析过程也被称作事后多重比较(multiple comparison procedures)。

(1) 事后多重比较与 t 检验

如何对多个平均数的差异进行比较呢?初步了解 t 检验的人也许会建议,多进行几次两两平均数差异的 t 检验即可。其实不然,因为这样做产生的问题要比它解决的问题多得多,它会极大地增加犯 I 类错误的概率。

首先,在一个多组实验中一共有多少次的两两组平均数比较呢?这个答案可以使用下面公式来计算:

$$C = \frac{k!}{2(k-2)!} \quad \text{(公式 10-17)}$$

式中,C 表示潜在的配对数,k 表示组数,! 表示从 1 到该数字的乘积。

例如在某个实验中自变量有 10 个水平,就有 10 组平均数,这时我们要进行的两两 t 检验次数有:

$$C = \frac{10!}{2(10-2)!} = \frac{1 \times 2 \times 3 \times 4 \times 5 \times 6 \times 7 \times 8 \times 9 \times 10}{2 \times (1 \times 2 \times 3 \times 4 \times 5 \times 6 \times 7 \times 8)} = 45$$

可见我们要进行 45 次的两两平均数比较。虽然通过统计软件我们很容易就完成这些 t 检验,但真正的问题在于同时计算出这么多 t 值会增加犯 I 类错误的概率。因为在计算 t 值时,假设各组之间是相互独立的。当各组之间相互独立时,就可以认为每一对 t 检验所犯的 I 类错误都是 α。

但实际上,由于这些组都属于一个实验,每组平均数都参与多对比较,例如我们可能把所有的处理组都与控制组一一进行 t 检验,这时我们就需要连续多次地使用相同的平均数和方差(控制组)进行计算,这就违反了独立性假设,其结果是增大犯 I 类错误的概率。统计学家计算出在这种情况下犯 I 类错误的概率为:

$$\alpha_N = 1 - (1-\alpha)^N \quad \text{(公式 10-18)}$$

式中，α_N 为多次配对比较犯 I 类错误的概率，α 为一次配对比较犯 I 类错误的概率，N 为需要进行两两比较的次数。

如果我们需要两两比较 45 次，那么第一次 t 检验的 $\alpha=0.05$，第二次 $\alpha_2=0.0975$，但随着比较次数的增加，α_N 也迅速增加，当进行到第 9 次时，α_9 大约为 0.40，这意味着实得的 t 值中最大的一个超过临界值的概率有 40%，也就是说这时根据结果做出拒绝虚无假设的决定犯错误的概率有 40%。而增加到 45 次时这种多次 t 检验误差将增加到 0.90。可见当需要比较 3 个以上平均数的差异时，单纯使用多次 t 检验的方法是不可靠的。这时需要使用多重比较的方法进行检验。

(2) HSD 事后检验法

HSD 事后检验法是由 Tukey(1953)提出的。这种方法可有效地避免多次 t 检验所导致的 I 类错误增大。具体做法为：通过公式 10-19 计算出一个临界值 HSD，如果两个平均数之间的差异等于或超过该值，则说明这两个平均数在某个给定的显著性水平上差异显著。HSD 的计算公式是：

$$\text{HSD} = q_{\text{critical}} \sqrt{\frac{\text{MS}_W}{n}} \quad \text{（公式 10-19）}$$

式中，q_{critical} 是附表 8 中的某个值，该值是根据组平均数个数 k，设定的 α 值及组内自由度 df_W 查得的；MS_W 是指组内均方，即组内方差；n 为每组的被试数。

如果每组被试数不同，就用下面的校正公式计算 n'：

$$n' = \frac{k}{\sum \left(\dfrac{1}{n_j}\right)} \quad \text{（公式 10-20）}$$

例如，有四组样本，每组样本的容量分别为 5,4,5,4，那么校正后的 n' 为：

$$n' = \frac{4}{\dfrac{1}{5}+\dfrac{1}{4}+\dfrac{1}{5}+\dfrac{1}{4}} = \frac{4}{0.90} = 4.44$$

接下来用例 10-2 的数据进行多重比较。因为方差分析已表明，不同类型的奖励对学生学习坚持性有影响，因此随后我们进行多重比较进一步探查究竟是哪两组之间有显著差异。

已知 $k=4, n=4, df_W=12, \text{MS}_W=1.75$，查附表 8，横栏为 k，竖栏为 df_W，以及 0.05 及 0.01 两个水平的 α，如果我们确定 $\alpha=0.05$，则 $q_{\text{critical}}=4.20$。代入公式 10-19，得

$$\text{HSD} = 4.20 \sqrt{\frac{1.75}{4}} = 2.78$$

因此两两平均数之间的差异只要等于或超过 2.78，即可认为这两个平均数在 0.05 水平上差异显著。我们把平均数之间的差异列成一个方阵，以判断哪对差异将超过 HSD 达到差异显著。

从表 10-2 中可看出,有两对平均数差异超过了 2.78,我们用 * 表示。从平均数差异来看,其 60% 和 50% 的奖励比 100% 的奖励产生更大的坚持性,80% 的奖励居于两者之间。从统计结果中我们可以得出结论:60% 及更低的奖励导致学生更大的学习坚持性。

表 10-2 多重比较分析表

	$\overline{X}$	第一组 100% 2.5	第二组 80% 4.5	第三组 60% 5.5	第四组 50% 6.0
第一组 100%	2.5	—	2.0	3.0*	3.5*
第二组 80%	4.5		—	1.0	1.5
第三组 60%	5.5			—	0.5
第四组 50%	6.0				—

(3) 事前比较与事后比较

在某些实验中,研究者事先无法预测哪组的平均数可能高于或等于另一组平均数,因此首先使用方差分析作整体检验,以确定各组平均数之间是否有差异存在。如果 F 检验差异显著,研究者就可以进行进一步的事后比较。因此事后比较是在数据收集和分析之后产生的一种统计检验。但多重比较并不限于在 F 检验以后进行,只要是对多个平均数进行两两比较,都应当使用多重比较方法。

某些实验也存在这样的情况,即在实验进行之前,研究者就根据相应的理论对某些实验条件间的差异进行了预测,并做出相应的假设。因为这些假设是在数据收集之前做出的,因此对于这些假设中的特定比较就称为事前比较(priori comparison)。

事前比较和事后比较都允许直接比较平均数差异,并且都不会导致增大犯 I 类错误的概率。它们之间的主要区别表现在:

① 事后比较只能在 F 检验拒绝了虚无假设后进行,而事前比较不需要这个前提。

② 事前比较对多次 t 检验误差 α_N 的控制是使用需要比较的配对数目;而事后比较是使用所有可能的配对数目,不管实际上是比较了几个配对。因此,事前检验有更大的统计检验力。

虽然事前和事后比较都非常重要,但一般我们都关注于事后比较,因为在实验之前一般较难知道组间的真实差异。因此对于事前比较的方法,在此不做说明。

二、组内设计的方差分析

在相关样本 t 检验中已涉及组内设计。当相关组数在三个或以上时,想检验组平均数之间的差异就需要使用组内设计的方差分析,也称为重复测量方差分析(repeated-measures ANOVA)。

组内设计包括重复测量设计和匹配组设计。重复测量设计又称为被试内设计,指一个被试完成所有的实验条件。在相关样本 t 检验中我们已经发现,重复测量设计有着许多的优势,但在某些情况下它也可能产生一些我们不希望看到的效应,如疲劳、系列位置效应等。要去除这些影响可以通过一些精密的实验设计,如拉丁方设计。对于这些更高级设计的方差分析不在本书的讲述范围,读者可自行查阅相关书籍。

另一种组内设计是匹配组设计,也称为随机区组设计(randomized block design)。如果在实验前研究者认为被试的某种特征会影响到研究结果,因此通过某种方法测量了被试的该种特征,并根据被试的分数划分成若干个小组(组数根据该特征的本质而定,每个小组的人数应该是处理条件数的倍数),每个小组中的被试再随机分配到所有处理条件中,即每个小组都要完成所有的处理条件。例如,我们想研究4种不同药物对抑郁症的治疗效果。考虑到每个病人实验前的抑郁程度不同可能对治疗效果有影响,因此先让所有被试完成一个标准化抑郁量表,然后按得分从低到高排列,从最低分数开始依次选择4个被试,然后随机分配到4种不同药物处理条件,直到把所有的被试分配完毕。这样就可以保证实验前每种处理条件下被试的抑郁程度是匹配的。如果每个小组中的人数只有1个,那么这个人就要完成所有的实验处理条件,这时就等同于重复测量设计。因此两种设计的方差分析是相同的。

这种实验设计安排被试的一般格式如下:

	自变量			
	水平 1	水平 2	……	水平 k
因变量	被试 1	被试 1	……	被试 1
	被试 2	被试 2	……	被试 2
	被试 3	被试 3	……	被试 3
	……	……	……	……

1. 方差分析模型

如前所述,在组间设计的方差分析中,组内均方 MS_W 是作为实验误差项,它既包括被试个别差异引起的误差,又包括实验其他的误差,它们是无法分离的。被试差异指个体之间的本质差异。参加实验的每个被试都是不同的,因此成为实验变异的一个来源。虽然自变量对每个人可能都产生了效应,但也可能它对某些被试有着相对更大一些的影响。如果能够把被试变异从 MS_W 中分离出来,就会减少 MS_W,从而提高 F 值。因此组内设计比组间设计有更大的检验效力。这点我们在相关样本 t 检验中已经有所体会。在相关样本 t 检验中我们可以使用两组的相关系数来减少平均数差异的标准误,从而提高 t 检验的效力。类似的,在方差分析中可以把被试之间的差异看作是一个变量从 MS_W 中分离出来。

组间设计的方差分析中,平方和一般分解为:$SS_T = SS_B + SS_W$。使用组内设计,可以把被试变异从组内变异中分解出来,因此总平方和可分解为三个成分:

$$SS_T = SS_B + SS_R + SS_E \qquad (公式10\text{-}21)$$

式中,SS_B 表示组间变异,即处理效应,SS_R 表示被试变异或区组变异,SS_E 表示除被试变异或区组变异之外的其他实验误差。

当实验中的 SS_R 很大时,表示该实验被试间的变异较大,或实验设计有效地区分出被试差异,如果是采用随机区组设计,则说明区组效应明显,即该设计采用区组设计是成功的。当 SS_R 很小时,表示该实验被试间的变异较小,或实验设计没有有效地区分出被试差异,如果是随机区组设计,说明该设计不成功,或者所取的被试本来就基本同质,没有必要再划分区组。

2. 方差分析过程

组内设计的方差分析使用的程序依然是单因素方差分析。下面我们用一个随机区组设计的例题来说明其过程,重复测量设计的方差分析是一样的。

【例 10-3】 某研究者想验证三种不同的教学方法对学生基础几何的学习是否有不同的影响,随机选取了 21 名 12 岁学生,首先对他们进行数学能力测验。根据测验分数将他们的数学能力从高到低排列,随后从最高分开始依次选择 3 名学生,随机分配到三个处理组中,即三种不同的教学方法,直到全部分配完毕。这时可认为三个处理组学生数学能力水平相当。教学结束后,所有学生再次接受 20 道题的数学测验,其成绩如下表所示。问三种不同的教学方法是否对学生基础几何的学习产生不同的影响。(取 $\alpha=0.05$)

$k=3$	教学方法 1		教学方法 2		教学方法 3		R	R^2	R^2/k
	X	X^2	X	X^2	X	X^2			
1	15	225	13	169	11	121	39	1521	507
2	13	169	9	81	10	100	32	1024	341.33
3	12	144	10	100	9	81	31	961	320.33
4	11	121	13	169	12	144	36	1296	432
5	9	81	5	25	7	49	21	441	147
6	8	64	6	36	4	16	18	324	108
7	7	49	5	25	2	4	14	196	65.33
$\sum$	75	853	61	605	55	515	191		
$(\sum X_{ij})^2$	5625		3721		3025				
n_j	7		7		7				
$\dfrac{(\sum X_{ij})^2}{n_j}$	803.57		531.57		432.14				

$$\sum\sum X_{ij}=191,\ \sum\sum X_{ij}^2=1973,\ \sum\sum n_j=21,\ \sum\dfrac{(\sum X_{ij})^2}{n_j}=1767.28$$

解:首先确保各组的方差齐性。通过计算得 $\hat{S}_1^2=8.24,\hat{S}_2^2=12.24,\hat{S}_3^2=13.81$,$F_{\max}=\dfrac{\hat{S}_{\max}^2}{\hat{S}_{\min}^2}=\dfrac{13.81}{8.24}=1.68$。查附表 7,当 $k=3,df=n-1=6$ 时,$F_{\max(0.05)}=8.38$,

$F_{max} < F_{max(0.05)}$，可以认为各组方差是齐性的，因此该数据可以进行方差分析。

设：$H_0: \mu_1 = \mu_2 = \mu_3$

H_1：至少有一对平均数是不等的

(1) 计算平方和：

首先，组内设计中的总平方和以及组间平方和的计算方法与组间设计是一样的，即：

$$SS_T = \sum_{j=1}^{k} \sum_{i=1}^{n} (X_{ij} - \overline{X}_t)^2 = \sum\sum X_{ij}^2 - \frac{(\sum\sum X_{ij})^2}{\sum n_j}$$

$$= 1973 - \frac{191^2}{21} = 235.81$$

$$SS_B = \sum_{j=1}^{k} n_j (\overline{X}_j - \overline{X}_t)^2 = \sum \frac{(\sum X_{ij})^2}{n_j} - \frac{(\sum\sum X_{ij})^2}{\sum n_j}$$

$$= 1767.28 - \frac{191^2}{21} = 30.09$$

其次，与组间设计相比，组内设计的平方和中多了区组(被试)平方和SS_R这一项。求区组平方和与求组间平方和实质上差不多。如果7组被试"同质"，那么每组被试三种教学方法下的总成绩R应该是相等的，而实际结果从14到39不等，很明显这个差异反映的是被试差异，即区组变异。如果将表格做90°旋转，将7组看成是处理组，每组有3个被试，区组变异即为7组中每组的平均数与总平均数的离差平方和，其计算公式为：

$$SS_R = \sum_{i=1}^{n} k_i (\overline{X}_i - \overline{X}_t)^2 = \sum \frac{R^2}{k_i} - \frac{(\sum R)^2}{\sum k_i} \quad \text{(公式 10-22)}$$

$$= 1921 - \frac{191^2}{21} = 183.81$$

最后计算剩余的误差平方和SS_E，计算公式为：

$$SS_E = SS_T - SS_B - SS_R$$

$$= \sum\sum X_{ij}^2 - \sum \frac{(\sum X_{ij})^2}{n_j} - \sum \frac{R^2}{k} + \frac{(\sum R)^2}{\sum n_j} \quad \text{(公式 10-23)}$$

$$= 1973 - 1767.28 - 1921 + \frac{191^2}{21}$$

$$= 21.90$$

可通过$SS_T = SS_B + SS_R + SS_E$来验证计算结果是否有误。

(2) 计算自由度：

$$df_T = nk - 1 = 21 - 1 = 20, \quad df_B = k - 1 = 3 - 1 = 2$$

$$df_R = n - 1 = 7 - 1 = 6, \quad df_E = (k-1)(n-1) = 2 \times 6 = 12$$

（3）计算均方：

$$\text{MS}_B = \frac{\text{SS}_B}{df_B} = \frac{30.10}{2} = 15.05, \quad \text{MS}_R = \frac{\text{SS}_R}{df_R} = \frac{183.81}{6} = 30.64,$$

$$\text{MS}_E = \frac{\text{SS}_E}{df_E} = \frac{21.90}{12} = 1.82.$$

（4）计算 F 值。

这里可计算出两个 F 值，一个是组间均方与误差均方的 F 比值，对该值的检验表明是否有处理效应存在。还有一个是区组均方与误差均方的 F 比值，其检验表明是否有区组效应存在。即不论是处理效应还是区组效应，都是与误差效应进行比较，如果远远大于误差效应，说明其产生的差异不是来源于随机误差。一般来说，我们只计算处理效应，因为它才是我们的研究目的。但有时也需要对区组效应进行检验。这里需要注意的是，两个 F 检验中由于 F 比值的分子不同，自由度也就不同，那么相应的 F 临界值也是不同的，需要进行各自的比较。

$$F_B = \frac{\text{MS}_B}{\text{MS}_E} = \frac{15.05}{1.82} = 8.27, \quad F_R = \frac{\text{MS}_R}{\text{MS}_E} = \frac{30.64}{1.82} = 16.84$$

（5）根据显著性水平 α 确定临界值。

查 F 分布表，当 $\alpha = 0.05$ 时，$F_{0.05(2,12)} = 3.88$（作为处理效应的临界值），$F_{0.05(6,12)} = 3.00$（作为区组效应的临界值）。

（6）根据统计结果，做出推论结论。

根据计算结果，$F_B > F_{0.05(2,12)}$，即 $p < 0.05$，可以拒绝虚无假设，认为三种不同的教学方法对学生的数学学习产生了不同的影响。

另外，$F_R > F_{0.05(6,12)}$，即 $p < 0.05$，表明区组变异对数据的影响也是显著的，因此在本实验中采用随机区组设计是非常成功且必要的。

（7）列出方差分析表：

变异来源	SS	df	MS	F
组间变异	30.10	2	15.05	8.27*
区组变异	183.81	6	30.64	16.84*
误差变异	21.90	12	1.82	
总变异	235.81	20		

注：* 表示在 0.05 水平上有显著差异，** 表示在 0.01 水平上有显著差异，*** 表示在 0.001 水平上有显著差异。

3. 事后多重比较

与组间设计的方差分析类似，当组间效应显著的时候，我们就需要进一步进行事后多重比较，以发现两两平均数差异的本质。同样，我们也使用 HSD 事后检验法来进行计算。在例 10-3 中，组间效应是明显的，因此我们进行事后多重比较：

已知 $k=3, n=7, df_E=12, \mathrm{MS}_E=1.82, \alpha=0.05$,查附表 8,$q_{\text{critical}}=3.77$。代入公式:

$$\mathrm{HSD} = q_{\text{critical}}\sqrt{\frac{\mathrm{MS}_E}{n}} = 3.77\sqrt{\frac{1.82}{7}} = 1.92$$

因此两两平均数之间的差异只要等于或超过 1.92,即可认为这两个平均数在 0.05 水平上差异显著,其结果列在表 10-3 中。

表 10-3　组内设计的多重比较分析表

	$\overline{X}$	教学方法 1	教学方法 2	教学方法 3
		10.71	8.71	7.86
教学方法 1	10.71	—	2.0*	2.85*
教学方法 2	8.71		—	0.85
教学方法 3	7.86			—

从表 10-3 中可看出,教学方法 1 的学生成绩要优于教学方法 2 和 3。

第三节　多因素方差分析简介

一般来说,许多心理现象的产生与变化往往同时受到多种因素的影响,因此在实际研究中往往会选取多个自变量同时考虑它们对某一因变量产生的作用,即进行多因素实验设计。多因素方差分析即是对多因素实验数据的统计分析方法之一。

一、多因素方差分析的基本概念

多因素实验设计中可以同时考虑多个自变量对因变量的影响,能帮助我们更好地研究人类的复杂行为,因此比单因素设计更符合实际。多因素方差分析数据来源于多因素实验设计,它是单因素方差分析的拓展。下面我们用一个具体的心理学实验来解释多因素方差分析中的基本概念。

【例 10-4】　某研究想探求个体自尊水平(A)及任务指导语类型(B)是否会对个体完成任务的坚持程度产生影响。在实验中,让被试完成一系列组词,即把英语单词的字母顺序打乱,让被试组合成正确的单词(例如:WOREP 组合成 POWER)。其中一些字母是可以组成词的,而另一些字母是不能组成词的,即没有答案。因变量即个体的坚持程度为被试在没有答案题目上所花的时间。自变量有两个,其中被试的自尊水平分为高自尊和低自尊两种水平;指导语类型也分为两种,一种是告诉被试显示的字母都可以组成一个词,这时坚持是最好的策略,另一种是告诉被试有些字母是没有答案的,放弃任务是最好的策略。整个实验一共有 20 个被试,一半高自尊,一半低自尊。高自尊的被试中一半分配到"坚持"指导语组,另一半分配到"放弃"指导语组。低自尊的被试也是一样进行分配。其实验设计范式见下表,试分析两种自变量对个体坚持程度的作用。

指导语类型（B）	自尊水平（A）	
	高自尊（a_1）	低自尊（a_2）
坚持（b_1）	$a_1 b_1$ $n=5$	$a_2 b_1$ $n=5$
放弃（b_2）	$a_1 b_2$ $n=5$	$a_2 b_2$ $n=5$

1. 因素、水平及单元

因素（levels）即自变量。当研究中包含一个自变量时就称单因素实验设计，包含两个自变量就称二因素实验设计，相应的方差分析程序称为二因素方差分析，有三个自变量的实验设计就称为三因素实验设计，相应的方差分析程序称为三因素方差分析。一般两个以上自变量的实验设计统称为多因素实验设计。

一个因素的不同情况称为这一因素的不同水平（level）。一般用大写字母 A、B、C…等来表示因素，用小写字母 a_1、a_2、b_1、b_2…等表示某因素的各个水平。如在上例实验中有两个因素，因素 A 是被试自尊，分为高（a_1）、低（a_2）两个水平；因素 B 是指导语类型，也有两个水平：坚持（b_1）与放弃（b_2）。该实验设计也可用 2×2 来表示，即该实验中有两个因素，其中一个因素有两个水平，另一个因素也有两个水平。若另一个因素有三个水平，则为 2×3 的设计，若有三个因素，每个因素各有两个水平，则表示为 2×2×2 的实验设计。以此类推。

在多因素方差分析中，因素可以是分类变量，如指导语类型，也可以是连续变量，如自尊水平，但在方差分析之前要将其按某种规则转化成分类变量，例如，将被试的自尊分数按照平均数分成高分和低分两组。但因变量必须是数值型的等距或等比数据。在该例中，因变量为被试在没有答案题目上所花的时间。

单元即各个因素不同水平之间的结合，如前例中，两个因素各个水平的结合共产生了四个单元格，每格代表着一种处理条件，如 $a_1 b_1$ 表示高自尊和坚持指导语的组合，该实验中每个单元有 5 个数据，即每种处理条件各有 5 名被试。

2. 主效应和交互作用

主效应是指在忽略实验中其他因素的作用下，实验中某个因素的不同水平对因变量的影响。例如不考虑指导语的类型，只分析不同的自尊水平是否会对因变量产生影响，就相当于对 10 个高自尊水平被试和 10 个低自尊水平被试的坚持时间进行差异比较，如果有显著差异，则称实验中存在着自尊水平的主效应。因此主效应的分析相当于把实验看成是几个相互独立的单因素设计，在一个实验中，有几个因素就有几个主效应。当主效应显著时，如果该因素有三个以上水平，则需要进一步的事后多重比较，以确定该因素各个水平之间的差异本质，这与单因素方差分析是类似的。

在多因素实验中，由于自变量有多个，自变量之间也可能存在着相互影响的关系，因此还需要估计因素的不同水平之间的复杂变化关系。如果一个因素对因变量的影响作用取决于另一个变量的不同水平时,即一个因素对因变量的影响在另一个因素的不同水平上是不一致的,我们称两个因素之间存在交互作用。下面我们用两个假设的实验数据来说明交互作用。

指导语 类型(B)	自尊水平(A)	
	高自尊(a_1)	低自尊(a_2)
坚持(b_1)	4	10
放弃(b_2)	7	13

A 实验一

指导语 类型(B)	自尊水平(A)	
	高自尊(a_1)	低自尊(a_2)
坚持(b_1)	4	10
放弃(b_2)	7	5

B 实验二

图 10-1　交互作用实验数据示例

在实验一中,A 因素从 a_1 变化为 a_2 时,无论在 b_1 还是 b_2 水平,a_2 与 a_1 的差都是 6(10−4=6,13−7=6),说明自尊水平的变化与指导语类型无关。同样 B 因素从 b_1 变化为 b_2,无论在 a_1 还是 a_2 水平上,b_1-b_2 都等于 3,说明不同的指导语与自尊水平无关。因此,A、B 两个因素彼此不影响,称之为没有交互作用。

在实验二中,在 b_1 时 $a_2-a_1=10-4=6$,在 b_2 时 $a_2-a_1=5-7=-2$,表明 A 因素的变化与 B 因素的不同水平有关,即高、低自尊水平下产生的坚持时间差异情况在不同的指导语中是不同的。同样,在 a_1 时 $b_2-b_1=7-4=3$,在 a_2 时 $b_2-b_1=5-10=-5$,即两种指导下产生的坚持时间差异在高、低自尊水平上是不一致的。这时 A、B 两因素之间相互影响,即存在着"交互作用",用 A×B 表示。多因素方差分析不仅能检验出各个因素对因变量的影响,还可检验出因素与因素相结合共同发生的影响,即交互作用。显著交互作用的统计结果对我们的研究有着重要的意义,它意味着各个因素对因变量的影响是相互交织的,要综合考虑,而不能只分析其中一个或几个自变量的单独作用。

通过线形图,可以直观地分析两个因素间是否存在交互作用。如图 10-2 所示,以因素 A 为横轴,因变量为纵轴,图内直线表示因素 B 的不同水平。当一个因素的水平在另一个因素的不同水平上变化趋势一致时,即两条线呈平行状,表明两个因素是相互独立的,如图 10-2A 所示。如果 A、B 两因素间有交互作用,则两条线会出现交叉,或者两条线会出现接点,如图 10-2B 所示。当然,这只是直观示意,交互作用是否显著,必须进行方差分析。

当交互作用显著时,还需要进一步分析各个水平之间的具体差异表现,可以从两个方面来分析:

第一,当"在考虑 A 的不同水平条件下,检验 B 因素对于因变量的影响",须分别检验在 a_1 和 a_2 两种条件下的 B 因素效应,称为 B 因素的简单效应检验。例如,分别检验高自尊和低自尊水平被试在两种指导语条件下所坚持的时间(因变量)是否有差异。

第二,"在考虑 B 的不同水平条件下,检验 A 因素对于因变量的影响",须分别检验在 b_1 和 b_2 两种条件下的 A 因素效应,称为 A 因素的简单效应检验。例如,分别检验在坚持指导语或放弃指导语条件下,高、低自尊水平被试所坚持的时间是否有差异。

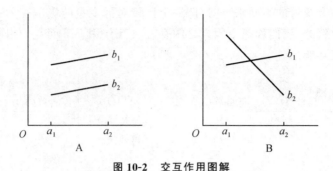

图 10-2 交互作用图解

虽然对交互作用的分析要比主效应的分析更复杂一些,但它往往能给我们的研究带来意想不到的结果,让我们对复杂的心理现象有着更深入的认识。

二、多因素方差分析的统计原理

多因素方差分析的基本原理与单因素方差分析是一样的,要计算的统计量主要是 F 比率,通过它判断平均数之间的差异是来源于误差还是某个处理效应。与单因素方差分析不同的是,多因素方差分析可同时检验一个实验中的多个自变量(因素)及其相互作用对因变量的影响。

1. 平方和的分解

由表中可知,每个被试所花费的时间是不同的,所有被试数据之间的变异代表着实验的总变异,方差分析的目的是确定实验数据中不同来源的变异对总变异的贡献大小。如前所述,多因素方差分析中不仅考查单个自变量对因变量的影响,还包含了各个自变量之间交互作用对因变量产生的影响。因此在两因素的完全随机设计中(如例 10-4),总平方和可被分解为:

$$SS_T = SS_A + SS_B + SS_{AB} + SS_E \quad \text{(公式 10-24)}$$

式中,SS_A 表示 A 因素的主效应,SS_B 表示 B 因素的主效应,SS_{AB} 表示 A 因素与 B 因素的交互作用,SS_E 表示在实验中不能被 $SS_A + SS_B + SS_{AB}$ 解释的剩余变异,代表着实验中的随机误差,因此作为 F 检验的误差项。

2. F 检验

多因素方差分析中的 F 检验包括主效应及交互效应的检验。在例 10-4 中,处理效应主要有三个来源:A 的主效应、B 的主效应以及 A×B 的交互效应,因此假设有三个,即:

虚无假设:$H_0: \sigma_A^2 + \sigma_E^2 = \sigma_E^2$(表示没有 A 因素的主效应)

$H_0: \sigma_B^2 + \sigma_E^2 = \sigma_E^2$(表示没有 B 因素的主效应)

$H_0: \sigma_{AB}^2 + \sigma_E^2 = \sigma_E^2$(表示没有 AB 因素的交互效应)

备择假设:$H_1: \sigma_A^2 + \sigma_E^2 \neq \sigma_E^2$(表示有 A 因素的主效应)

$H_1: \sigma_B^2 + \sigma_E^2 \neq \sigma_E^2$（表示有 B 因素的主效应）

$H_1: \sigma_{AB}^2 + \sigma_E^2 \neq \sigma_E^2$（表示有 AB 因素的交互效应）

F 检验的步骤与单因素方差分析一致，如果结果不能拒绝虚无假设，则表明在组之间没有系统变异。例如，如果自尊水平对被试的坚持时间没有影响，即没有 A 因素的主效应，则 $\sigma_A^2 = 0$，$F = (\sigma_A^2 + \sigma_E^2)/\sigma_E^2 = 1$。如果虚无假设是假的，则 $\sigma_A^2 > 0$，$F = (\sigma_A^2 + \sigma_E^2)/\sigma_E^2 > 1$。因此当 F 比率小于 1 时，可认为处理效应对数据没有显著影响；而如果 F 比率显著大于 1，且超过了临界水平，就可认为数据中的变异虽然有部分是源于随机误差，但更大部分的变异是源于相应的处理效应。

表 10-4　方差分析表

效应	F 比率	H_0 为真	H_0 为假
A	$F_A = \dfrac{MS_A}{MS_E}$	$\sigma_A^2 = 0$ $F_A = \dfrac{\sigma_A^2 + \sigma_E^2}{\sigma_E^2} = 1$	$\sigma_A^2 > 0$ $F_A = \dfrac{\sigma_A^2 + \sigma_E^2}{\sigma_E^2} > 1$
B	$F_B = \dfrac{MS_B}{MS_E}$	$\sigma_B^2 = 0$ $F_B = \dfrac{\sigma_B^2 + \sigma_E^2}{\sigma_E^2} = 1$	$\sigma_B^2 > 0$ $F_B = \dfrac{\sigma_B^2 + \sigma_E^2}{\sigma_E^2} > 1$
AB	$F_{AB} = \dfrac{MS_{AB}}{MS_E}$	$\sigma_{AB}^2 = 0$ $F_{AB} = \dfrac{\sigma_{AB}^2 + \sigma_E^2}{\sigma_E^2} = 1$	$\sigma_{AB}^2 > 0$ $F_{AB} = \dfrac{\sigma_{AB}^2 + \sigma_E^2}{\sigma_E^2} > 1$

3. 事后多重比较及简单效应比较

与单因素方差分析类似，当某个自变量的主效应达到显著，且水平数超过两个时，需要进行进一步的事后比较，以明确说明平均数的差异情况。对主效应的事后多重比较与单因素方差分析原理相同。类似的，当交互效应达到显著水平时也需进行事后比较，称为简单效应比较。简单效应比较包含事后整体检验与事后多重比较两种状况。有几点值得注意的是：

(1) 如果每个因素只有两个水平，主效应显著后无需进行事后比较，直接报告两个平均数并指出它们的高低关系即可。如果有三个或以上水平，就需要进行事后多重比较。

(2) 如果主效应和交互效应都显著，必须对交互效应进行解释。交互效应显著，表明主效应是一个过度简化、没有考虑到其他因素的一种检验。如果只是一味地对某一显著的主效应加以解释或讨论其事后多重比较的结果，会扭曲该因素的真实效果。

(3) 交互效应显著时，如果其中一个因素有三个或以上水平，其事后比较包括某一因素的简单效应比较及该效应的事后多重比较。例如对 a_1 水平上的 B 因素主效应检验，即检验 a_1b_1, a_1b_2, a_1b_3 之间有无显著差异，如果有显著差异，还需要进一步多重比较它们之间两两差异的本质。

三、2×2 完全随机设计的方差分析举例

多因素实验设计可根据实验的目的有着多种变式,一般包含组间设计、组内设计及混合设计。2×2 完全随机设计(组间设计)是最简单的多因素方差分析设计类型,如前面提到的例子就是一个 2×2 完全随机设计。假设实验后得到如下数据,试分析两种因素对被试的坚持时间是否有影响。

表 10-5 2×2 设计数据分析表

指导语类型(B)	自尊水平(A)		总计
	高自尊(a_1)	低自尊(a_2)	
	a_1b_1	a_2b_1	
坚持(b_1)	$X_{111}=2.6$	$X_{121}=3.5$	
	$X_{211}=2.9$	$X_{221}=3.0$	
	$X_{311}=2.5$	$X_{321}=2.8$	
	$X_{411}=2.8$	$X_{421}=3.1$	
	$X_{511}=2.3$	$X_{521}=2.9$	
$\sum$	$X_{.11}=13.1$	$X_{.21}=15.3$	$X_{..1}=28.4$
	a_1b_2	a_2b_2	
放弃(b_2)	$X_{112}=2.5$	$X_{122}=2.0$	
	$X_{212}=2.3$	$X_{222}=1.9$	
	$X_{312}=2.4$	$X_{322}=1.8$	
	$X_{412}=1.9$	$X_{422}=2.2$	
	$X_{512}=2.2$	$X_{522}=1.7$	
$\sum$	$X_{.12}=11.3$	$X_{.22}=9.6$	$X_{..2}=20.9$
总计	$X_{.1.}=24.4$	$X_{.2.}=24.9$	
$N=20$	$\sum X_{ijk}=49.3$	$\sum X_{ijk}^2=125.99$	

注:i 表示被试数,j 表示 A 因素水平数,k 表示 B 因素水平数,· 表示表格中相应的横栏或竖栏的分数之和。

解:方差分析的前提是各组的方差齐性,因此需要先进行 F_{max} 方差齐性检验:

四个单元格内的方差分别为:$\hat{S}^2_{a_1b_1}=0.057, \hat{S}^2_{a_1b_2}=0.073, \hat{S}^2_{a_2b_1}=0.053, \hat{S}^2_{a_2b_2}=0.037$,于是 $F_{max}=\dfrac{\hat{S}^2_{max}}{\hat{S}^2_{min}}=\dfrac{0.073}{0.037}=1.973$

查附表 7,当 $k=4, df=n-1=4$ 时,$F_{max(0.05)}=20.60, F_{max} < F_{max(0.05)}$,表明各组方差齐性,该数据可进行方差分析。

① 计算平方和与自由度:

表 10-5 中数据表明,每个被试所花费的时间是不同的,那么在所有被试数据之间的变异就代表了实验的总变异。因此总平方和的计算与单因素方差分析是一致的:

$$SS_T = \sum(X_{ijk} - \overline{X}_t)^2 = \sum X_{ijk}^2 - \frac{(\sum X_{ijk})^2}{N}$$

$$= 125.99 - \frac{49.3^2}{20} = 125.99 - 121.524 = 4.466$$

$$df_T = N - 1 = 20 - 1 = 19$$

因素 A 的组间平方和是假定全体只根据 A 因素来分组,则分成两组,每组 10 人,两组的组间平方和计算公式为:

$$SS_A = \sum \frac{(X_{.j.})^2}{n_{j.}} - \frac{(\sum X_{ijk})^2}{N} = \frac{24.4^2}{10} + \frac{24.9^2}{10} - \frac{49.3^2}{20}$$

$$= 121.537 - 121.524 = 0.013$$

$$df_A = j - 1 = 2 - 1 = 1$$

类似的,因素 B 的组间平方和计算公式为:

$$SS_B = \sum \frac{(X_{..k})^2}{n_{.k}} - \frac{(\sum X_{ijk})^2}{N} = \frac{28.4^2}{10} + \frac{20.9^2}{10} - \frac{49.3^2}{20}$$

$$= 124.337 - 121.524 = 2.813$$

$$df_B = k - 1 = 2 - 1 = 1$$

对交互作用的平方和计算上较为复杂一些,因为它涉及的是四个单元格中平均数差异的检验,因此首先计算所有单元格平均数之间的离差平方和。但这不代表交互作用,因为这些差异不仅有两个因素间的交互作用,还包含了因素 A 和因素 B 的单独作用。因此,需要将因素 A 和 B 的主效应从中去除掉,剩余的就是交互作用。其计算公式为:

$$SS_{AB} = \sum \frac{(X_{.jk})^2}{n_{jk}} - \frac{(\sum X_{ijk})^2}{N} - SS_A - SS_B$$

$$= \frac{13.1^2}{5} + \frac{11.3^2}{5} + \frac{15.3^2}{5} + \frac{9.6^2}{5} - \frac{49.3^2}{20} - 0.013 - 2.813$$

$$= 124.35 - 0.013 - 2.813 = 0.76$$

$$df_{AB} = (j-1)(k-1) = 1$$

最后是组内平方和的计算,其计算与单因素方差分析类似,等于总变异减去所有单元格平均数之间的差异之后的剩余变异:

$$SS_E = \frac{\sum X_{ijk}^2 - \sum(X_{.jk})^2}{n_{jk}} = 125.99 - \left(\frac{13.1^2}{5} + \frac{11.3^2}{5} + \frac{15.3^2}{5} + \frac{9.6^2}{5}\right)$$

$$= 125.99 - 124.35$$

$$df_E = \sum(n_{jk} - 1) = (5-1) + (5-1) + (5-1) + (5-1) = 16$$

② 计算均方：

$$MS_A = \frac{SS_A}{df_A} = \frac{0.013}{1} = 0.013$$

$$MS_B = \frac{SS_B}{df_B} = \frac{2.813}{1} = 2.813$$

$$MS_{AB} = \frac{SS_{AB}}{df_{AB}} = \frac{0.76}{1} = 0.76$$

$$MS_R = \frac{SS_E}{df_E} = \frac{0.88}{16} = 0.055$$

③ 计算 F 值：

$$F_A = \frac{MS_A}{MS_E} = \frac{0.013}{0.055} = 0.236$$

$$F_B = \frac{MS_B}{MS_E} = \frac{2.813}{0.055} = 51.145$$

$$F_{AB} = \frac{MS_{AB}}{MS_E} = \frac{0.76}{0.055} = 13.818$$

这里我们可计算出三个 F 值，需要注意的是，每个 F 检验的临界值都不同，需要进行各自的比较。

④ 根据显著性水平 α 确定临界值。

查 F 分布表，当 $\alpha = 0.05$ 时，$F_{0.05(1,16)} = 4.49$。

由于本题中分子的自由度都为 1，因此它们的临界值是一样的。

⑤ 根据统计结果，做出推论结论。

我们将统计结果列成方差分析表：

变异来源	SS	df	MS	F
A	0.013	1	0.013	0.236
B	2.813	1	2.813	51.145*
AB	0.76	1	0.76	13.818*
Error	0.88	16	0.055	
总变异	4.466	19		

注：* 表示在 0.05 水平上有显著差异，** 表示在 0.01 水平上有显著差异，*** 表示在 0.001 水平上有显著差异。

根据统计结果，我们可以得出：在该次方差分析中发现了指导语类型的主效应以及指导语与自尊水平的交互作用，即坚持与放弃的指导语下产生的不同效果是受不同自尊水平影响的；同样，不同的自尊水平下被试的坚持时间的差异也受到指导语的影响。

四、事后多重比较

如果方差分析结果表明交互作用不显著，检验每个因素的主效应就很重要，其检验方法与单因素方差分析是相同的,也使用 HSD 事后检验法来进行计算。例如,我们发现 B 因素的主效应,因此进行事后检验(B 因素只有两个水平,可以不用事后检验直接看平均数,但为了让大家明白事后检验的过程,因此也进行事后检验计算)。

已知 $k=4, n=5, df_E=16, \text{MS}_E=0.055, \alpha=0.05$,查附表 7 得 $q_{\text{critical}}=4.05$。代入公式:

$$\text{HSD} = q_{\text{critical}}\sqrt{\frac{\text{MS}_E}{n}} = 4.05\sqrt{\frac{0.055}{5}} = 0.425$$

因此,只要两两平均数之间的差异等于或超过 0.425,即可认为这两个平均数在 0.05 水平上差异显著。$\overline{X}_{a_1} - \overline{X}_{a_2} = 2.84 - 2.09 = 0.75$,已超过 0.425,因此这两个平均数之间差异显著。

如果交互作用显著,对每个因素主效应检验的意义就不大。在上例中,B 因素的作用显著,但这个显著作用是与 A 因素有关系的,也就是说虽然 A 因素的主效应不显著,但它对 B 因素的影响或者说对交互作用的贡献是不容忽视的。交互作用显著,这本身就表明两个因素对实验结果具有共同的影响。

为了进一步讨论 b_1 与 b_2 在 A 因素的哪一个水平上差异显著(或者 a_1 与 a_2 在 B 因素的哪一个水平上差异显著),有时会常常继续进行检验,其检验过程如下:

在 a_1 水平上 B 因素平方和以 $\text{SS}_{B(a_1)}$ 表示,其平方和的计算等于把 a_1b_1 和 a_1b_2 看成两个处理组,因此平方和的计算与 A 因素主效应或 B 因素主效应的计算是类似的:

$$\text{SS}_{B(a_1)} = \sum \frac{(X_{\cdot 1k})^2}{n_{jk}} - \frac{(X_{\cdot 1 \cdot})^2}{n_{\cdot k}} = \frac{13.1^2 + 11.3^2}{5} - \frac{24.4^2}{10}$$
$$= 59.86 - 59.536 = 0.324$$

在 a_2 水平上 B 因素平方和以 $\text{SS}_{B(a_2)}$ 表示:

$$\text{SS}_{B(a_2)} = \sum \frac{(X_{\cdot 2k})^2}{n_{jk}} - \frac{(X_{\cdot 2 \cdot})^2}{n_{\cdot k}}$$
$$= \frac{15.3^2 + 9.6^2}{5} - \frac{24.9^2}{10} = 65.25 - 62.001 = 3.249$$

(验算:$\text{SS}_{B(a_1)} + \text{SS}_{B(a_2)} = 3.573$,而 $\text{SS}_B + \text{SS}_{AB} = 2.813 + 0.76 = 3.573$)

在 b_1 水平上 A 因素平方和以 $\text{SS}_{A(b_1)}$ 表示:

$$\text{SS}_{A(b_1)} = \sum \frac{(X_{\cdot j1})^2}{n_{jk}} - \frac{(X_{\cdot \cdot 1})^2}{n_{\cdot j}} = \frac{13.1^2 + 15.3^2}{5} - \frac{28.4^2}{10}$$
$$= 81.14 - 80.656 = 0.484$$

在 b_2 水平上 A 因素平方和以 $\text{SS}_{A(b_2)}$ 表示:

$$\text{SS}_{A(b_2)} = \sum \frac{(X_{\cdot j2})^2}{n_{jk}} - \frac{(X_{\cdot \cdot 2})^2}{n_{\cdot j}} = \frac{11.3^2 + 9.6^2}{5} - \frac{20.9^2}{10}$$
$$= 43.97 - 43.681 = 0.289$$

(验算:$\text{SS}_{A(b_1)} + \text{SS}_{A(b_2)} = 0.773$,而 $\text{SS}_A + \text{SS}_{AB} = 0.013 + 0.76 = 0.773$)

在完全随机设计的多因素方差分析中,所有的 F 比率分母均为 MS_E,即都与误差项进行比较,以判断该变异是来源于随机误差还是来源于处理效应。对于交互作用的简单效应比较结果列在表 10-6。

表 10-6 简单效应分析表

变异来源		SS	df	MS	F
A 因素					
	在 b_1 水平	0.484	1	0.484	8.8**
	在 b_2 水平	0.289	1	0.289	5.25*
B 因素					
	在 a_1 水平	0.324	1	0.324	5.89*
	在 a_2 水平	3.249	1	3.249	59.07**
Error		0.88	16	0.055	
总变异		4.466	19		

$F_{0.05(1,16)}=4.49, F_{0.01(1,16)}=8.53$

注:* 表示在 0.05 水平上有显著差异,** 表示在 0.01 水平上有显著差异,*** 表示在 0.001 水平上有显著差异。

从结果看,虽然 A 因素从整体上看不显著,但它在 B 因素的两个水平上都是显著的。这表明 A 因素对因变量的影响会被 B 因素所掩盖,如果从 B 因素的不同水平来看,A 因素即自尊水平对被试坚持性的影响都是显著的。而 B 因素在 a_1 a_2 水平上都是显著的,表明不管是高自尊还是低自尊水平,两种指导语产生的影响都是显著的。

以上有关多因素方差分析的讨论,基于两因素完全随机的实验设计,即在两因素实验设计中,每一位被试只在某一特定组别中出现一次,每位被试之间无任何关联。多因素实验设计可根据实验的目的有着多种的变式,一般包含组间设计、组内设计及混合设计。不论是什么设计,方差分析处理的原则与程序完全相同,只是由于因素的增多,或者设计的改变,其平方和的分解有所不同。例如在三因素组间设计中,即三因素完全随机设计中,其主效应有三个,交互作用包括两两因素的交互作用,以及三个因素之间的交互作用,即有四个交互效应,因此平方和分解为:

$$SS_T = SS_A + SS_B + SS_C + SS_{AB} + SS_{AC} + SS_{CB} + SS_{ABC} + SS_E$$

(公式 10-25)

如果是组内设计,与单因素组内设计类似,可以把被试的变异从总变异中单独分离出来,因此在平方和的分解中又多了一项被试变异,例如一个两因素被试内设计的方差分析,平方和分解为:

$$SS_T = SS_B + (SS_A + SS_{A \times subject} + SS_B + SS_{B \times subject} + SS_{AB} + SS_{B \times A \times subject})$$

在心理学研究中,我们也经常进行混合设计,混合设计一般涉及两个以上的自变量,其中每个自变量的实验设计各不相同。例如有的自变量用组间设计,有的自变量用组内设计,实际上是同时进行几个实验。对于这类设计的分析就更为错综复杂,例如一

个两因素的实验设计,其中 A 因素为组内设计,B 因素为组间设计,这类设计的方差分析中,平方和分解为:
$$SS_T = (SS_A + SS_{subject(A)}) + (SS_B + SS_{AB} + SS_{B \times subject(A)})$$
因而多因素方差分析方法不仅多种多样,而且也相当复杂,如果数据较多,计算上也非常困难,因此一般都使用数据统计分析软件进行。对于不是专门研究统计学的心理学研究者来说,只要掌握方差分析的统计原理即可,其他的计算则由统计软件完成。

【自测题】

一、单选题
1. 一个组间设计的实验中有 3 组被试,方差分析的组内自由度为 27,则该实验的被试总数为:_____
   A. 24　　　　　B. 28　　　　　C. 29　　　　　D. 30
2. 某个研究者在一项实验中把被试随机分成三组,每组进行一种实验条件,这种设计属于:_____
   A. 组间设计　　B. 组内设计　　C. 混合设计　　D. 不清楚
3. 下列式子中正确的是:_____
   A. $SS_{组内} = SS_{总} - SS_{组间}$　　　　B. $SS_{组内} = SS_{总} + SS_{组间}$
   C. $SS_{组内} = SS_{组间} - SS_{总}$　　　　D. $SS_{总} = SS_{组间} - SS_{组内}$
4. 当组数等于 2 时,对于同一资料,方差分析结果与 t 检验结果:_____
   A. 完全等价且 $F=\sqrt{t}$　　　　B. 方差分析结果更准确
   C. t 检验结果更准确　　　　　　D. 完全等价且 $t=\sqrt{F}$
5. 完全随机设计方差分析中的组间均方是:_____
   A. 表示抽样误差大小
   B. 表示某处理因素的效应作用大小
   C. 表示某处理因素的效应和随机误差两者综合影响的结果
   D. 表示随机因素的效应大小
6. 完全随机设计资料,若满足正态性和方差齐性,要对两个小样本数据的平均数作差异检验,以下可选择的是:_____
   A. 完全随机设计的方差分析　　B. z 检验
   C. 配对 t 检验　　　　　　　　D. χ^2 检验
7. 某研究选取容量均为 5 的三个独立样本,进行方差分析时其总自由度是:_____
   A. 15　　　　　B. 12　　　　　C. 2　　　　　D. 14
8. 以下不属于方差分析的前提条件是:_____
   A. 各个总体服从正态分布　　　B. 各个总体均值相等
   C. 各个总体具有相同的方差　　D. 各个总体相互独立

9. 为研究溶液温度对液体植物生长的影响,将水温控制在三个水平上,该实验设计中应用的方差分析是:_____
   A. 单因素方差分析　　　　　　　　B. 二因素方差分析
   C. 三因素方差分析　　　　　　　　D. 二因素三水平方差分析
10. 以下哪项是事后检验常用的方法:_____
   A. F 检验　　　B. t 检验　　　C. HSD 事后检验　　D. χ^2 检验

二、名词解释
1. 处理效应
2. 误差效应

三、简答题
1. 方差分析的适用条件是什么?主要用来检验什么?
2. 为何多个平均数的比较不能直接做两两比较的 t 检验?
3. 比较组间设计与组内设计的优缺点。
4. 简述方差分析的基本步骤。

四、计算题
1. 某课题研究四种衣料内棉花吸附十硼氢量。每种衣料各做五次测量,所得数据如下表。试检验各种衣料棉花吸附十硼氢量有没有差异,如有差异,请指出具体差异所在。

衣料 1	衣料 2	衣料 3	衣料 4
2.33	2.48	3.06	4.00
2.00	2.34	3.06	5.13
2.93	2.68	3.00	4.61
2.73	2.34	2.66	3.80
2.33	2.22	3.06	3.60

2. 某公司为了配合一种新产品销售活动制作了三个广告宣传片。为了考查哪一个广告效果更好,将每个广告都在四个不同规模的商店播放(播放顺序随机排列),下表中每个单元的数据是广告在商店播放一个星期期间的产品销量。问哪一个广告效果更好。

商店	广告		
	A	B	C
1	11	14	8
2	5	8	6
3	19	27	16
4	5	7	4

11

计数数据分析

【评价目标】
1. 理解 χ^2 分布的特点,掌握 χ^2 检验的原理及步骤。
2. 理解拟合度检验及独立性检验的适用范围,能够恰当运用 χ^2 分布理论进行计数数据的分析。

t 检验和 F 检验是统计推论中较为常用的检验方法,但它们也有一定的适用范围,即在这些检验方法中,因变量数据应是等距或等比的测量数据。但在心理学研究中,我们经常得到的因变量是类别变量或称名变量,对于这类数据的分析就不能使用 t 检验和 F 检验。本章将介绍用于分析计数数据的统计方法:χ^2 检验。

虽然 χ^2 检验之前未接触过的,但其检验逻辑与其他的假设检验方法一样。例如,首先确立虚无假设和备择假设,然后选择一个抽样分布,根据该分布确定拒绝虚无假设的临界值等。因此在本章我们只需学习一个新的抽样分布:χ^2 分布,以及相应的计算公式即可。研究问题不同,使用的 χ^2 检验方法也不同。本章主要介绍两种:拟合度检验及独立性检验。

第一节 χ^2 检验概述

在心理学研究中,经常会涉及分类或称名变量,对于这些变量的数据收集,一般都是使用计数方式,如统计男、女生的人数,统计选择文科、理科的人数等。对于这类数据,计算出它们的平均数没有什么意义,例如,已知选择文科的平均数是 3.473,这不能告诉我们任何信息。这时,计算不同类别的频数才是有用的信息,例如在一个 50 人的样本中,选择文科的有 30 人,能否说明学生对文理科的选择上有差异存在呢?通过 χ^2 检验可以回答这个问题。

一、χ^2 检验的原理

χ^2 检验主要处理各种实验条件中的实际观察频数与理论频数分布是否相一致,或

者有无显著差异的问题。实际频数(actual frequencies)是指在实验或调查中得到的计数资料,又称为观察频数(observed frequencies),用 f_o 表示。理论频数(theoretical frequencies)是指根据概率原理、某种理论、某种理论频数分布或经验频数分布计算出来的次数,又称为期望频数(expected frequencies),用 f_e 表示。

1. χ^2 的基本公式

在实际研究中,即使没有处理效应存在,抽样误差也会使得实际得到的 f_o 与理论上的期望值 f_e 之间存在着差异。例如,如果学生对文科和理科的喜爱程度没有差别,则选择两类的人数应该是相等的,即都为 25 人。实际上选择的人数可能不等于 25,因此这时实际频数与理论频数之间就存在着一个差别。对于二者之间的差别,可以通过一个统计量:χ^2 来表示,即:

$$\chi^2 = \sum \frac{(f_o - f_e)^2}{f_e} \qquad (公式 11\text{-}1)$$

这个公式是根据 1899 年统计学家皮尔逊推导的配合适度的理论公式而来,该统计量服从的是 χ^2 分布。

2. χ^2 分布的特点

(1) χ^2 分布是一个正偏态分布,其分布形态随自由度 $df = n - 1$ 而变化。df 越小,分布越偏斜。df 很大时,接近正态分布,当 $df \to \infty$ 时,χ^2 分布即为正态分布。可见 χ^2 分布是一族分布,正态分布是其中一特例,如图 11-1 所示。

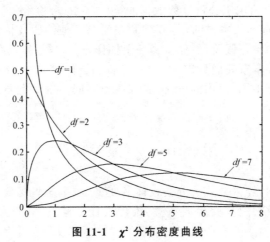

图 11-1　χ^2 分布密度曲线

(2) χ^2 值都是正值。

(3) χ^2 分布是连续型分布,但有些离散型的分布也近似 χ^2 分布。

χ^2 分布在统计分析中主要应用于计数数据的假设检验,附表 9 是根据 χ^2 分布密度曲线计算出的 χ^2 分布表。

3. χ^2 检验的步骤

χ^2 检验的步骤与其他检验方法是一样的,即先建立假设,计算统计量,再根据显著性水平 α 确定临界值,然后根据抽样分布确定拒绝虚无假设的临界值,最后根据统计结果做出统计结论等。这里需要注意的几点是:

(1) 建立假设。χ^2 检验是对观察频数与期望频数之间差异的检验,它涉及的是观察频数的分布形状是否与期望频数的分布形状相符合,不涉及总体参数问题,这一点与前几章所讲的不同。因此其统计假设为:

$$H_0 : f_o = f_e$$
$$H_1 : f_o \neq f_e$$

(2) 期望频数的计算。期望频数是虚无假设成立时的数值,它是计算 χ^2 值的关键性步骤。理论频数的计算一般是根据某种理论,按一定的概率通过样本即实际观察次数计算。具体应用要依据实际情况而定。但这里需要注意的一点是,各种处理条件下计算出的理论次数不得小于 5。当 f_e 过小时,χ^2 的频数分布会偏离 χ^2 分布,如果使用 χ^2 分布进行判断,会导致统计检验高估的情形出现。因此当理论次数过小时,需要使用校正公式计算 χ^2 值。

(3) 根据统计结果,做出推论结论。χ^2 分布是虚无假设成立时的 χ^2 值的频数分布。与正态分布或 t 分布类似,根据某一特定显著性水平、自由度,通过查 χ^2 分布表可获得 χ^2 的临界值。如果实际计算得到的 χ^2 大于临界值,说明实际得到的 χ^2 是一个小概率事件,根据小概率事件原理,说明该 χ^2 不是来自于虚无假设成立时的 χ^2 分布,从而拒绝虚无假设。

二、χ^2 检验的假设

1. 分类相互排斥,互不包容

χ^2 检验中的分类必须相互排斥,这样每一个观测值只能被划分到其中的一个类别中。此外,分类必须互不包容,这样,就不会出现某一观测值同时属于多种类别的情况。例如,计算学生选修课的选课情况时,要保证一个学生只选择其中一门选修课,如果一个学生多选课的话,就会导致频数计算时出现夸大的情况,从而导致错误结论。

2. 观测值相互独立

观测值相互独立意味着被试被划分到某一类别中不会对其他类别产生影响。例如,在选课中要求学生数学成绩达到 80 分的才能选择经济学这门课,那么各门课的分布就不是独立的。为了满足独立性的要求,必须对每门课进行统一的要求。如果只对某门课设定要求,就意味着某门课程可能比其他课程更容易多人或少人进入。

3. 足够的样本容量

如前所述,在 χ^2 检验中要求各种处理条件下的期望频数不得小于 5。如果期望频数过小会导致错误的结论。因期望频数的计算与被试容量有着直接的关系,因此增加样本容量可以提高期望频数。

第二节 拟合度检验

拟合度检验(goodness of fit test)主要用于检验单一变量中各项分类的实际观察频数分布与某理论频数的分布是否有差别。由于它检验的内容仅涉及一个因素多项分类的计数资料,故可以说是一种单因素检验。

一、样本率与已知总体率的比较

样本率与已知总体率的比较主要指样本中各项分类的实际频数、实际比率或百分数等是否与已知的总体频数、总体比率或总体百分数存在差异。

【例 11-1】 随机抽取 60 名学生,询问他们在高中是否需要文理分科,其中赞成分科的 39 人,反对分科的 21 人。问他们对分科的意见是否有显著差异。(取 $\alpha=0.05$)

解: 该题只有两种分类,其理论假设是两种分类之间没有差别,即两种分类的理论频数是相等的,选择赞成的比率和选择反对的比率应该是相等的,$p=q=0.5$,那么两类的理论频数 $f_e=60\times0.5=30$ 人。

① 建立虚无假设和备择假设:

$$H_0: f_o = f_e$$
$$H_1: f_o \neq f_e$$

② 选择并计算检验统计量:

$$\chi^2 = \sum \frac{(f_o - f_e)^2}{f_e} = \frac{(39-30)^2}{30} + \frac{(21-30)^2}{30} = 5.4$$

③ 根据显著性水平 α 确定临界值。

查 χ^2 分布表需要知道自由度 df,因此自由度的计算是检验的重要步骤。自由度的计算与两个因素有关:一是实验或调查中分类的数目;二是计算期望频数时,使用的样本统计量的个数。自由度的计算一般为数据的分类数目减去计算期望频数时所用的样本统计量的个数。一般情况下,在计算期望频数时要用到"总数"这一样本统计量,故一般为数据的分类数目减去 1。在该题中,分类数目为 2,因此 $df=2-1=1$。

查 χ^2 分布表,$\alpha=0.05$,$df=1$ 时,$\chi^2_{0.05(1)}=3.84$(括号中的数值表示自由度)。

④ 根据统计结果,做出推论结论。

因实得 $\chi^2>3.84$,因此可以拒绝虚无假设,认为学生对高中文理分科的态度有显著差异。

【例 11-2】 在一项是否提高个人所得税的民意调查中,共调查了 500 人,其中非常同意(A)占 24%,同意(B)占 20%,无所谓(C)占 8%,反对(D)占 12%,非常反对(E)占

36%。问各种态度的人数比例上是否有差异。（取 $\alpha=0.05$）

解：该题中态度被分成五类，检验的是五种分类之间有无差异，因此五种分类的理论频数是相等的，每一分类的概率都为 20%，那么理论频数 $f_e = N \times 20\% = 500 \times 20\% = 100$，而每一类的实际频数分别为 $f_A = 500 \times 24\% = 120, f_B = 500 \times 20\% = 100, f_C = 500 \times 8\% = 40, f_D = 500 \times 12\% = 60, f_E = 500 \times 36\% = 180$。

① 建立虚无假设和备择假设：
$$H_0: f_o = f_e$$
$$H_1: f_o \neq f_e$$

② 选择并计算检验统计量：
$$\chi^2 = \frac{(120-100)^2}{100} + \frac{(100-100)^2}{100} + \frac{(40-100)^2}{100} + \frac{(60-100)^2}{100} + \frac{(180-100)^2}{100} = 120$$

③ 根据显著性水平 α 确定临界值。

查 χ^2 分布表，$\alpha=0.05$，$df=k-1=4$ 时，$\chi^2_{0.05(4)}=9.49$。

④ 根据统计结果，做出推论结论。

因实得 $\chi^2 > \chi^2_{0.05(4)}$，因此可以拒绝虚无假设，认为持五种态度的人数或五种态度的百分数有十分显著的差异。

【例 11-3】 按某一气质测验的理论标准来看，认为青年人总体中，四种气质类型人数的比例为 3∶2.5∶2.5∶2。现某研究人员随机调查并测评了 120 位幼儿师范学生的气质类型，其结果如下：(A) 多血质 42 人；(B) 胆汁质 32 人；(C) 粘液质 35 人；(D) 抑郁质 11 人。问调查研究结果是否符合理论标准。（$\alpha=0.05$）

解：该题中是假设调查结果中的气质类型的人数分布与以往的理论分布相同，故理论频数应按以往的理论分布的概率来计算，即 $f_{e(A)} = 120 \times 3/10 = 36, f_{e(B)} = 120 \times 2.5/10 = 30, f_{e(C)} = 120 \times 2.5/10 = 30, f_{e(D)} = 120 \times 2/10 = 24$。

① 建立虚无假设和备择假设：
$$H_0: f_o = f_e$$
$$H_1: f_o \neq f_e$$

② 选择并计算检验统计量：
$$\chi^2 = \frac{(42-36)^2}{36} + \frac{(32-30)^2}{30} + \frac{(35-30)^2}{30} + \frac{(11-24)^2}{24} = 9$$

③ 根据显著性水平 α 确定临界值。

查 χ^2 分布表，$\alpha=0.05$，$df=k-1=3$ 时，$\chi^2_{0.05(3)}=7.81$。

④ 根据统计结果，做出推论结论。

因实得 $\chi^2 > \chi^2_{0.05(3)}$，因此可以拒绝虚无假设，认为该调查结果不符合理论标准。

可见，不论数据是百分数，还是比率数据，都可以转化成频数进行 χ^2 检验。但与方差分析类似，χ^2 检验是无方向性的整体检验。也就是说 χ^2 检验只能告诉我们观察频数的分布形状与理论频数的分布形状是否一致，或是偏离，至于是哪个具体的值高于或低于理论频数就不可得知了。

二、正态分布检验

t 检验或 F 检验中都要求总体符合正态分布，但有时在实际研究中预先不知道其总体的分布，因此需要对样本频数分布是否符合正态分布进行检验，称为正态分布的拟合度检验。对正态分布的拟合度检验是心理学研究中最常用的统计方法，也称为正态分布检验，包括非连续变量观测数据的正态分布检验及连续变量观测数据的正态分布检验。

1. 非连续变量的正态分布检验

假设某因素各项分类的频数分布为正态分布，检验实际观察频数分布与正态分布是否有差异。因为已假定所观察的资料是按正态分布的，故其理论次数的计算应按正态分布概率，分别计算出各项分类的理论频数。具体方法是先按正态分布理论计算各项分类应有的概率再乘以总数，便得到各项分类的理论频数。

【例 11-4】 某中学实行高中毕业会考制度并改革成绩评定方法，各门课程按优(A)、良(B)、中(C)、中下(D)及不及格(E)五级评分制评定。下表是各级学生的人数分布情况。如果学生的英语能力是服从正态分布，那么该表中的成绩评定结果是否符合在正态分布下按能力水平等距方式来划分？（$\alpha=0.05$）

成绩等级	A	B	C	D	E	Σ
人数	22	94	113	69	16	314

解：该题中检验的问题是学生的成绩评定是否符合正态分布理论。换句话说，如果学生总体的英语能力是正态分布的，则表中的各等级人数分布应与正态分布理论下的频数分布无显著差异。那么正态分布下各等级应是多少人数呢？这个问题其实我们在第六章的正态分布中已经解答过了，即如何使用正态分布在能力分组或等级评定时确定人数。

第一步，假定 6 个标准差包括了全体，将 6 个标准差除以等级的数目，做到 z 分数等距，即 $6\sigma \div 5 = 1.2\sigma$，每一等级应占 1.2σ 的距离，具体各等级的界限见表 11-1 第二列。

第二步，依据各等级的 z 分数界限计算出相应的概率，列在表第三列。

第三步，把概率乘以总人数，得到各等级的人数，列在表第四列。

表 11-1　依据正态分布理论确定的理论频数

成绩等级	各等级界限(z)	P	理论频数	实际频数
A	1.8σ 以上	0.0359	11.27	22
B	$0.6\sigma — 1.8\sigma$	0.2384	74.86	94
C	$-0.6\sigma — 0.6\sigma$	0.4514	141.74	113
D	$-1.8\sigma — -0.6\sigma$	0.2384	74.86	69
E	-1.8σ 以下	0.0359	11.27	16

① 建立虚无假设和备择假设：

$$H_0: f_o = f_e$$
$$H_1: f_o \neq f_e$$

② 选择并计算检验统计量：

$$\chi^2 = \frac{(22-11.27)^2}{11.27} + \frac{(94-74.86)^2}{74.86} + \frac{(113-141.74)^2}{141.74}$$
$$+ \frac{(69-74.86)^2}{74.86} + \frac{(16-11.27)^2}{11.27} = 23.38$$

③ 根据显著性水平 α 确定临界值。

查 χ^2 分布表，$\alpha=0.05$，$df=k-1=4$ 时，$\chi^2_{0.05(4)}=9.49$。

④ 根据统计结果，做出推论结论。

因实得 $\chi^2 > \chi^2_{0.05(4)}$，因此可以拒绝虚无假设，认为实际的成绩评定结果不符号正态分布，或者说实际成绩评定中的五个等级的人数分布与正态分布有显著差异。

2. 连续变量的正态分布检验

如果我们对总体的分布情况未知，就需要对所获得的连续变量数据是否符合正态分布进行检验，然后确定使用参数检验还是非参数检验。对连续随机变量数据分布的正态检验，首先是将连续变量数据整理成频数分布表，然后根据正态分布概率求出理论频数，通过理论频数与实际频数的比较来判断。关键的步骤是理论频数的计算和自由度的确定。理论频数计算的具体步骤如下：

(1) 根据各分组区间组中值 X_C、平均数、标准差求各分组的 z 分数：$z=\dfrac{X_C-\overline{X}}{S}$。

(2) 根据 z 分数查正态分布表求 y 值。

(3) 将 y 值乘以 i/S（以 z 分数为单位的组间距），得到按正态分布各分组区间的概率 p。

(4) 求各组的理论频数 $f_e = p \times N$。

确定自由度时是将分组的数目减去计算理论频数时所用的统计量的数目。因在正态分布的计算中，我们将使用到平均数和标准差以及总人数，因此 $df=k-3$。

【例 11-5】　如果例 11-4 中的英语考试成绩频数分布如下表所示，其平均数 $\overline{X}=71.4$ 分，标准差 $S=11.7$ 分，问 314 名学生在英语科目上的考试成绩是否服从正态分

布。($\alpha = 0.05$)

组别	f_o	X_C	$X_C - \bar{X}$	z	y	p	f_e	$\frac{(f_o - f_e)^2}{f_e}$
95—99	4	97	25.6	2.19	0.03626	0.02	6	0.67
90—94	12	92	20.6	1.76	0.08478	0.04	13	0.08
85—89	18	87	15.6	1.33	0.16474	0.07	22	0.73
80—84	28	82	10.6	0.91	0.26369	0.11	36	1.78
75—79	44	77	5.6	0.48	0.35553	0.16	50	0.72
70—74	72	72	0.6	0.05	0.39844	0.17	54	6.00
65—69	46	67	−4.4	−0.38	0.37115	0.16	50	0.32
60—64	40	62	−9.4	−0.80	0.28969	0.12	39	0.03
55—59	22	57	−14.4	−1.23	0.18724	0.08	25	0.36
50—54	18	52	−19.4	−1.66	0.10059	0.04	13	1.92
45—49	10	47	−24.4	−2.09	0.04491	0.02	6	2.67
∑							314	15.28

① 建立虚无假设和备择假设：

$$H_0: f_o = f_e$$
$$H_1: f_o \neq f_e$$

② 选择并计算检验统计量。

具体计算步骤见上表，$\chi^2 = 15.28$。

③ 根据显著性水平 α 确定临界值。

查 χ^2 分布表，$\alpha = 0.05, df = k - 3 = 11 - 3 = 7$ 时，$\chi^2_{0.05(7)} = 15.507$。

④ 根据统计结果，做出推论结论。

因实得 $\chi^2 < \chi^2_{0.05(8)}$，因此不能拒绝虚无假设，认为314名学生在英语科目上的考试成绩服从正态分布。

第三节 列联表分析与独立性检验

拟合度检验主要用于单一分类变量的检验，而当分类变量不止一个时，即自变量不止一个，且都为分类变量，如果要研究自变量之间的关系，如是否相互独立，还是相互关联，或有无"交互作用"的存在时，就需要使用 χ^2 独立性检验(test of independence)。

例如，某校对学生的课外活动内容进行调查，结果如表11-2所示。

表 11-2 学生课外活动调查结果

性别	活动内容			合计
	体育	文娱	阅读	
男	21	11	23	55
女	6	7	29	42
合计	27	18	52	97

这里有两个自变量,一是性别,有两个水平:男、女;一是活动内容,有三个水平:体育、文娱、阅读。如果调查想了解性别与活动内容是否有关联,或者说男、女生在课外活动内容上是否存在显著差异,这两个问题虽然提问的方式不同,但实质是相同的,都是独立性检验要回答的问题,即二者是否相互独立。如果两变量之间独立则在分类上差异不显著,即男女生在课外活动内容的选择上不存在差异,或者说男、女生对三种课外活动内容的选择人数是相等的。如果两变量之间不独立,即有关联,那么在分类上的差异就显著,意味着男、女生对不同课外活动内容的选择人数是不一样的,例如,从表 11-2 中来看,女生倾向于选择阅读,而男生在体育和阅读上的选择人数是相当的。但究竟性别与活动内容的选择是否有关系,则需要通过 χ^2 独立性检验来进行说明。

独立性检验一般采用表格的形式记录观察结果,如表 11-2,即把样本数据同时按多种特征进行分类后构成交叉表,这种表格又称为列联表(crosstabulation),因此独立性检验又有列联表分析之称。每一个因素都可以分为两种或两种以上的类别,因分类的数目不同,列联表有多种形式。两个因素各有两种分类,称为 2×2 表或四格表,一个因素有 R 种分类,而另一个因素有 C 种分类,这种表称为 $R×C$ 表。另外,因素也可以多于两个以上,这种表称为多维列联表,它的分析比较复杂。本章主要针对二维列联表,即两个因素来讨论独立性检验的分析方法。

一、四格表的独立性检验

1. 独立样本的四格表检验

最简单的列联表就是四格表,这种形式在心理、教育及社会调查中应用最多。独立样本四格表意味着两个因素之间是相互独立的,且两个因素都只分成两个类别,当各单元格的理论频数 $f_e \geqslant 5$ 时,可用 χ^2 的基本公式求 χ^2 值进行检验。

【例 11-6】 随机抽取 100 人,按男女不同性别分类,将学生成绩分为中等以上及中等以下两类,结果如下表所示。问男女生在学业水平上是否有关联,或男女生在学业中等以上的比率差异是否显著。($\alpha=0.05$)

性别	学业成绩		合计
	中等以上	中等以下	
男	$f_{o(11)}=35$ $f_{e(11)}=\dfrac{45\times 50}{100}=22.5$	$f_{o(12)}=10$ $f_{e(12)}=\dfrac{45\times 50}{100}=22.5$	$R_1=45$
女	$f_{o(21)}=15$ $f_{e(21)}=\dfrac{55\times 50}{100}=27.5$	$f_{o(22)}=40$ $f_{e(22)}=\dfrac{55\times 50}{100}=27.5$	$R_2=55$
合计	$C_1=50$	$C_2=50$	$N=100$

解：① 建立虚无假设和备择假设：

独立性检验的虚无假设是二因素（或多因素）之间是独立的或无关联的，备择假设则是二因素（或多因素）之间是有关联或者说差异显著，一般多用文字叙述而很少用统计符号来表示。因此本题的假设为：

H_0：性别与学业成绩之间是独立的或无关联的

H_1：性别与学业成绩之间是有关联或差异显著的

② 选择并计算检验统计量。

χ^2检验主要是比较理论频数与观察频数之间的差异，因此关键步骤在于理论频数的计算。在独立性检验中，理论频数是直接用列联表提供的数据推算出来，其具体步骤如下：

第一，计算出两样本各行或各列的数目总和，列在表格中的最右边一栏和最下边一栏。

第二，每一项分类的数目与总数（N）的比值，提供了样本的比率，即中等以上的人数比率为50/100，中等以下的人数比率为50/100。此时是在不考虑性别情况下的理论比率。

第三，按此比率划分另一个分类变量中各项分类的理论频数，即按上述比率来划分，男生45人中应有$45\times(50/100)$的人数是中等以上的，$45\times(50/100)$的人数是中等以下的，以此类似，女生55人中应有$55\times(50/100)$的人数是中等以上的，$55\times(50/100)$的人数是中等以下的，这就是各个单元格中的理论频数。

因此各单元格内的理论频数的计算公式为：

$$f_e=\frac{R_iC_j}{N} \quad\quad\quad (公式11-2)$$

式中，R_i为每一行的频数总和，C_j为每一列的频数总和，N为总频数。

该题中各单元格中理论频数的具体计算结果见表11-3。

计算出理论频数后，通过$\chi^2=\sum\dfrac{(f_o-f_e)^2}{f_e}$的基本公式，就可以计算出实际的$\chi^2$值，即：

$$\chi^2 = \frac{(35-22.5)^2}{22.5} + \frac{(10-22.5)^2}{22.5} + \frac{(15-27.5)^2}{27.5} + \frac{(40-27.5)^2}{27.5} = 25.252$$

③ 根据显著性水平 α 确定临界值。

查 χ^2 分布表重要的一点是自由度的确定。在独立性检验中,自由度与每个因素的分类项数有关。设 r 为每一行的分类数目,c 为每一列的分类数目,则自由度为:

$$df = (r-1)(c-1) \qquad \text{(公式 11-3)}$$

该例中的自由度为 $df=(r-1)(c-1)=(2-1)(2-1)=1$。这里自由度的意思是:在计算理论频数时,在 $2\times 2 = 4$ 的单元格内,只有 1 个单元格内的数目可以自由变动,也就是说,在六个单元格中,只要有一个单元格的数字确定,在边缘频数(即 R_i,C_j)不变的情况下,其他各单元格的数字就随之而定了。例如,知道男生学业中等以上的理论频数是 22.5,则其他各单元格的理论频数就可以根据边缘频数推算出来,即男生学业中等以下的理论频数就为 $45-22.5=22.5$,女生学业中等以上的理论频数为 $50-22.5=27.5$,女生学业中等以下的理论频数为 $55-27.5=27.5$。因此在计算 $R\times C$ 表的理论次数时,只需要计算出 $(r-1)(c-1)$ 个理论频数,其余的理论频数可直接用边缘频数减去所计算出来的 $(r-1)(c-1)$ 个理论频数得到。

知道自由度后,根据确定的显著性水平,通过查 χ^2 分布表,可得到 χ^2 的临界值。在该题中,$\alpha=0.05$,$df=1$ 时,$\chi^2_{0.05(1)} = 3.84$。

④ 根据统计结果,做出推论结论。

将实得 χ^2 与临界值进行比较,如果 $\chi^2 < \chi^2_{0.05(1)}$,不能拒绝虚无假设,则认为两个自变量是独立无关联的,意味着对其中一个自变量来说,另一个自变量的多项分类数目上的变化是在抽样误差的范围之内,或者说各项分类之间的差异不显著。而如果 $\chi^2 > \chi^2_{0.05(1)}$,拒绝虚无假设,说明两个因素是非独立的,或者说两个因素之间有关联,一个因素的各项分类在另一个因素的各项分类上存在着显著差异,或交互作用。

在该题中,由于 $\chi^2 > \chi^2_{0.05(1)}$,因此拒绝虚无假设,认为性别与学业水平是有关联的,或者说男、女生在学业水平上存在差异。

上例中我们先用 χ^2 的基本公式,即定义公式来进行计算,目的是让读者明白独立样本的独立性检验过程。对于独立样本的四格表,也可使用下面的简捷公式计算 χ^2 值:

$$\chi^2 = \frac{N(A\cdot D - B\cdot C)^2}{(A+B)(C+D)(A+C)(B+D)} \qquad \text{(公式 11-4)}$$

式中,A、B、C、D 分别为四格表内每个单元格的实计数,而 $(A+B)(C+D)(A+C)(B+D)$ 则是四个边缘频数。

例 11-6 中使用简捷公式进行计算如下:

$$\chi^2 = \frac{100(35\times 40 - 10\times 15)^2}{(35+10)(15+40)(35+15)(10+40)} = 25.252$$

可以看到,两个公式计算出的结果是一样的。

另外,当四格表任一格的理论频数小于 5 时,要用 Yates 连续性校正公式计算 χ^2 值,独立四格表的 χ^2 值校正公式为:

$$\chi^2 = \frac{N\left(|A \cdot D - B \cdot C| - \dfrac{N}{2}\right)^2}{(A+B)(C+D)(A+C)(B+D)} \qquad \text{(公式 11-5)}$$

当理论频数大于 5 时,按道理亦应用校正公式计算,但由于样本较大,校正公式计算的结果与不用校正公式所计算的结果十分接近,一般对推论不产生影响,故可用基本公式计算。用校正公式近似计算 χ^2 值,允许四格中有一格的实际频数出现零的情况。校正公式适应较广,故许多统计软件中使用的都为校正公式。

2. 相关样本的四格表检验

相关样本的独立性检验常用于分析两次实验或调查的结果是否具有一致性,还是存在着差异的问题,其检验公式为:

$$\chi^2 = \frac{(A-D)^2}{A+D} \qquad \text{(公式 11-6)}$$

式中,A 和 D 代表四格表中两次实验或调查中分类项目不同的那两个单元格的实际频数。

【例 11-7】 有 2 名医生分别对 100 名病人进行诊断,以区分是抑郁症还是精神分裂症,其结果如下表。问 2 名医生的诊断是否具有一致性。($\alpha=0.05$)

医生二	医生一		合计
	精神分裂症	抑郁症	
抑郁症	5(A)	55(B)	60
精神分裂症	25(C)	15(D)	40
合计	30	70	$N=100$

解:① 建立虚无假设和备择假设:

H_0:2 名医生对两类病症的诊断具有一致性

H_1:2 名医生对两类病症的诊断具有差异性

② 选择并计算检验统计量:

$$\chi^2 = \frac{(5-15)^2}{5+15} = 5$$

③ 根据显著性水平 α 确定临界值。

自由度为 $df=(r-1)(c-1)=(2-1)(2-1)=1$,$\alpha=0.05$ 时,$\chi^2_{0.05(1)}=3.84$。

④ 根据统计结果,做出推论结论。

因 $\chi^2 > \chi^2_{0.05(1)}$,因此拒绝虚无假设,认为 2 名医生对两类病症的诊断具有差异性。

类似的,当相关样本的四格表任一格的理论频数小于 5 时,也要用 Yates 连续性校正公式计算 χ^2 值,相关样本的四格表 χ^2 值校正公式为:

$$\chi^2 = \frac{(|A-D|-1)^2}{A+D} \qquad \text{(公式 11-7)}$$

二、独立样本 $R \times C$ 表的独立性检验

四格表是最为简单的列联表,除了四格表,在心理学统计中更多的是对 $R \times C$ 表的独立性检验,其计算的步骤与独立样本四格表是一致的,其中基本公式为:

$$\chi^2 = \sum \frac{(f_{o(ij)} - f_{e(ij)})^2}{f_{e(ij)}} \qquad \text{(公式 11-8)}$$

式中,$f_{e(ij)} = \frac{R_i C_j}{N}$。我们也可以把两个公式合在一起,直接用原始数据来计算 χ^2 值,即:

$$\chi^2 = N \left(\sum \frac{f_{o(ij)}^2}{R_i C_j} - 1 \right) \qquad \text{(公式 11-9)}$$

式中,R_i 为每一行的频数总和,C_j 为每一列的频数总和,N 为总频数。

【**例 11-8**】 某校对学生的课外活动内容进行调查,结果见下表。问:性别与课外活动的选择之间有无关联?或者课外活动内容的选择上是否存在着性别差异?

性别	活动内容			合计
	体育	文娱	阅读	
男	$f_{o(11)} = 21$ $f_{e(11)} = \frac{55 \times 27}{97} = 15.3$	$f_{o(12)} = 11$ $f_{e(12)} = \frac{55 \times 18}{97} = 10.2$	$f_{o(13)} = 23$ $f_{e(13)} = \frac{55 \times 52}{97} = 29.5$	$R_1 = 55$
$\frac{(f_o - f_e)^2}{f_e}$	2.12	0.06	1.43	
女	$f_{o(21)} = 6$ $f_{e(21)} = \frac{42 \times 27}{97} = 11.7$	$f_{o(22)} = 7$ $f_{e(22)} = \frac{42 \times 18}{97} = 7.8$	$f_{o(23)} = 29$ $f_{e(23)} = \frac{42 \times 52}{97} = 22.5$	$R_2 = 42$
$\frac{(f_o - f_e)^2}{f_e}$	2.78	0.08	1.88	
合计	$C_1 = 27$	$C_2 = 18$	$C_3 = 52$	$N = 97$

解:① 建立虚无假设和备择假设:

　　H_0:性别与课外活动内容的选择之间是独立的或无关联的

　　H_1:性别与课外活动内容的选择之间是有关联或差异显著的

② 选择并计算检验统计量:

$$\chi^2 = \sum \frac{(f_{o(ij)} - f_{e(ij)})^2}{f_{e(ij)}} = 2.12 + 0.06 + 1.43 + 2.78 + 0.08 + 1.88 = 8.35$$

如果用原始数据的公式计算,则为

$$\chi^2 = 97 \times \left(\frac{21^2}{55 \times 27} + \frac{11^2}{55 \times 18} + \frac{23^2}{55 \times 52} + \frac{6^2}{42 \times 27} + \frac{7^2}{42 \times 18} + \frac{29^2}{42 \times 52} - 1 \right)$$

$$= 7.76$$

两种计算公式的结果接近,用原始数据的公式计算误差较小。

③ 根据显著性水平 α 确定临界值。

$df=(r-1)(c-1)=(2-1)(3-1)=2, \alpha=0.05$,查表得 $\chi^2_{0.05(2)}=5.99$。

④ 根据统计结果,做出推论结论。

由于 $\chi^2 > \chi^2_{0.05(2)}$,因此拒绝虚无假设,认为两变量之间不独立,即有关联,意味着男、女生对课外活动内容的选择人数是存在差异的。

$R \times C$ 表检验中,允许有的单元格内的实际观察频数为 0,最小的理论频数为 0.5,其中 $2 \times C$ 表的最小理论频数为 1。上述情形下无须使用 χ^2 连续性校正公式计算,仍可得到较为近似的结果。如果最小的理论频数小于 0.5,一般采用合并项目的方法,而不用连续性校正公式。

当连续变量即测量数据被整理成双列频数分布表后,将各分组视为分类项目,也可用 $R \times C$ 表 χ^2 检验来检验两变量的独立性。

三、基于 χ^2 统计量的相关系数

通过独立性 χ^2 检验,如果没有拒绝 H_0,说明两个变量之间是独立的;但如果独立性检验拒绝了 H_0,说明两个变量之间存在着关联。那么两个因素之间的关联程度如何呢?我们可以通过下面两个相关系数来表示 χ^2 检验显著后的两因素关联程度。

1. χ^2 值与 r_ϕ 系数

r_ϕ(phi)系数是专门为两个二分称名变量之间的相关设计的测量指标,其计算公式为:

$$r_\phi = \frac{AD - BC}{\sqrt{(A+B)(C+D)(A+C)(B+D)}} \qquad (公式 11-10)$$

将公式 11-10 与公式 11-4 结合在一起,可以发现 r_ϕ 系数与 χ^2 值的关系为:

$$\chi^2 = N r_\phi^2$$

$$r_\phi = \pm \sqrt{\frac{\chi^2}{N}} \qquad (公式 11-11)$$

例 11-6 中,检验结果认为性别与学业水平是有关联的。把数据代入公式 11-10,可得

$$r_\phi = \frac{35 \times 40 - 10 \times 15}{\sqrt{(35+10)(15+40)(35+15)(10+40)}} = 0.50$$

r_ϕ 系数实际上可看成是两个二分称名变量之间的"积差相关"。不同的是,由于该系数的分子是表中交叉数据的乘积之差,相减的两个项目谁先谁后有一定的随意性,故 r_ϕ 系数可以是正号,也可以是负号,正负号并不表示正或负相关,要解释相关的方向,需要根据列联表中的具体数据结构及比例去判断。另外,r_ϕ 系数的显著性是与 χ^2 检验

联系在一起的,即 χ^2 检验如果是显著的,r_ϕ 系数所表示的相关也是显著的。如果 χ^2 检验不显著,说明两变量之间相互独立,这时计算 r_ϕ 系数是没有意义的。

2. χ^2 值与列联表系数 C

列联表系数 C(contigency coefficient)是表示 $R \times C$ 表中两变量之间的相关程度。当 $R \times C$ 表 χ^2 检验拒绝了虚无假设,意味着两变量之间不是独立的,而是有关联的,接下来我们可以使用列联表系数 C 来表示这两变量之间的相关程度。列联表系数 C 与 χ^2 值有一定的联系,其计算公式为:

$$C = \sqrt{\frac{\chi^2}{N+\chi^2}} \quad \text{(公式 11-12)}$$

例 11-8 中,由于 χ^2 检验拒绝了虚无假设,认为性别与课外活动内容的选择之间存在着关联,因此我们可以计算出它们的相关系数,即列联表系数 C:

$$C = \sqrt{\frac{8.3217}{97+8.3217}} = 0.28$$

与 r_ϕ 一样,当 χ^2 检验显著时,可认为相应的列联表系数 C 也是显著的,因此在本例中,$C=0.28$ 是显著的。

列联表系数在 0 和 1 之间取值,其值只表明相关的大小,而要了解相关的方向,需具体分析列联表中的数据性质与结构。四格表也是列联表中的一种,因此也可以用列联表系数来表示两变量之间的相关。但一般来说,四格表的相关还是用前述的 r_ϕ 系数,因为列联表系数 C 往往会偏小,只有当双向分类划分的类型数目都较多时,列联表系数才能接近 1。

四、χ^2 的事后检验

χ^2 检验与方差分析类似,也是一个整体的检验,因此只能告诉我们两变量之间存在着关联,或者说一个因素的各项分类在另一个因素的各项分类上存在着显著差异,但至于具体的差异表现在哪里,χ^2 检验未提供信息。与方差分析类似,我们也可以对 χ^2 检验进行事后检验(表 11-3)。

一种常用的方法就是把观察频数与理论频数之间的差值转化为标准残差(standardized residual),用 e 表示,即:

$$e_{ij} = \frac{f_{o(ij)} - f_{e(ij)}}{\sqrt{f_{e(ij)}}} \quad \text{(公式 11-13)}$$

我们也可以使用下面的公式估计残差的方差,即:

$$v_{ij} = \left(1 - \frac{C_i}{N}\right)\left(1 - \frac{R_i}{N}\right) \quad \text{(公式 11-14)}$$

最后,计算调整后的残差 $\hat{e}_{ij}$:

$$\hat{e}_{ij} = \frac{e_{ij}}{v_{ij}} \quad \text{(公式 11-15)}$$

一般认为，调整后的残差 e_{ij} 是服从正态分布的，其分布中的平均数为 0，标准差为 1。因此，可以把 e_{ij} 看成是一个 z 分数。如果 e_{ij} 的绝对值足够大，就可以认为在观察频数和期望频数之间的差异是统计显著的。如例 11-8 中，由于 χ^2 检验拒绝了虚无假设，因此我们可以进一步进行事后检验（表 11-3）。

表 11-3　χ^2 检验的事后检验

性别		活动内容		合计
	体育	文娱	阅读	
男	$f_{o(11)}=21$ $f_{e(11)}=15.3$	$f_{o(12)}=11$ $f_{e(12)}=10.2$	$f_{o(13)}=23$ $f_{e(13)}=29.5$	$R_1=55$
$\dfrac{f_o-f_e}{\sqrt{f_e}}$	1.46	0.25	-1.20	$1-\dfrac{R_1}{N}=0.43$
v_{ij}	0.31	0.35	0.20	
$\hat{e}_{ij}$	4.71	0.72	-6.00	
女	$f_{o(21)}=6$ $f_{e(21)}=11.7$	$f_{o(22)}=7$ $f_{e(22)}=7.8$	$f_{o(23)}=29$ $f_{e(23)}=22.5$	$R_2=42$
$\dfrac{f_o-f_e}{\sqrt{f_e}}$	-1.67	-0.29	1.37	$1-\dfrac{R_2}{N}=0.57$
v_{ij}	0.41	0.46	0.26	
$\hat{e}_{ij}$	-4.07	-0.62	5.18	
合计	$C_1=27$	$C_2=18$	$C_3=52$	$N=97$
	$1-\dfrac{C_1}{N}=0.72$	$1-\dfrac{C_2}{N}=0.81$	$1-\dfrac{C_3}{N}=0.46$	

当显著性水平 $\alpha=0.05$ 时，$z=1.96$。如果 $\hat{e}_{ij}>1.96$ 或 $\hat{e}_{ij}<-1.96$，则表明在该分类上实际观察频数与理论频数之间存在着显著差异。从表 11-3 中可出，男、女生在体育活动和阅读上都达到了显著差异，表明男生在体育活动上选择人数多于女生，而女生选择阅读的多于男生。

【自测题】

一、单选题

1. 计算列联表相关系数的适应资料为：_____
   A. 等级数据　　　　B. 计数数据　　　　C. 二分称名变量　　　　D. 等距数据
2. 某资料按两个因素分类并整理成四格表的形式，如果要判断两个因素之间是否有关联，常用的统计方法是：_____
   A. χ^2 检验　　　B. 积差相关　　　　C. 等级相关　　　　　D. t 检验
3. 对某幼儿园大、中、小班幼儿智力水平及其家长文化程度调查后，形成 3×3 列联表，对两者有无关系进行检验，这属于：_____

A. 独立性检验　　　　　　　　　　B. 平均数差异显著性检验
　　C. z 检验　　　　　　　　　　　　D. 拟合度检验
4. 拟合度检验主要用于分析：_____
　　A. 两个或两个以上平均数是否有差异　　B. 两个或两个以上的方差是否有差异
　　C. 两个总体相关是否密切　　　　　　　D. 实际观察频数与某理论频数
5. 在 2×2 四格表的 χ^2 检验中，自由度是：_____
　　A. 0　　　　　　B. 1　　　　　　C. 2　　　　　　D. 3
6. 为了验证同一政治职务上三个候选人 A、B、C 是否具有相同的优势，对随机抽取的 510 个选举人进行了调查，在对结果进行的 χ^2 检验中，虚无假设下候选人 B 的理论频数是：_____
　　A. 255　　　　　B. 340　　　　　C. 153　　　　　D. 170
7. 对上题中如果还想了解"选举人的性别是否会对三个候选人产生影响"，以下可以解决这个问题的是：_____
　　A. 独立性检验　　B. 配合度检验　　C. z 检验　　　　D. 以上都不是
8. 以下不是 χ^2 检验的基本假设的是：_____
　　A. 分类相互排斥，互不相容
　　B. 观测值彼此独立
　　C. 总体服从正态分布
　　D. 原则上每个单元格中的期望频数都大于 5
9. 在心理统计中经常会要求总体符合正态分布，在预先不知道总体分布情况下，以下可以进行正态分布检验的是：_____
　　A. 独立性检验　　B. t 检验　　　　C. z 检验　　　　D. 拟合度检验
10. 在对连续变量的正态分布检验中，自由度是：_____
　　A. $k-1$　　　　B. $k-2$　　　　C. $k-3$　　　　D. 以上都不对

二、名词解释
1. 拟合度检验
2. 独立性检验

三、简答题
1. 试述 χ^2 检验的基本原理及步骤。
2. χ^2 检验法在计数数据的分析中有哪些应用？
3. 基于 χ^2 统计量的相关系数有哪些？有何意义？

四、计算题
1. 在一项关于中小学生性格类型与智力发展的研究中，我国某省一些科研人员应用有关心理量表对该省某公司所辖的六所中小学的学生进行了心理测评，有 87 名智力优秀学生，他们在外倾、中间、内倾三种性格类型上的人数分别为 35、40、12 人，问：

智力优秀学生在外倾、中间、内倾三种性格类型上的人数分布是否有显著差异？（$\alpha=0.05$）

2. 某商场随机询问150名顾客对四种不同风味的月饼的喜好程度，结果如下表所示：

月饼种类	1	2	3	4
选择人数	35	50	40	25

问：公众对这四种月饼的选择是否服从"顾客选择品种1、2、3、4的概率分别为0.2、0.3、0.3、0.2"的购物意愿分布？

3. 某班有学生50人，体检结果按一定标准划分为甲、乙、丙三类，其中甲类16人，乙类24人，丙类10人，问：该班学生的身体状况是否符合正态分布？

4. 在某一个政治职务的选举中有两位候选人，一位男性，一位女性，组织者想了解候选人的性别是否会与选举人的性别有关联，随机抽取了500个选举人进行了调查，结果如下：

	男性候选人	女性候选人
男性选举人	175	75
女性选举人	155	95

问选举人的性别是否会对两个候选人产生不同的影响。

5. 某班50人对某一干部进行了前后两次的评价，其结果如下表。问：该班前后的评价是否一致性？

后测	前测	
	拥护	反对
反对	5	18
拥护	8	19

6. 有人认为，美国与中国家庭对子女的教养方式有着明显差异。下表是美国与中国30个家庭对子女教养方式的数据，问是否可以支持上述观点。

国别	教养方式		
	民主	权威	放任
美国	13	7	10
中国	7	13	10

12

非参数检验

【评价目标】
1. 理解非参数检验的概念,掌握非参数检验的一般原理与优缺点。
2. 掌握各种非参数检验方法的适用范围和计算过程。
3. 能够根据不同的实验设计恰当地选用相应的非参数检验方法。

第一节 非参数检验概述

一、非参数检验的概念

前几章我们讨论了推论性统计中的 z 检验、t 检验和 F 检验,可以看到,这些检验方法具有广泛的用途,允许我们进行多种实验设计的统计推论。但不论是 z 检验、t 检验还是 F 检验,它们对总体参数都有相应的前提假设,如 t 检验中要求样本来自正态分布的总体,若是两独立样本的 t 检验,还要求两个总体方差齐性。在方差分析中,需要满足正态性、可加性、各组方差齐性等基本假设。在满足这些前提条件下,这些检验方法对总体的某些参数,如 μ, σ^2 等进行相应的假设,如 t 检验中假设两个总体的平均数相等,然后检验这些假设的真伪,以判断数据是否符合我们的研究目的。我们把这类假设检验称为参数检验(parametric test)。参数检验适合等距或等比数据的分析。

但在实践中,很多情况下我们并不清楚总体分布是否呈正态,或者对研究总体的其他情况知之不多,这时数据无法满足参数检验的诸多要求和假设。另外,我们在研究中经常会获得称名变量或顺序变量,这些变量无法计算 μ, σ^2 等参数,致使参数检验成为不可能。鉴于上述情况,统计学家们发展了一种不需要根据总体的分布及参数进行统计分析的方法,称之为非参数检验(non-parametric test)。非参数检验由于对总体分布不做严格假定,又称任意分布检验(distribution-free test),这种方法仅仅依据数据的顺序、等级资料即可进行统计推断,在实践中得到了极为广泛的应用。如我们前面已学习过的斯皮尔曼等级相关、χ^2 检验都属于非参数检验,其中 χ^2 检验主要应用于称名变量数据即类别数据的分析,而本章介绍的几种非参数方法主要针对顺序数据,以及不能满足参数检验的等距、等比数据(但在具体分析中把等距、等比数据转化成顺序数据,因此非参数检验主要是对顺序数据的分析)。

二、非参数检验的优缺点

非参数检验的优点:

(1)它一般不需要严格的前提假设。这是它与参数检验相比的最大优点。几乎每种参数检验都有一些严格假设,若不满足这些假设仍然用参数方法处理,很有可能得出错误结论,而进行非参数检验不必过多考虑那些假设条件,非常方便。

(2)非参数检验特别适用于顺序资料(等级变量数据)。在心理学研究领域,有时我们只能收集到一些顺序变量数据,这些变量数据目前还达不到等距水平,处理这类数据离不开非参数检验方法。

(3)非参数检验很适用于小样本,且方法简单。在第九章 t 检验中曾说过,当总体非正态分布时,如果样本容量足够大,可以使用近似 z 检验或 t 检验。但当样本容量较小时,就必须使用非参数检验。

非参数检验的缺点:

(1)非参数检验最大的不足是未能充分利用资料的全部信息。非参数检验中主要使用数据的等级或符号等信息,如果是等距数据和等比数据,用非参数检验时一般先把数据转化成等级数据,这时就会丢失许多信息。例如,把全班分数按顺序排列后转化为等级数据,即用 1、2…来表示,然后再进行检验。这时数据变得相对简单,分数之间的差异多样性也变得简单化了。可见,符合参数检验的数据也可以用非参数检验进行,但检验的效能较低。因此如果某些资料既可以用参数检验也可以用非参数检验,则应使用参数检验。若所得资料不满足参数检验要求的前提条件,则应该使用非参数检验,虽然会浪费一部分信息使得检验的效能低一些,但不致于做出错误结论。

(2)非参数方法目前还不能处理"交互作用"。

根据客观需要,非参数检验在理论及方法上不断发展,针对不同的设计有着不同的非参数检验方法。但大多数方法都需要将原始数据转换成等级数据。本章针对不同的设计向读者介绍几种非参数检验方法,它们可在 t 检验和 F 检验不能满足的条件下使用。

第二节　组间设计的非参数检验

一、两独立样本的非参数检验

独立样本 t 检验要求"总体正态"且"方差齐性",当这一前提不成立时就不能使用

独立样本 t 检验，此时可以用以下两种方法来代替。当两个独立样本都为顺序变量时，也需要使用以下两种方法来进行差异检验。

1. 秩和检验法

"秩和"(the sum of ranks)即秩次的和或者等级之和。秩和检验这一方法首先由维尔克松(Wilcoxon)提出，也叫做维尔克松两样本检验法，后来曼-惠特尼(Mann-Whitney)将其应用到两样本容量不等($n_1 \neq n_2$)的情况，因而又称做曼-惠特尼 U 检验法(Mann-Whitney U test)。

（1）计算原理

秩和检验法的基本思想是假设两组数据没有显著性差异，那么把两组数据混合在一起再依大小次序进行排列，每个数排在第几位的号数为这个数据的秩(rank)，则两组数据中所获得的秩应该是一样的。把每一组数据中所有的数对应的秩加起来所得的数称为该组数据的秩和，用 T 表示。如果两组之间没有显著性差异，当 $n_1=n_2$ 时，它们的秩和应当是相等的。即使 $n_1 \neq n_2$，秩和也应该符合某种分布规律，而不会太大或者太小。如果 T 过大或过小，则应否定两组数据没有显著性差异的假设。附表 10 就是根据两样本容量 n_1，n_2 以及显著性水平 α 制作的秩和检验表，表中的数值是与 n_1，n_2 以及 α 对应的秩和的下限 T_1 和上限 T_2。一般情况计算样本容量小的一组的秩和 T，然后同 T_1 和 T_2 比较。如果 $T_1 < T < T_2$，认为秩次是同等分配到两样本中，因此两组数据没有系统的差异；但如果 $T \leq T_1$ 或 $T \geq T_2$，则认为一组有更多低秩次的分数，而另一组有更多高秩次的分数，因此两组数据存在显著差异。

（2）小样本计算过程

当两个独立样本的容量 n_1，n_2 都小于 10 时，具体步骤为：

① 将两个样本数据混合由小到大做等级排列（最小为 1 等）。

② 将容量较小的样本中各数据的等级和相加，以 T 表示。如果两个组的样本容量相等，用第二个组的等级来计算。

③ 将 T 值与秩和检验表中的临界值比较，如果 $T \leq T_1$ 或 $T \geq T_2$，表示两样本数据有显著性差异；如果 $T_1 < T < T_2$，则认为两组数据没有显著性差异。

【例 12-1】 在一项关于模拟训练的实验中，以技工学校的学生为对象，对 5 名学生用针对某一工种的模拟器进行训练，另外让 6 名学生下车间直接在实习中训练，经过同样训练时间后对两组学生进行该工种的技术操作考核，结果如下：

模拟器组	56	62	42	72	76	
实习组	68	50	84	78	46	92

假设两组学生初始水平相同，问：两种训练方式效果是否不同？（取 $\alpha=0.05$）

解：由于操作考核的结果是否符合正态分布并不确定，且模拟组和实习组彼此独立，因此应当用秩和检验法进行差异检验。

① 建立虚无假设和备择假设：

H_0：两组的秩和相等

H_1：两组的秩和不等

② 选择并计算检验统计量。

先将两组数据合在一起求等级：

等级	1	2	3	4	5	6	7	8	9	10	11
模拟器组	42			56	62		72	76			
实习组		46	50			68			78	84	92

计算容量较小组（模拟组）的秩和 $T=1+4+5+7+8=25$。

③ 根据显著性水平 α 确定临界值。

设 $\alpha=0.05$，查附表10，$n_1=5$，$n_2=6$ 时，$T_1=19$，$T_2=41$（表中值为单侧检验，故这里查 $\alpha=0.025$ 时的临界值）。

④ 根据统计结果，做出推论结论。

因 $19<25<41$，即 $T_1<T<T_2$，不能拒绝虚无假设，因此两组数据没有显著性差异，表明两种方式的训练效果没有差异。

在实际研究中有时会碰到样本数据有重复的，即两个数据或者多个数据的值相同，我们将之称为"等秩"（tie）。遇到这种情况时，通常先对每个重复数据分配一个秩，然后再把相同数据的秩进行平均，以平均秩代替原来的秩作为检验时每个分数的秩。其他的数据按正常计算。例如：

等级	1	2	3	4	5	6	7	8	9	10	11
模拟器组	42			50	50		72	76			
实习组		46	50			68			78	84	92

在上述数据中有3个重复数据：50，分别为等级3、4、5，这时计算它们的平均等级，即 $(3+5)/2=4$，那么3个为50的数据等级都为4。

如果数据中等秩过多，则会增加犯Ⅱ类错误的概率，这时应用校正公式进行计算，其方法与斯皮尔曼等级相关类似。

(3) 大样本计算过程

一般认为，当两个样本容量均大于10时，秩和 T 的分布接近正态分布，其平均数及标准差如下：

$$\mu_T = \frac{n_1(n_1+n_2+1)}{2} \qquad \text{（公式 12-1）}$$

$$\sigma_T = \sqrt{\frac{n_1 n_2(n_1+n_2+1)}{12}} \qquad \text{（公式 12-2）}$$

式中，n_1 为较小的样本容量，即 $n_1 \leqslant n_2$。

知道平均数和标准差后，就可以进行 z 检验，即：

$$z = \frac{T - \mu_T}{\sigma_T}$$ （公式 12-3）

【例 12-2】 对某班学生进行注意稳定性实验，男生和女生的实验结果如下表，问男、女生之间注意稳定性是否不同。（取 $\alpha = 0.05$）

原始数据		秩次	
男生（$n_1 = 14$）	女生（$n_2 = 17$）	男生	女生
19	23	1.5	5
19	24	1.5	6
21	25	3	8.5
22	25	4	8.5
25	27	8.5	13.5
25	28	8.5	15
26	29	11.5	17
26	29	11.5	17
27	30	13.5	19.5
29	30	17	19.5
31	32	21.5	23.5
31	33	21.5	25
32	34	23.5	27.5
34	34	27	27.5
	35		29.5
	35		29.5
	37		31
		174	323

解： 由于注意稳定性的结果是否符合正态分布并不确定，因此用秩和检验法进行差异检验。

（1）建立虚无假设和备择假设：

H_0：两组的秩和相等

H_1：两组的秩和不等

（2）选择并计算检验统计量。

由于 $n_1 = 14 > 10$，$n_2 = 17 > 10$，因此用 z 检验。计算得

$$\mu_T = \frac{n_1(n_1 + n_2 + 1)}{2} = \frac{14(14 + 17 + 1)}{2} = 224$$

$$\sigma_T = \sqrt{\frac{n_1 n_2 (n_1 + n_2 + 1)}{12}} = \sqrt{\frac{14 \times 17 \times (14 + 17 + 1)}{12}} = 25.2$$

由于 $n_1 < n_2$，因此 T 为男生的等级总和，即 $T=174$，代入公式：

$$z = \frac{T - \mu_T}{\sigma_T} = \frac{174 - 224}{25.2} = -1.98$$

（3）根据显著性水平 α 确定临界值。

设 $\alpha = 0.05, z_{0.05/2} = 1.96$。

（4）根据统计结果，做出推论结论。

因 $|z| > 1.96$，可以拒绝虚无假设，认为男、女生注意稳定性之间有显著差异。

由于该例中等秩较多，也可使用下面的校正公式：

$$\mu_T = \frac{n_1(n_1 + n_2 + 1)}{2}$$

$$\sigma_T = \sqrt{\frac{n_1 n_2 (n_1 + n_2 + 1)}{12} \left[1 - \frac{\sum (t_k^3 - t_k)}{(n_1 + n_2)^3 - (n_1 + n_2)} \right]} \quad \text{（公式 12-4）}$$

式中，t_k 表示第 k 个相同等级中相同值的个数。这时用如下的检验统计量：

$$z_c = \frac{|T - \mu_T| - 0.5}{\sigma_T} \quad \text{（公式 12-5）}$$

按校正公式计算，则此例中的 $\sigma_T = 25.09, z_c = 1.97$，结果也一样拒绝虚无假设。在心理学研究数据中，等秩现象大量存在，该校正公式有重要应用价值。

2. 中数检验法

（1）计算原理

中数检验法是通过对来自两个独立总体的两个样本的中位数来判断两个总体取值的平均状况是否有显著性差异。它的基本思想是假设两个总体具有相同的分布规律，那么它们的取值将具有相同的平均状态，中数是集中趋势的度量，因此两个总体的中数应该是相等的。两个样本是从两个总体中随机抽取出来的，那么两个样本的中数也应该大致相同。如果两个样本的中数差异较大，则应否定两总体取值平均状态相同的假设，或者说两总体不具有相同的分布规律。因此其虚无假设是：两个独立样本是从具有相同中数的总体中抽取的。它可以是双侧检验或单侧检验。双侧检验结果显著，意味着两个总体中数有差异（并没有方向）；单侧检验结果显著，则表明备择假设"一个总体中数大于（或小于）另一个总体中数"成立。

（2）计算过程

中数检验法的具体步骤为：

① 将两个样本数据混合由小到大排列。

② 求混合排列的共同中数 M。

③ 分别找出每一样本中大于混合中数及小于混合中数的数据个数，列成四格表。

	大于中数	小于中数	合计
样本一	A	B	A+B
样本二	C	D	C+D
合计	A+C	B+D	

④ 对四格表进行 χ^2 检验：

$$\chi^2 = \frac{N(A \cdot D - B \cdot C)^2}{(A+B)(C+D)(A+C)(B+D)}$$

查 χ^2 表求得临界值，若实得 χ^2 值大于临界值，χ^2 检验结果显著，则说明两样本的集中趋势(中数)差异显著。

【例 12-3】 某师范学校书法比赛男、女学生得分如下：

男生(n_1=12)：24、18、36、40、25、28、30、21、14、26、29、27

女生(n_2=14)：30、27、19、36、26、41、16、22、15、28、31、32、42、43

问男女生比赛成绩是否有差异。(取 α=0.05)

解：① 建立虚无假设和备择假设：

H_0：男女生的书法比赛成绩没有差异

H_1：男女生的书法比赛成绩有差异

② 选择并计算检验统计量。

把两组数据合并成一组，然后按大小次序排列后求其中数 $M = \frac{27+28}{2} = 27.5$。统计男、女生中大于和小于 27.5 的数据个数，并列成四格表：

	大于中数	小于中数	合计
男生	5	7	12
女生	8	6	14
合计	13	13	26

$$\chi^2 = \frac{N(A \cdot D - B \cdot C)^2}{(A+B)(C+D)(A+C)(B+D)} = \frac{26(5 \times 6 - 8 \times 7)^2}{12 \times 14 \times 13 \times 13} = 0.619$$

③ 根据显著性水平 α 确定临界值。

设 α=0.05，由 df=1，查 χ^2 分布表，求得 $\chi^2_{0.05(1)}$=3.84。

④ 根据统计结果，做出推论结论。

因实得的 $\chi^2 < \chi^2_{0.05(1)}$，不能拒绝虚无假设，因此认为男、女生书法比赛成绩无显著差异。

注意，当 n_1，n_2 都比较小，且四格表中任意一格的理论频数小于 5 时，不适合应用中数检验法。

二、多独立样本的非参数检验

在进行完全随机设计中,当数据不满足方差分析的前提条件,如总体不服从正态分布,或各组方差不齐时,就需要使用非参数方法。克-瓦氏单向方差分析就是符合这种条件下的一种非参数方差分析法。它由克鲁斯卡尔(W. H. Kruskal)和沃利斯(W. A. Wallis)提出,也称为克-瓦氏 H 检验(Kruskal-Wallis H),简称 H 检验,相当于完全随机设计的方差分析。

1. 计算原理

H 检验使用的也是数据的秩和统计量。它是将各组数据合在一起,按从小到大排列秩次,然后计算各组的秩和及 H 统计量。在虚无假设成立的情况下,H 统计量服从一定的抽样分布,这时可按相应的抽样分布进行检验,以判断虚无假设是否成立。

H 统计量的计算公式为:

$$H = \frac{12}{N(N+1)} \sum_{i=1}^{k} \frac{R_i^2}{n_i} - 3(N+1) \qquad (公式 12\text{-}6)$$

式中,k 为分组数,N 为总人数,R_i 为某一组数据的等级和(秩和),n_i 为某一组数据的样本容量。

2. 小样本计算过程

当 $k=3$,且 $n_i \leqslant 5$ 时,H 检验的具体步骤为:

(1) 将三组数据混合由小到大作等级排列(最小等级为1)。

(2) 分别求出每组的等级和,然后代入公式 12-6,求出实得的 H 值。

(3) 将 H 值与 H 检验表中的临界值比较。附表 11 列出了 $k \leqslant 3, n_i \leqslant 5$ 各种情况下的临界值,p 是实得 H 值大于表中临界值的概率,相当于显著性水平。如果实得 H 值大于该临界值,表明各组被试的结果在该概率水平上有显著差异。

【例 12-4】 11 名学生分别来自教师、工人和干部三种家庭,对他们进行创造力测验的结果如下表,试问家长的职业与学生的创造力有否明显联系。(取 $\alpha=0.05$)

原始数据			秩次		
教师家庭	工人家庭	干部家庭	教师家庭	工人家庭	干部家庭
128	90	89	11	4	3
114	91	80	10	5	1
103	106	101	8	9	7
92			6		
85			2		
		R	37	18	11

解:① 建立虚无假设和备择假设:

H_0:三组学生测验成绩无显著性差异,即家长的职业与学生创造力无明显联系

H_1：三组学生测验成绩有显著性差异，即家长的职业与学生创造力有联系

② 选择并计算检验统计量。

先将三组数据合在一起求等级，然后分别求出每组的秩和（具体结果见上表），代入公式 12-6：

$$H = \frac{12}{11(11+1)} \sum_{i=1}^{k} \left(\frac{37^2}{5} + \frac{18^2}{3} + \frac{11^2}{3} \right) - 3(11+1) = 2.37$$

③ 根据显著性水平 α 确定临界值。

查附表 11，当 $n_1=5, n_2=3, n_3=3, p=0.05$ 时，H 临界值为 5.51。

④ 根据统计结果，做出推论结论。

因实得的 H 值小于临界值，不能拒绝虚无假设，因此认为家长的职业与学生创造力无明显联系。

3. 大样本计算过程

当 $k>3$ 或 $n_i>5$ 时，附表 11 中查不到 H 的临界值。一般认为，这时虚无假设下 H 值的抽样分布近似于 χ^2 分布，因此按 $df=k-1$ 查 χ^2 分布求临界值。若实得 H 值大于对应的 χ^2 临界值，则拒绝虚无假设。

【例 12-5】 四所学校 A、B、C、D 分别选出一部分学生作为本校代表队参加全市物理竞赛，结果如下表。问四所学校成绩是否有显著差异。（取 $\alpha=0.05$）

各个学校原始数据				秩次			
A	B	C	D	A	B	C	D
80	99	89	76	10.5	32.5	24	5.5
88	91	82	77	22.5	26	14	7
87	98	81	75	21	30	13	3.5
86	98	80	78	18.5	30	10.5	8
90	99	86	76	25	32.5	18.5	5.5
88	96	86	73	22.5	28	18.5	2
85	92	86	71	16	27	18.5	1
	98	84	80		30	15	10.5
		75				3.5	
		80				10.5	
$N=7+8+8+10=33$				R	136	236	132	57

解：① 建立虚无假设和备择假设：

H_0：四组学校成绩无显著差异

H_1：四组学校成绩有显著差异

② 选择并计算检验统计量。

先将四组数据合在一起求等级，然后分别求出每组的秩和（具体结果见上表），代入公式 12-6：

$$H = \frac{12}{33(33+1)} \sum_{i=1}^{k} \left(\frac{136^2}{7} + \frac{236^2}{8} + \frac{132^2}{8} + \frac{57^2}{10} \right) - 3(33+1) = 27.5$$

③ 根据显著性水平 α 确定临界值。

设 $\alpha=0.05$，由 $df=k-1=4-1=3$，查 χ^2 分布表，求得 $\chi^2_{0.05(3)}=7.81$。

④ 根据统计结果，作出推论结论。

因实得的 $H > \chi^2_{0.05(3)}$，拒绝虚无假设，因此认为四所学校成绩有显著差异。

第三节 组内设计的非参数检验

一、两相关样本的非参数检验

当相关样本 t 检验的前提条件不成立时，可用以下两种方法来代替。以下两种方法也适合于两个相关样本数据为顺序数据的差异检验。

1. 符号检验法

（1）计算原理

符号检验法是通过对两个相关样本的每对数据之差 $X_i - Y_i$ 的检验，来比较这两个样本差异的显著性。具体而言，它是计算两样本每对数据之差的正、负号的个数。若两样本没有显著性差异，则正号的数量与负号的数量应该是大致各占一半。如果绝大部分是正号，或者是负号，表明两个样本有显著性差异的可能性较大。因为只是检验正、负号的数量之间是否有差异，相当于对一个二分变量进行检验，因此可以使用二项分布作为统计量的抽样分布。在符号检验中的虚无假设就是 $P\{X_i > Y_i\} = P\{X_i < Y_i\}$，即正、负号出现的概率是相等的，都为 0.5。如果拒绝了虚无假设，则认为两样本的数据有显著差异。

（2）小样本计算过程

当 $N \leq 25$ 时，可用查表法进行符号检验，具体步骤为：

① 计算每对数据差值的符号，求出 $X_i > Y_i$ 的数量，记为 $f_{(+)}$，及 $X_i < Y_i$ 的数量，记为 $f_{(-)}$。

② $N = f_{(+)} + f_{(-)}$。

③ 将实得 $f_{(+)}$ 或 $f_{(-)}$ 值与符号检验表中的临界值比较。附表 12 列出在与 N 相对应的某一显著性水平下 $f_{(A)}$ 单侧或双侧的临界值。如果实得 $f_{(+)}$ 或 $f_{(-)}$ 值等于或大于表中 $f_{(A)}$ 的临界值，表明差异显著。

【例 12-6】 假定我们想了解领导行为的培训课程是否会提高领导能力。考虑到智商可能会影响领导能力，因此根据智商水平把 26 名参加者配成 13 对，每一对中的一名参加者接受专门的领导行为培训课程，另一名参加者接受传统训练课程，在传统训练课程中领导行为不是重心。课程结束后，所有参加者都完成一个总分为 50 分的领导能

力问卷,其结果见下表。问领导行为培训课程是否提高了参加者的领导能力。(取 $\alpha=0.05$)

配对	1	2	3	4	5	6	7	8	9	10	11	12	13
实验组(X)	47	43	36	38	30	22	25	21	14	12	5	9	5
控制组(Y)	40	38	42	25	29	26	16	18	8	4	7	3	5
(X_i-Y_i)	+	+	−	+	+	−	+	+	+	+	−	+	0

解: 由于问卷得分的结果是否符合正态分布未知,此为配对设计,因此用配对样本的非参数检验。

① 建立虚无假设和备择假设:

$$H_0: P\{X_i > Y_i\} = P\{X_i < Y_i\} = 0.5$$
$$H_1: P\{X_i > Y_i\} \neq P\{X_i < Y_i\}$$

② 选择并计算检验统计量。

求每对数据之差的正负号(具体见上表),得到 $f_{(+)}=9$, $f_{(-)}=3$,其中一个差值为0,不计在内。因此 $N=f_{(+)}+f_{(-)}=12$。

③ 根据显著性水平 α 确定临界值。

查附表12,当 $N=12$, $\alpha=0.05$,双侧检验时, $f_{(A)}$ 临界值为2。

④ 根据统计结果,做出推论结论。

因实得的 $f_{(+)}$ 或 $f_{(-)}$ 值均大于临界值,拒绝虚无假设,因此认为领导行为培训课程提高参加者的领导能力。

(3) 大样本计算过程

当 $N>25$ 时,二项分布接近于正态分布,因此可以使用正态分布近似处理,其分布的平均数和标准差为:

$$\mu = np = \frac{1}{2}N \quad \text{(公式12-7)}$$

$$\sigma = \sqrt{Npq} = \frac{\sqrt{N}}{2} \quad \text{(公式12-8)}$$

式中, $N=f_{(+)}+f_{(-)}$,根据虚无假设, $p=\frac{1}{2}$ 。这时检验统计量为:

$$z = \frac{r-\mu}{\sigma} = \frac{r-\frac{N}{2}}{\frac{\sqrt{N}}{2}} \quad \text{(公式12-9)}$$

式中, $r=\min(f_{(+)}, f_{(-)})$,即 $f_{(+)}$ 与 $f_{(-)}$ 中较小的一个。

二项分布是离散变量的概率分布,而正态分布是连续变量的概率分布。二项分布若以正态分布来处理,最好使用连续性校正公式,使二项分布的曲线更接近正态分布。

其校正公式为：

$$z = \frac{(r \pm 0.5) - \frac{N}{2}}{\frac{\sqrt{N}}{2}} \qquad \text{（公式 12-10）}$$

当 $r > \frac{N}{2}$ 时,式中括号内要用 $r-0.5$；当 $r < \frac{N}{2}$ 时,式中括号内要用 $r+0.5$。由于我们规定 r 为 $f_{(+)}$ 与 $f_{(-)}$ 中较小的一个,必然 $r < \frac{N}{2}$,因此使用公式 12-10 时,括号中应为 $r+0.5$。

【例 12-7】 在教学评价中,要求学生对教师的教学进行七点计分评价（1—7 分）。下表是某班学生对一位教师期中和期末的两次评价结果,试问两次结果差异是否显著。（取 $\alpha = 0.05$）

学生	1	2	3	4	5	6	7	8	9	10	11	12	13	14
期中(X)	3	2	5	1	3	2	1	3	3	1	3	1	5	2
期末(Y)	6	7	4	5	2	3	3	7	2	3	3	2	4	6
$X_i - Y_i$	−	−	+	−	+	−	−	−	+	−	0	−	+	−
学生	15	16	17	18	19	20	21	22	23	24	25	26	27	28
期中(X)	3	1	5	1	4	3	3	1	1	4	3	5	4	5
期末(Y)	6	4	3	2	6	2	7	2	3	6	5	3	3	6
$X_i - Y_i$	−	−	+	−	−	+	−	−	−	−	−	+	+	−

① 建立虚无假设和备择假设：

$$H_0: P\{X_i > Y_i\} = P\{X_i < Y_i\} = 0.5$$
$$H_1: P\{X_i > Y_i\} \neq P\{X_i < Y_i\}$$

② 选择并计算检验统计量。

求每对数据之差的正负号（具体见上表），得到 $f_{(+)}=8, f_{(-)}=19$,其中一个差值为 0,不计在内。因此 $N = f_{(+)} + f_{(-)} = 27$。因为 N 比较大,因此可以使用近似正态检验。这时有

$$r = \min(f_{(+)}, f_{(-)}) = 8$$

$$z = \frac{(r+0.5) - \frac{N}{2}}{\frac{\sqrt{N}}{2}} = \frac{(8+0.5) - \frac{27}{2}}{\frac{\sqrt{27}}{2}} = -1.92$$

③ 据显著性水平 α 确定临界值。

查正态分布表得 $z_{0.05/2} = 1.96$。

④ 根据统计结果,做出推论结论。

因实得的 $|z|<1.96$,则 $p>0.05$,不能拒绝虚无假设,因此该班学生对该位教师期中和期末的两次评价结果没有差异。

符号检验法只分析差异的符号,忽略了差异的程度。因此,该检验将丢失许多数据信息。但因这种方法快速简便,能快速地判断组平均数之间是否存在差异,因此当数据信息不满足相关样本 t 检验时,它不失为一种选择方案。

2. 符号等级检验法

(1) 计算原理

维尔克松符号等级检验法(Wilcoxon Signed-Rank test)是由维尔克松提出的,又称为符号秩和检验法,其适用条件与符号检验法相同,即适合于比较两个相关样本的差异,但它的精度比符号检验法高,因为它不仅考虑差值的符号,同时也考虑差值的大小。其具体做法是:将样本每对数据差值的绝对值按大小顺序排列,并对每个差值赋于秩次(等级),然后再在每个秩次前添加上原来的正负号。这时可分别计算出正秩和(计为 $T_{(+)}$)和负秩和(计为 $T_{(-)}$)。若两个样本无显著差异,$T_{(+)}$ 与 $T_{(-)}$ 应当相等或接近相等;若 $T_{(+)}$ 与 $T_{(-)}$ 相差较大,那么,两个样本差异显著的可能性较大。

(2) 小样本计算过程

当 $N \leqslant 25$ 时,具体步骤为:

① 计算每对数据的差值。

② 按差值的绝对值进行从大到小的等级排序(注意差值为 0 时不参加等级排列)。

③ 在各个等级前面添上原来的正负号。

④ 分别求出带正号的等级和 $T_{(+)}$ 与带负号的等级和 $T_{(-)}$,取两者之中较小的记作 T。

⑤ 将实得 T 值与符号等级检验表中的临界值比较。附表 13 列出在与 $N=f_{(+)}+f_{(-)}$ 相对应的某一显著性水平下 T 的临界值。如果实得 T 值大于表中的临界值,表明差异不显著;若小于临界值,则表明差异显著。这点与之前参数检验中的临界值比较是不同的,需要大家注意。

以例 12-6 数据为例,进行符号等级检验。

配对	1	2	3	4	5	6	7	8	9	10	11	12	13
实验组(X)	47	43	36	38	30	22	25	21	14	12	5	9	5
控制组(Y)	40	38	42	25	29	26	16	18	8	4	7	3	5
X_i-Y_i	7	5	−6	13	1	−4	9	3	6	8	−2	6	0
按 $\|X_i-Y_i\|$ 排等级	9	5	7	12	1	4	11	3	7	10	2	7	—
添正负号	+9	+5	−7	+12	+1	−4	+11	+3	+7	+10	−2	+7	—

① 建立虚无假设和备择假设：
$$H_0: P\{X_i > Y_i\} = P\{X_i < Y_i\}$$
$$H_1: P\{X_i > Y_i\} \neq P\{X_i < Y_i\}$$

② 选择并计算检验统计量。

求每对数据的差值，并按差值的绝对值排列等级，然后再在等级前添上原来的正负号（具体见上表），得到 $f_{(+)}=9, f_{(-)}=3$，其中一个差值为 0，不计在内。因此 $N=f_{(+)}+f_{(-)}=12$。又有 $T_{(+)}=9+5+12+1+11+3+7+10+7=65, T_{(-)}=7+4+2=13$，因此 $T=T_{(-)}=13$。注意到这里有三个差值是相等的，即有三个 6，在排列等级的时候对这三个差值使用平均等级，即都为 7。

③ 根据显著性水平 α 确定临界值。

查附表 13，当 $N=12, \alpha=0.05$，双侧检验时，T 临界值为 14。

④ 根据统计结果，做出推论结论。

因实得的 T 值小于临界值，拒绝虚无假设，表明两者差异显著，因此认为领导行为培训课程有提高参加者的领导能力。

同样的数据，虽然两种方法都检验出差异，但符号检验法没有使用到数据中的全部信息，而符号等级检验法既使用到差异的符号，也使用差异的大小，比符号检验法精度更高，因此检验效能也会更好。

(3) 大样本计算过程

当 $N>25$ 时，一般认为 T 的分布接近正态分布，其平均数和标准差为：

$$\mu_T = \frac{N(N+1)}{4} \qquad \text{(公式 12-11)}$$

$$\sigma_T = \sqrt{\frac{N(N+1)(2N+1)}{24}} \qquad \text{(公式 12-12)}$$

式中，$N=f_{(+)}+f_{(-)}$。于是

$$z = \frac{T-\mu_T}{\sigma_T} \qquad \text{(公式 12-13)}$$

式中，$T=\min(T_{(+)}, T_{(-)})$。

如果数据中有许多等秩现象，即相同等级较多时，应使用下面的校正公式计算标准误：

$$\sigma_T = \sqrt{\frac{N(N+1)(2N+1)-0.5\sum(t_k^3-t_k)}{24}} \qquad \text{(公式 12-14)}$$

式中，t_k 表示第 k 个相同等级中相同值的个数。这时用检验统计量：

$$z_c = \frac{|T-\mu_T|-0.5}{\sigma_T} \qquad \text{(公式 12-15)}$$

同样,以例 12-7 的数据为例进行符号等级检验。

① 建立虚无假设和备择假设。
$$H_0: P\{X_i > Y_i\} = P\{X_i < Y_i\} = 0.5$$
$$H_1: P\{X_i > Y_i\} \neq P\{X_i < Y_i\}$$

② 选择并计算检验统计量。

求每对数据之差的正负号(具体见下表),得到 $f_{(+)}=8, f_{(-)}=19$,其中一个差值为 0,不计在内。因此 $N=f_{(+)}+f_{(-)}=27$。又有 $T_{(+)}=67, T_{(-)}=311$,因此 $T=T_{(+)}=67$。

学生	期中(X)	期末(Y)	X_i-Y_i	按$\|X_i-Y_i\|$排等级	正号	负号
1	3	6	−3	21		−21
2	2	7	−5	27		−27
3	5	4	1	6	6	
4	1	5	−4	24.5		−24.5
5	3	2	1	6	6	
6	2	3	−1	6		−6
7	1	3	−2	15.5		−15.5
8	3	7	−4	24.5		−24.5
9	3	2	1	6	6	
10	1	3	−2	15.5		−15.5
11	3	3	0	—		
12	1	2	−1	6		−6
13	5	4	1	6	6	
14	2	6	−4	24.5		−24.5
15	3	6	−3	21		−21
16	1	4	−3	21		−21
17	5	3	2	15.5	15.5	
18	1	2	−1	6		−6
19	4	6	−2	15.5		−15.5
20	3	2	1	6	6	
21	3	7	−4	24.5		−24.5
22	1	2	−1	6		−6
23	1	3	−2	15.5		−15.5
24	4	6	−2	15.5		−15.5
25	3	5	−2	15.5		−15.5
26	5	3	2	15.5	15.5	
27	4	3	1	6	6	
28	5	6	−1	6		−6
				∑	67	311

因 $N>25$,且数据中等秩现象较多,因此使用近似正态分布的校正公式:

$$\mu_T = \frac{N(N+1)}{4} = \frac{27(27+1)}{4} = 189$$

$$\sigma_T = \sqrt{\frac{27(27+1)(2\times 27+1)-0.5\sum(4^3-4)+(3^3-3)+(8^3-8)+(11^3-11)}{24}}$$

$$= \sqrt{\frac{41580-954}{24}} = \sqrt{1692.75} = 41.14$$

$$z = \frac{|T-\mu_T|-0.5}{\sigma_T} = \frac{|67-189|-0.5}{41.14} = 2.95$$

③ 根据显著性水平 α 确定临界值。

查正态分布表得 $z_{0.05/2}=1.96$。

④ 根据统计结果,做出推论结论。

因实得的 $|z|>1.96$,则 $p<0.05$,拒绝虚无假设,因此该班学生对该位教师期中和期末的两次评价结果有显著差异。

同样的数据,使用符号等级检验法与符号检验法的结果却出现了矛盾现象,这时一般采用符号等级检验法的结果,因为它利用了数据的更多信息,结果相对更可靠一些。

二、多相关样本的非参数检验

当组内设计中获得的数据不满足方差分析的假定条件时,如总体不服从正态分布,就需要使用非参数方法。弗里德曼二因素等级方差分析(Friedman test)就是符合这种条件下的一种非参数方差分析方法,它相当于组内设计的方差分析,适合于多组相关样本的差异检验。

1. 计算原理

首先将每一个被试(或配对)的 K 个观测值按从小到大排列秩次,然后再计算每种处理条件下的秩和。因为秩和是一种计数数据,因此对各样本的秩和进行 χ^2 检验,以确定它们之间是否有显著差异。其 χ^2 统计量的计算公式为:

$$\chi_r^2 = \frac{12}{nk(k+1)}\sum_{i=1}^{k}R_i^2 - 3n(k+1) \qquad (公式12\text{-}16)$$

式中,k 为处理条件数,n 为配对数或被试数,R_i 为某一组数据的等级和(秩和)。

2. 计算过程

当 $k=3$,且 $n\leqslant 9$ 时,可查弗里德曼等级方差分析表(见附表14)进行检验,具体步骤为:

(1) 将每一个被试(或配对)的 K 个观测值按从小到大排列秩次。

(2) 计算每种处理条件下的秩和,然后代入公式12-16,求出实得的 χ_r^2 值。

(3) 将 χ_r^2 值与弗里德曼等级方差分析表中的临界值比较。附表14列出了某一情况下的临界值,p 是实得 χ_r^2 值大于表中临界值的概率,相当于显著性水平。如果实得 χ_r^2 值大于该临界值,表明实验处理间差异显著,反之则表示实验处理间差异不显著。

【例 12-8】 六位教师对三节数学课的评价分数如下表所示,问六位教师对三节数学课的评价是否一致。(取 $\alpha=0.05$)

教师序号	评价分数			等级数据		
	第一节	第二节	第三节	第一节	第二节	第三节
1	81	84	70	2	3	1
2	83	76	82	3	1	2
3	84	87	89	1	2	3
4	88	76	87	3	1	2
5	94	87	93	3	1	2
6	94	91	96	2	1	3
			$\sum$	14	9	13

解: ① 建立虚无假设和备择假设:

H_0:六位教师对三节数学课的评价一致

H_1:六位教师对三节数学课的评价不一致

② 选择并计算检验统计量。

先将三组数据合在一起求等级,然后分别求出每组的等级和 $R_1=14, R_2=9, R_3=13$(具体结果见上表),$n=6, k=3$,代入公式 12-16:

$$\chi_r^2 = \frac{12}{6 \times 3 \times (3+1)} \times (14^2 + 9^2 + 13^2) - 3 \times 6 \times (3+1) = 2.33$$

③ 根据显著性水平 α 确定临界值。

查附表 14,当 $n=6$,取 $p=0.052$ 时,χ_r^2 临界值为 6.33。

④ 根据统计结果,做出推论结论。

因实得 χ_r^2 值<6.33,不能拒绝虚无假设,因此认为六位教师对三节数学课的评价是一致的。

附表 14 中只列出当 $k=3$ 且 $n \leq 9$ 时,以及当 $k=4$ 且 $n \leq 4$ 的情况。若实际问题中 k 或 n 比表中大,附表中查不到,一般认为,这时 χ_r^2 的抽样分布近似于 χ^2 分布,因此按 $df=k-1$ 查 χ^2 分布求临界值。若 χ_r^2 大于对应的 χ^2 临界值,则拒绝虚无假设。

【自测题】

一、单选题

1. 在假设检验中,如果数据不能进行参数检验,则可以考虑进行:_____
   A. 非参数检验　　　　　　　　　　B. z 检验
   C. 方差差异的显著性检验　　　　　D. F 检验

2. 下列不是非参数检验的优点的是：_____
   A. 不受总体分布的限制　　　　　　B. 适用于等级资料
   C. 适用于未知分布型资料　　　　　D. 适用于正态分布资料
3. 关于非参数检验法，下列不正确的是：_____
   A. 适合于任何分布类型的资料　　　B. 其方法不依赖于总体分布
   C. 与参数检验法等效　　　　　　　D. 计算简便
4. 首先提出秩和检验法的是：_____
   A. 弗里德曼　　B. 维尔克松　　C. 惠特尼　　D. 克-瓦氏
5. 符号秩和检验法的基本思想是：若备择假设成立，则对样本来说：_____
   A. 正秩和与负秩和的绝对值不会相差很大
   B. 正秩和与负秩和的绝对值相等
   C. 正秩和与负秩和的绝对值相差很大
   D. 不能得出结论
6. 与秩和检验法相对应的参数检验是：_____
   A. 两独立样本 t 检验　　　　　　B. 两相关样本 t 检验
   C. 组间设计的 F 检验　　　　　　D. 组内设计的 F 检验
7. 与弗里德曼等级方差分析相对应的参数检验是：_____
   A. 两独立样本 t 检验　　　　　　B. 两相关样本 t 检验
   C. 组间设计的 F 检验　　　　　　D. 组内设计的 F 检验
8. 研究 10 名被试实验前后的反应时是否存在显著差异，已知其分布非正态，最恰当的统计方法是：_____
   A. 符号检验法　　B. 秩和检验法　　C. t 检验　　D. F 检验
9. 在克-瓦氏 H 检验中，当 $k>3$ 或 $n_i>5$ 时，H 统计量的分布服从：_____
   A. t 分布　　B. F 分布　　C. χ^2 分布　　D. 正态分布
10. 以下检验方法中，不属于非参数检验方法的是：_____
    A. Friedman 检验　　　　　　　　B. 符号检验
    C. Wilcoxon 检验　　　　　　　　D. t 检验

二、名词解释
1. 非参数检验
2. 秩和检验法
3. 符号等级检验法

三、简答题
1. 什么是非参数检验？面对同一批数据，非参数方法和参数方法都适用，请问你会选择哪种方法？为什么？
2. 简述秩和检验法、中数检验法的基本思想。

3. 简述符号检验法、符号等级检验法的基本思想。
4. 简述克-瓦氏 H 检验、弗里德曼等级方差分析的基本思想。

四、计算题

1. 有 A、B 两家厂商供应同一种商品,两家商品价格与性能一致,但使用寿命是否一致有待检验。今分别从两家生产的产品中抽出样本,测定产品使用寿命(单位:小时),结果如下:

A厂商产品:	5	11	6	9	7	10
B厂商产品:	8	6	10	7	8	

试问:两厂商产品寿命是否有差异?($\alpha = 0.05$)

2. 随机抽取 28 名学生又将他们随机地分成四组分别接受 A、B、C、D 四种不同的心理暗示训练,训练后做某种推理测验(推理测验成绩的分布形状未知),测验结果如下表所示。问:四种暗示训练后的推理测验成绩有无显著差异?($\alpha = 0.05$)

A	B	C	D
14	17	14	8
12	5	12	6
10	12	12	5
10	9	11	4
9	9	11	2
6	7	10	2
6	7	10	2

3. 下表给出配对实验中用两种不同饲料喂养生猪的增重对比结果,问:饲料 A 是否对生猪的增重更有利?($\alpha = 0.05$)

配对序号	A饲料	B饲料	配对序号	A饲料	B饲料
1	25	19	10	28	26
2	30	32	11	32	30
3	28	21	12	29	25
4	34	34	13	30	29
5	23	19	14	30	31
6	25	25	15	31	25
7	27	25	16	29	25
8	35	31	17	23	20
9	30	31	18	26	25

4. 由 10 名学生组成一个评估小组,每个学生都对 A、B、C、D、E 5 名老师的教学效果评一个等级,结果如下表。问:能否说学生对某些教师比对其他教师更喜欢?($\alpha = 0.05$)

学生	教师				
	A	B	C	D	E
1	1	3	2	4	5
2	2	3	1	5	4
3	1	4	2	3	5
4	1	2	3	5	4
5	2	1	3	4	5
6	2	3	1	5	4
7	1	2	4	3	5
8	2	1	3	4	5
9	1	2	4	3	5
10	2	1	3	4	5

13

线性回归分析

【评价目标】
1. 理解回归分析与相关分析的关系,以及线性回归的基本原理。
2. 掌握一元线性回归方程的建立方法和检验方法。
3. 理解多元线性回归的原理,了解多元线性回归的用途。

当两变量之间存在一定的关系时,我们可以用相关系数来表示它们之间关系密切的程度,这是相关分析。而在此基础上,还可以用一定模型来表述变量之间的相关关系,即可以通过其中一个变量对另一个变量进行预测和控制,这就是回归分析。下面用一个简单的例子来说明相关分析与回归分析之间的关系。

假定某个学生小明完成了一个学期的统计课程,准备进行期末考试。那么她的期末成绩会是多少呢?在没考试之前,我们可以根据一些相关信息进行估计。从任课老师那了解到期末成绩平均分大概在 75 分左右。如果我们只有这一个信息,那么最佳的猜测就是小明的期末成绩大约会在 75 分左右。如果这时还知道小明在期中考试中得到 74 分,那次考试的平均分是 70 分,我们如何利用这些信息呢?首先可以推测期中考高于平均分的学生在期末考也会高于平均分。如果还知道期中考试的标准差为 4 分,我们可以计算出小明期中考成绩在班上的相对位置,即 z 分数。小明的 z 分数正好为 1,即他的期中成绩在平均数之上一个标准差的位置。如果期末考总成绩的标准差也是 4 分,那么可以推测她的期末分数也会在平均数之上一个标准差位置左右,即 $75+1\times 4=79$ 分。

这样的推测似乎很合理,但有一个非常重要的问题需要考虑,即期中考卷的难度和期末考卷的难度相当吗?或者说期中考成绩和期末考成绩之间有关系吗?换句话说,**两次测验的分数之间是线性相关吗?** 相关越大,预测也就越准。如果相关为 1,那么我们的预测就没有误差。而如果相关为 0 呢?说明两次成绩之间根本没有关系,这时就不能使用期中考成绩来预测期末考成绩。如果相关系数为 0.86,意味着小明的期末成绩可能也会高于平均分。因此,如果两个测验的成绩之间是高正相关,那么在一个测验中得高分意味着在另一个测验中也会得高分。记住,这时我们只能根据这些信息推测出一个分数,即预测分数(prediceted score),至于该分数是否就是小明的期末成绩,只有等待她考完后才能得知我们的预测是否接近真实分数。

这个例子形象地说明了回归分析与相关分析之间的关系。相关分析确定了变量之间关系的密切程度,而回归分析是指根据其中一个变量预测或估计另一个变量的值。如果相关分析显示出变量间的关系非常密切,那么回归分析中获得的预测值也会相当准确。在这个例子中,我们可以看到这个学生是如何使用相关的信息来预测他的期末成绩。其实我们在日常生活中也都经常使用这个预测功能。接下来本章将以统计的术语和公式介绍这项预测功能,即回归分析(regression analysis)。

由于相关变量之间的规律性有线性与非线性相关之分,所以回归分析也分为线性回归分析和非线性回归分析(如曲线回归)。按回归分析涉及的相关变量的数目,回归分析又可分为一元回归分析(一个自变量和一个因变量)和多元回归分析(多个自变量和一个因变量)。本书主要介绍一元线性回归分析,并对多元线性回归分析进行简要介绍。

第一节 一元线性回归模型的建立

一、线性回归模型的基本公式

1. 直线方程

我们首先来看一个两变量完全相关的例子:表 13-1 列出了某一公司 8 位职员的月薪与年收入。

表 13-1　8 位职员的月薪与年收入

职员	月薪	年收入
1	2000	24000
2	2050	24600
3	2200	26400
4	2275	27300
5	2350	28200
6	2425	29100
7	2500	30000
8	2600	31200

如果我们把这些数据用散点图来表示,这些数据应该落在一条直线上,见图 13-1,该直线可一直延伸到左下角,因为它们之间是完全线性相关。

如果以 X 来表示月薪,以 Y 来表示年收入,那么它们之间的关系可以用公式表

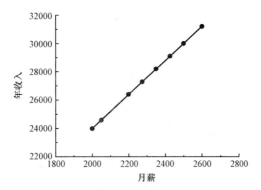

图 13-1 8 位职员的月薪与年收入的散点图

示为：

$$Y = 12X$$

通过这个公式，可以代入 X 的任一值直接求出 Y 值。在回归分析中，我们称 X 变量为自变量，因为我们希望通过这个变量预计或估计出因变量 Y 的值。

接下来我们对这个公式加入一个新元素，假定该公司今年的效益很好，于是决定年底给每个员工发 1000 元的奖金，这时公式将转变成：

$$Y = 1000 + 12X$$

如果我们用 a 和 b 来代替公式中的数字，上述公式其实就是初等数学中一次函数的标准形式：

$$Y = a + bX \qquad \text{（公式 13-1）}$$

式中，X 和 Y 表示变量，a 和 b 是两个常数项。当两个常数项已知时，每取一个 X 值，就有一个唯一确定的 Y 值与之对应，做出图来是一条直线，因此这条直线的数学公式也称为直线方程(linear equation)，它代表 X 与 Y 的线性关系。而方程中的常数项 a 为该直线在 Y 轴的截距(intercept)，即当 X 取值为 0 时该直线与 Y 轴的交点；常数项 b 表示该直线的斜率(slope)，实际上也是 Y 的变化率，它表示当 X 增加 1 个单位时 Y 增加或减少的数量。图 13-2 中直观地展示了截距与斜率的含义。

图 13-2 中共有三条直线，每条直线的截距都为 50，但斜率不同，直线 A 的斜率为 10，表示 X 每增加 1 个单位，Y 增加 10 个单位；类似的，直线 B 和 C 的斜率分别为 2 和 −2，它们的含义分别为，每当 X 增加 1 个单位时，Y 就增加或减少 2 个单位。图 13-2 中的三条直线用公式 13-1 表示如下：

$$A: Y = 50 + 10X$$
$$B: Y = 50 + 2X$$
$$C: Y = 50 - 2X$$

可见，当截距和斜率已知时，通过 X 我们就可以估计出对应的 Y 值。如果相关为 1 时（如当前例子），这种估计是非常完美的。

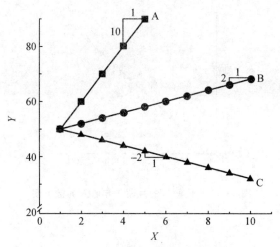

图 13-2　不同截距和斜率的展示图

2. 回归直线与回归方程

在心理领域的实际研究中,两个变量之间的关系能够完全以一条直线来描述的情况较少,通常情况是以散点图来描述两个变量之间的关系时,这些散点可能呈现出直线的趋势。图 13-3 是关于某个班级 10 位学生期中成绩(X)与期末成绩(Y)的相关散点图。

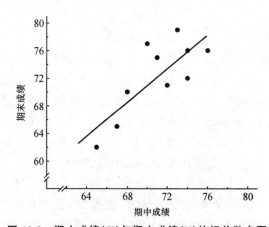

图 13-3　期中成绩(X)与期末成绩(Y)的相关散点图

可见,X 与 Y 的关系实际不是直线,但这些散点的分布有明显的直线趋势。这时可以找出一条直线能够最好地拟合这些散点,这条直线就是回归直线(regression line),其数学方程为:

$$\hat{Y} = a + bX \qquad \text{(公式 13-2)}$$

这个方程也称为回归方程,注意在这个公式中有一个新符号 $\hat{Y}$,它表示与 X 对应的 Y 的预测值或估计值。从散点图中可看出,与某一个 X 值相对应的 Y 值可能不止一个,如与期中成绩为 74 对应的期末成绩有两个,因此我们需要求出一个样本条件均数 Ŷ,该值可能不一定实际存在于散点图中,它是我们的一个估计值或预测值。

在图 13-3 中,最好的拟合直线为截距 −14.191,斜率 1.218 的直线,这时我们可列出该回归方程为:$\hat{Y} = -14.191 + 1.218X$,并使用它对期末成绩进行预测。例如某个学生期中的成绩是 75 分,那么他期末成绩可能会是多少呢?把 75 代入方程得 $\hat{Y} = -14.191 + 1.218 \times 75 = 77.159$。77.159 分就是根据该学生期中成绩对其期末成绩的估计值,当然,该学生真实的期末成绩还是得等他考试后才能得知。

在回归方程中,斜率 b 被称为回归系数(coefficient of regretssion)。确切地说,如果以 X 为自变量建立回归方程,则 b 是 Y 对 X 的回归系数,以 $b_{Y \cdot X}$ 表示;如果以 Y 为自变量建立回归方程,则方程为 $\hat{X} = a + bY$,这时 b 叫做 X 对 Y 的回归系数,以 $b_{X \cdot Y}$ 表示。回归系数实际上也是 Ŷ 的变化率,它表示当 X 增加 1 个单位时 Ŷ 增加或减少的数量,即当 X 变化 1 个单位时,Ŷ 将变化 b 个单位。

二、线性回归模型的建立方法

如何确定最佳的拟合直线呢?或者说如何根据数据求出回归方程?由于 X 与 Y 的关系分布在一个区域,两个变量的成对数据做成散点图后,两点确定一条直线,一个散点图中可以画出不止一条直线,也就是说会有很多条直线来表示两变量之间的关系。但是,在这多条直线中,有些直线离散点远,用它们来表示两个变量之间的关系,准确性就较差。无论哪条直线也不可能使所有的散点都在其上。因此,要找一条与各点最适合的直线来反映两变量的关系。那么哪条直线最有代表性呢?

建立回归方程较常用的方法是最小二乘法(method of least squares)。要想了解最小二乘法,我们需要回顾一下平均数和标准差。平均数的性质中有一条:离均差之平方和最小,即 $\sum(X - \bar{X})^2$ 的值是最小的。因此,平均数是误差最小的总体代表值,是真值最好的估计值。在回归统计中我们使用同样的原理。如果 Y 代表与某个具体 X 值对应的一系列实际观察值,而 Ŷ 表示与该 X 值对应的预测值,当 $\sum(Y - \hat{Y})^2$ 达到最小时,Ŷ 就是所有 Y 值的最佳代表值。因此我们求得的拟合直线应该能够使与每一个 X 值对应的所有 Y 值与 Ŷ 的离差平方和 $\left(\sum(Y - \hat{Y})^2\right)$ 最小,这时的误差平方和最小,则在所有直线中这条直线的代表性就是最好的,Ŷ 的表达式就是所要求的回归方程。因此这个方法被称为最小二乘法。

实际上求回归方程 $\hat{Y} = a + bX$ 的问题,就是求 $\sum(Y - \hat{Y})^2$ 取最小值时 a 和 b 的值。我们把 $\hat{Y} = a + bX$ 代入 $\sum(Y - \hat{Y})^2$,即:

$$\sum(Y-\hat{Y})^2 = \sum(Y-a-bX)^2$$

要使这个公式最小,在数学计算只需分别对 a 和 b 求偏导数,并令其等于零,即:

$$\frac{\partial\left[\sum(Y-a-bX)^2\right]}{\partial a} = 0$$

$$\frac{\partial\left[\sum(Y-a-bX)^2\right]}{\partial b} = 0$$

经整理,上面两式分别写成:

$$N \cdot a + b\sum X = \sum Y \qquad \text{(公式 13-3)}$$

$$a\sum X + b\sum X^2 = \sum X \cdot Y \qquad \text{(公式 13-4)}$$

公式 13-3 两边同时除以 N,即 $\dfrac{N \cdot a + b\sum X}{N} = \dfrac{\sum Y}{N}$。因 $\dfrac{\sum X}{N} = \bar{X}$,$\dfrac{\sum Y}{N} = \bar{Y}$,代入公式,可得出:

$$a = \bar{Y} - b\bar{X} \qquad \text{(公式 13-5)}$$

把公式 13-5 与公式 13-4 联立,可得出:

$$b = \frac{\sum(X-\bar{X})(Y-\bar{Y})}{\sum(X-\bar{X})^2} \qquad \text{(公式 13-6)}$$

【例 13-1】 下表是 10 个学生的期中成绩(X)和期末成绩(Y),使用最小二乘法建立期中成绩对期末成绩的回归方程。

学生	X	Y
1	74	76
2	71	75
3	72	71
4	68	70
5	76	76
6	73	79
7	67	65
8	70	77
9	65	62
10	74	72

解:设 $\hat{Y} = a + bX$,根据上表数据求得 $\bar{X} = 71$,$\bar{Y} = 72.3$,代入公式得

$$b = \frac{\sum(X-\bar{X})(Y-\bar{Y})}{\sum(X-\bar{X})^2} = 1.218$$

$$a = \bar{Y} - b\bar{X} = 72.3 - 1.218 \times 71 = -14.191$$

答:所求得回归方程为:$\hat{Y} = -14.191 + 1.218X$。

三、回归系数与相关系数的关系

第五章中已列出相关系数的计算公式为：

$$r = \frac{\sum(X-\bar{X})(Y-\bar{Y})}{NS_X S_Y}$$

因此 $\sum(X-\bar{X})(Y-\bar{Y}) = r \cdot N \cdot S_X \cdot S_Y$，代入公式 13-6 中，则：

$$b_{Y \cdot X} = \frac{\sum(X-\bar{X})(Y-\bar{Y})}{\sum(X-\bar{X})^2} = \frac{r \cdot N \cdot S_X \cdot S_Y}{\sum(X-\bar{X})^2} = \frac{r \cdot N \cdot S_X \cdot S_Y}{N \cdot S_X^2} = r \cdot \frac{S_Y}{S_X}$$

（公式 13-7）

同样道理，X 对 Y 的回归系数为：

$$b_{X \cdot Y} = r \cdot \frac{S_X}{S_Y} \quad \text{（公式 13-8）}$$

联立公式 13-7 和 13-8，则

$$r = \sqrt{b_{Y \cdot X} \cdot b_{X \cdot Y}} \quad \text{（公式 13-9）}$$

由上述几个公式，我们可以得出以下几点：

（1）回归系数的符号完全依赖于相关系数的符号。由于标准差总是大于 0，所以回归系数 b 的正负号与相关系数相同，而且同样代表了相关的方向。

（2）回归系数与相关系数有关，但又不完全取决于相关系数。从公式 13-7 可看出，调节回归系数的大小有三个影响因素：相关系数的符号、大小及 $\frac{S_Y}{S_X}$ 的大小。

从表 13-2 中可看出，当相关为 0 时，回归系数也为 0；当相关不为 0 时，回归系数还受两变量分散程度比率 $\frac{S_Y}{S_X}$ 的调节，如表 13-2 所示。相同的相关系数下，两种比率导致回归系数的变化幅度不同，而回归系数反映的是当 X 变化时 $\hat{Y}$ 的变化率。因此，我们可以根据两变量在分散程度上的差异来调整预测分数，当因变量 Y 的分散程度大于自

表 13-2　回归系数的三个影响因素

$r=1.0$	$\frac{S_Y}{S_X}=\frac{2}{1}$	$b_Y=2.0$	$\frac{S_Y}{S_X}=\frac{1}{2}$	$b_Y=0.50$
$r=0.5$	$\frac{S_Y}{S_X}=\frac{2}{1}$	$b_Y=1.0$	$\frac{S_Y}{S_X}=\frac{1}{2}$	$b_Y=0.25$
$r=0.0$	$\frac{S_Y}{S_X}=\frac{2}{1}$	$b_Y=0.0$	$\frac{S_Y}{S_X}=\frac{1}{2}$	$b_Y=0.0$
$r=-0.5$	$\frac{S_Y}{S_X}=\frac{2}{1}$	$b_Y=-1.0$	$\frac{S_Y}{S_X}=\frac{1}{2}$	$b_Y=-0.25$
$r=-1.0$	$\frac{S_Y}{S_X}=\frac{2}{1}$	$b_Y=-2.0$	$\frac{S_Y}{S_X}=\frac{1}{2}$	$b_Y=-0.50$

变量 X 时,X 变化 1 个单位引起的 $\hat{Y}$ 值的变化较大;而当 Y 的分散程度小于 X 时,X 变化 1 个单位引起 $\hat{Y}$ 值的变化较小。如果两变量的分散程度相当,就不需要进行调整了。

(3) 回归系数对两变量变化关系的描述是单向的,而相关系数是双向的。从公式 13-9 可看出,相关系数是两个回归系数的几何平均。由此可说明相关与回归的联系,回归系数与相关系数的计算,都是以两个连续变量的共变数为基础的,其基本原理相似。在进行回归分析时,由于目的在于用某一变量去预测另一变量的变化情形,往往是单向地分析两变量的变化关系,即找出一个变量随另一变量的变化而变化的关系,X 与 Y 两个变量各有其作用。在回归系数的计算中,$b_{Y \cdot X}$ 反映当 X 变化时 $\hat{Y}$ 的变化率,$b_{X \cdot Y}$ 反映当 Y 变化时 $\hat{X}$ 的变化率,因此它们分别用 $X \rightarrow Y$ 和 $Y \rightarrow X$ 表示,是一种不对称设计。但是当计算相关系数时,考虑的是两个变量的变化情况,相关表示两方面的平均关系,属于对称性设计,因此相关分析是双向的,不强调哪个是自变量哪个是因变量,以 $X \leftrightarrow Y$ 表示。

(4) 只有相关系数才能描述两变量的关系密切程度,而回归系数只能描述自变量的变化引起因变量的变化程度。如表 13-2 所示,当 $\frac{S_Y}{S_X} = \frac{2}{1}$, $r = 0.5$, $b_Y = 1.0$;而当 $\frac{S_Y}{S_X} = \frac{1}{2}$, $r = 1.0$, $b_Y = 0.50$。从这两者的比较来看,虽然后者的回归系数更小,但其相关系数却更大,可见回归系数并不是对 X 和 Y 之间关系程度的测量。因此,只有相关系数才能表示两变量之间的相关程度,相关系数越大说明两变量的关系越密切,但不能说回归系数越大表明两变量的关系越密切。

当两变量的相关系数、平均数和标准差都已知时,我们就可以根据自变量的取值对因变量进行预测。这可通过下面这个公式说明。如果我们将公式 13-5 及公式 13-7 代入 $\hat{Y} = a + bX$,则回归方程可列为:

$$\hat{Y} = \left(\bar{Y} - r \cdot \frac{S_Y}{S_X} \cdot \bar{X}\right) + r \cdot \frac{S_Y}{S_X} \cdot X = \bar{Y} + r \left(\frac{S_Y}{S_X}\right)(X - \bar{X})$$

(公式 13-10)

式中,$X - \bar{X}$ 表示某个分数与平均数之间的距离,当其乘以回归系数后可以提供预测分数 $\hat{Y}$ 与 Y 变量平均数 $\bar{Y}$ 的距离。如果观测分数 X 在其平均数之上,那么与之对应的预测分数 $\hat{Y}$ 也会在对应的平均数之上。但如果两变量之间没有相关,即 $r = 0$,则 $\hat{Y} = \bar{Y}$,这时回归直线是经过 Y 变量平均数的一条水平线,这种现象称之为"回归到平均数(regression to the mean)"。因此,如果两变量之间没有相关时,平均数就是最佳的预测值。记住,这里指的是预测值。因此当两变量没有相关时,与 X 对应的 Y 值将围绕着 $\bar{Y}$ 上下而波动,根据平均数的特性,$\bar{Y}$ 将是最佳的估计值。

四、线性回归的假设

1. 线性关系假设

X 与 Y 在总体上具有线性关系,这是一条最基本的假设。如果 X 与 Y 的真正关系不是线性,而回归方程又是按线性关系建立的,这个回归方程就没有什么意义了。非线性的变量关系,需使用非线性模型。

2. 正态性假设

正态性假设是指回归分析中的 Y 服从正态分布。这样,与某一个 X_i 值对应的 Y 值构成变量 Y 的一个子总体,所有这样的子总体都服从正态分布,其平均数记作 $\mu_{Y(X_i)}$,方差记作 $\sigma^2_{Y(X_i)}$。各个子总体的方差都是相等的。

3. 独立性假设

独立性假设有两个意思:一个是指与某一个 X 值对应的一组 Y 值和与另一个 X 值对应的另一组 Y 值之间没有关系,彼此独立;另一个是指误差项独立,不同的 X 所产生的误差之间应相互独立,无自相关,而误差项也需与自变量 X 相互独立。

第二节 一元线性回归模型的检验

在相关分析中我们曾经说过,相关系数是否有效还需要进行统计检验,才能确定变量之间是否存在显著的相关。类似的,当研究者根据样本数据建立起回归模型及回归系数后,也需要进行统计检验才能确定这个模型是否有效,是否真正反映了两个变量之间的线性关系,自变量是否真的对因变量有影响,用它来预测或估计的有效程度如何,等等。

一、回归方程的显著性检验

只要有一组相关数据,都能求出一个回归方程,但是所求得的方程有无实际使用价值,必须经过统计检验,这就是回归方程的有效性检验。经检验不具备有效性的回归方程是不能使用的。回归方程的检验使用的是方差分析的思想和方法。方差分析中最重要的是平方和的分解。下面我们来看看回归分析中的平方和是如何进行分解的。

1. 平方和的分解

在方差分析中我们曾提到,任何单个分数与总体平均数之间的变异,都可分成两个部分:处理效应引起的变异和随机误差引起的变异,即 $X_{ij} - \mu = \alpha_j + \varepsilon_{ij}$。方差分析的主要功能在于分析实验数据中不同来源的变异对总变异的贡献大小,从而确定实验中的自变量是否对因变量有重要影响。与此类似,在回归分析中对平方和的分解即是对因变量变异 $\sum (Y - \bar{Y})^2$ 来源的分析过程,看看其变异中有多少是来源于自变量,有多少是来源于误差。

首先从图 13-4 中可以直观地看到,散点图中任意一点 Y 到 $\bar{Y}$ 的距离均可以分成两部分:一部分是该点 Y 到回归线 $\hat{Y}$ 的距离,另一部分是该点的估计值 $\hat{Y}$ 到 $\bar{Y}$ 的距离,即:

$$(Y - \bar{Y}) = (\hat{Y} - \bar{Y}) + (Y - \hat{Y}) \qquad \text{(公式 13-11)}$$

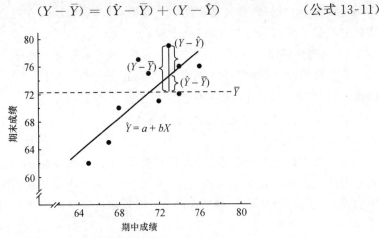

图 13-4　线性回归变异分析示意图

对于每个观测值 X,由回归方程都可以得到对应的预测值 $\hat{Y}$,如表 13-3 中的第四列。如果回归方程完全拟合了数据,X 对应的实测值 Y 和预测值 $\hat{Y}$ 应该是重合的,样本观测值和预测值有相同的平均数 $\bar{Y}$。但在实际计算中,由于误差的存在,回归方程不可能完全拟合数据,因此每个实测值 Y 和预测值 $\hat{Y}$ 之间就存在着一个差异,这一差异 $Y - \hat{Y}$ 代表着残差。而 $\hat{Y} - \bar{Y}$ 代表着回归直线到平均数之间的距离。因此残差小,说明 Y 的变异中大部分能够被 $\hat{Y} - \bar{Y}$ 说明,即 Y 的变异中大部分能够由回归直线来解释,表明回归方程是有效的。

表 13-3　例 13-1 中的观测值、预测值及残差

学生	X	Y	$\hat{Y}$	$Y - \hat{Y}$
1	74	76	75.94	0.06
2	71	75	72.29	2.71
3	72	71	73.51	−2.50
4	68	70	68.63	1.37
5	76	76	78.38	−2.38
6	73	79	74.72	4.28
7	67	65	67.41	−2.41
8	70	77	71.07	5.93
9	65	62	64.98	−2.98
10	74	72	75.94	−3.94

如果我们将所有的 Y 值与 $\bar{Y}$ 的变异进行总和,即对公式 13-11 等号两边平方,再对所有的点求和,则得:

$$\sum(Y-\bar{Y})^2 = \sum[(\hat{Y}-\bar{Y}) + (Y-\hat{Y})]^2$$
$$= \sum(\hat{Y}-\bar{Y})^2 + \sum(Y-\hat{Y})^2 + 2\sum(\hat{Y}-\bar{Y})(Y-\hat{Y})$$

由公式 13-8 可得出 $\hat{Y} = \bar{Y} + b(X-\bar{X})$,代入 $2\sum(\hat{Y}-\bar{Y})(Y-\hat{Y})$,即:

$$2\sum(\hat{Y}-\bar{Y})(Y-\hat{Y}) = 2\sum[\bar{Y}+b(X-\bar{X})-\bar{Y}][Y-\bar{Y}-b(X-\bar{X})]$$
$$= 2\sum[b(X-\bar{X})][(Y-\bar{Y})-b(X-\bar{X})]$$
$$= 2\sum[b(X-\bar{X}) \cdot (Y-\bar{Y})] - 2\sum[b(X-\bar{X}) \cdot b(X-\bar{X})]$$
$$= 2b\sum[(X-\bar{X})(Y-\bar{Y})] - 2b^2\sum(X-\bar{X})^2 \quad (公式 13-12)$$

由公式 13-6 可知 $b = \dfrac{\sum(X-\bar{X})(Y-\bar{Y})}{\sum(X-\bar{X})^2}$,即:

$$\sum[(X-\bar{X})(Y-\bar{Y})] = b\sum(X-\bar{X})^2$$

将该结果代入公式 13-12 中,可发现:

$$2\sum(\hat{Y}-\bar{Y})(Y-\hat{Y}) = 2b\sum[(X-\bar{X})(Y-\bar{Y})] - 2b^2\sum(X-\bar{X})^2$$
$$= 2b^2\sum(X-\bar{X})^2 - 2b^2\sum(X-\bar{X})^2$$
$$= 0$$

因此:

$$\sum(Y-\bar{Y})^2 = \sum(\hat{Y}-\bar{Y})^2 + \sum(Y-\hat{Y})^2 \quad (公式 13-13)$$

上式中,$\sum(Y-\bar{Y})^2$ 表示所有 Y 值的离均差平方和,是回归分析中的总平方和,记为 SS_T;$\sum(\hat{Y}-\bar{Y})^2$ 表示由回归直线解释的那部分离差平方和,即回归平方和,记为 SS_R;$\sum(Y-\hat{Y})^2$ 表示用回归直线无法解释的离差平方和,即残差平方和,记为 SS_E。

因此,公式 13-13 可表示为:$SS_T = SS_R + SS_E$,即总平方和 = 回归平方和 + 误差平方和。其中 SS_R 也表示由自变量解释的平方和,因为 $SS_R = \sum(\hat{Y}-\bar{Y})^2$,$\hat{Y} = \bar{Y} + b(X-\bar{X})$,因此 $SS_R = b^2\sum(X-\bar{X})^2$,式中 b^2 为常数因子,$\sum(X-\bar{X})^2$ 是自变量 X 的离均差平方和。可见该项是完全由自变量 X 所决定的,它也表明了因变量变异中有多少可由自变量的变异所解释,反映了自变量的重要程度。

2. F 检验

由平方和的分解可知,回归方程要有效,因变量的变异中应该是回归平方和占主要部分,即回归平方和要显著大于剩余平方和。根据方差分析,我们不能直接比较平方和,而应该计算其均方,即方差,然后进行 F 检验。因此回归方程有效性检验的虚无假设是所求回归方程无效,即由自变量决定的回归方差并不显著大于剩余方差。如果 F 检验不显著,则无充分理由拒绝虚无假设,说明所求方程无效,如果 F 检验显著,则拒绝虚无假设,说明所求方程有效,可以实际使用。

按照方差分析的步骤,首先是计算平方和,各个平方和的计算除了上面的定义公式外,也可以直接用原始数据:

$$\mathrm{SS_T} = \sum(Y-\bar{Y})^2 = \sum Y^2 - \frac{(\sum Y)^2}{N} \quad (公式\ 13\text{-}14)$$

$$\mathrm{SS_R} = \sum(\hat{Y}-\bar{Y})^2 = b^2\left[\sum X^2 - \frac{(\sum X)^2}{N}\right] \quad (公式\ 13\text{-}15)$$

$$\mathrm{SS_E} = \mathrm{SS_T} - \mathrm{SS_R}$$

接下来是确定各个平方和的自由度,以便计算方差。对于总平方和 $\sum(Y-\bar{Y})^2$ 而言,因为在计算时只用到平均数这一统计量,因此只失去一个自由度,即 $df_T = N-1$。在 $\sum(Y-\hat{Y})^2$ 中 $\hat{Y}$ 的计算不但要用 $\bar{Y}$ 还需要依靠 b,此时 Y 值失去了两个自由度,即: $df_E = N-2$。因此,$df_R = df_T - df_E = N-1-N+2 = 1$

最后计算均方和 F 值:

$$\mathrm{MS_R} = \frac{\mathrm{SS_R}}{df_R}, \quad \mathrm{MS_E} = \frac{\mathrm{SS_E}}{df_E}, \quad F = \frac{\mathrm{MS_R}}{\mathrm{MS_E}}$$

在显著性水平 α 确定的条件下,根据回归自由度与残差自由度查 F 分布表,求出 F 分布中的临界值 $F_{\alpha(df_1, df_2)}$,如果计算得到的 F 值远远大于所确定的临界值,就拒绝虚无假设,说明回归方程有效,或者说自变量对因变量有预测作用。如果实得 F 值小于临界值,就不能拒绝虚无假设,说明所求的回归方程无效。

一元回归方程方差分析表如下所示:

变异来源	SS	df	MS	F
回归	$\mathrm{SS_R}$	1	$\mathrm{MS_R}$	$F = \frac{\mathrm{MS_R}}{\mathrm{MS_E}}$
残差	$\mathrm{SS_E}$	$N-2$	$\mathrm{MS_E}$	
总变异	$\mathrm{SS_T}$	$N-1$		

【例 13-2】 对根据例 13-1 中数据所建立的回归方程进行方差分析。($\alpha = 0.05$)

解:① 设:H_0:回归方程是无效的,或 $\mathrm{MS_R} = \mathrm{MS_E}$

  H_1:回归方程是有效的,或 $\mathrm{MS_R} > \mathrm{MS_E}$

② 计算各个统计量:

$$\mathrm{SS_T} = \sum Y^2 - \frac{(\sum Y)^2}{N} = 52541 - \frac{723^2}{10} = 268.1$$

$$SS_R = b^2\left[\sum X^2 - \frac{(\sum X)^2}{N}\right] = 1.218^2\left[50520 - \frac{(710)^2}{10}\right] = 163.2$$

$$SS_E = SS_T - SS_R = 268.1 - 163.2 = 104.9$$

$$MS_R = \frac{SS_R}{df_R} = \frac{163.2}{1} = 163.2, \quad MS_E = \frac{SS_E}{df_E} = \frac{104.9}{10-2} = 13.1$$

$$F = \frac{MS_R}{MS_E} = \frac{163.2}{13.1} = 12.4$$

③ 做出推论结论

查 F 分布表（单侧），$F_{0.05(1,8)} = 5.32$，$F > _{0.05(1,8)}$，方差分析表如下：

变异来源	SS	df	MS	F
回归	163.2	1	163.2	12.4*
残差	104.9	8	13.1	
总变异	268.1	9		

注：* 表示在 0.05 水平上差异具有统计学意义。

答：建立的回归方程是有效的。

二、回归系数的显著性检验

在一元回归分析中，回归系数的显著性检验功能与回归方程的检验是类似的，当检验显著时，同样也表明所建立的回归方程是有效的。回归系数的显著性检验与相关系数 r 的检验相似。设总体回归系数为 β(beta)，则虚无假设 H_0 为：$\beta = 0$。当 $\beta = 0$ 时，回归系数 b 的抽样分布为 t 分布，因此对于回归系数的假设检验也是 t 检验，具体计算公式如下：

$$t = \frac{b - \beta}{SE_b} \quad (df = N - 2) \quad \text{（公式 13-16）}$$

式中，SE_b 为回归系数的标准误，其计算公式为：

$$SE_b = \sqrt{\frac{S_{XY}^2}{\sum(X - \bar{X})^2}} \quad \text{（公式 13-17）}$$

式中，S_{XY}^2 是指通过自变量 X 求出因变量 Y 的估计值 $\hat{Y}$ 时的误差方差。如前所述，当建立了回归方程后，实际上就是用 $\hat{Y}$ 来估计 Y，或者说以 $\hat{Y}$ 作为 Y 值的代表值，但由于误差的存在，回归方程不可能完全拟合数据，实际上的 Y 值大部分并不在回归线上，而是围绕回归线上下波动，因此 $Y - \hat{Y}$ 就代表着误差。误差越小，说明估计值的准确程度高，与实际越接近；反之，误差越大估计值的准确度就越低。在回归方程的显著性检验中，我们已经提出了误差的计算公式，即：

$$S_{XY}^2 = MS_E = \frac{SS_E}{df_E} = \frac{\sum(Y - \hat{Y})^2}{N - 2}$$

【例 13-3】 对根据例 13-1 中数据所建立的回归方程 $\hat{Y} = -14.191 + 1.218X$ 中的回

归系数进行显著性检验。

解: ① 设: $H_0: \beta = 0$

$H_1: \beta \neq 0$

② 计算各个统计量:

$$S_{XY}^2 = MS_e = 13.1$$

$$\sum(X-\bar{X})^2 = \sum X^2 - \frac{(\sum X)^2}{N} = 50520 - \frac{(710)^2}{10} = 110$$

$$SE_b = \sqrt{\frac{S_{XY}^2}{\sum(X-\bar{X})^2}} = \sqrt{\frac{13.1}{110}} = 0.345$$

$$t = \frac{b-\beta}{SE_b} = \frac{1.218}{0.345} = 3.53$$

③ 做出推论结论。

查 t 分布表得 $t_{0.05/2(8)} = 2.306$, $t > t_{0.05/2(8)}$, 说明回归系数 1.218 是显著的。

可见,在一元线性回归中,回归系数的显著性检验结论与回归方程的方差分析结论是一致的。如果对公式 13-16 两边平方,则:

$$t^2 = \frac{b^2}{SE_b^2} = \frac{b^2}{\frac{S_{XY}^2}{\sum(X-\bar{X})^2}} = \frac{b^2 \sum(X-\bar{X})^2}{S_{XY}^2} = \frac{MS_r}{MS_e} = F$$

所以,两种检验是等效的,在实际研究中,只用其中一种方法即可说明回归方程是有效的。

三、决定系数

不论是回归方程还是回归系数的显著性检验,只是解决了回归方程是否有效的问题,至于这个方程有效程度有多高,前两种检验不能给出答案。这与相关系数的显著性检验是一样的,如相关系数显著只是否定了相关系数为 0,表明两变量确实存在相关,然而相关系数显著并不等于高相关。因此还必须找到衡量回归方程有效性高低的指标。

如前所述,回归分析中总平方和分解为回归平方和 SS_R 与误差平方和 SS_e,由于 SS_R 反映的是因变量变异中有多少可由自变量的变异所解释。显然,由自变量所决定的 SS_R 在总平方和 SS_T 中所占的比例越大越好,如果这个比例为 1,表明因变量 Y 的变异完全由自变量 X 的变异所决定,两者就成了确定性关系;如果比例为 0,则说明 Y 的变异与 X 无关,回归方程无效。可见,我们可以用 $\frac{SS_R}{SS_T}$ 这一比例作为回归方程有效性高低的指标,我们将这一比例称为决定系数(coefficient of determination),记作 r^2,即:

$$r^2 = \frac{SS_R}{SS_T} = \frac{\sum(\hat{Y}-\bar{Y})^2}{\sum(Y-\bar{Y})^2} \qquad \text{(公式 13-18)}$$

通过这个公式,我们可以检验一下例 13-2 中回归方程的有效性程度:

$$r^2 = \frac{\mathrm{SS_R}}{\mathrm{SS_T}} = \frac{163.2}{268.1} = 0.609$$

决定系数体现了回归模型所能解释的因变量变异性的百分比,或者说因变量 Y 的变异中由自变量 X 的变异所能解释的百分比,因此在例 13-2 中,通过数据建立的回归方程能解释期末成绩变化的 60.9%,或者说期末成绩的变异中有 60.9% 可由这些学生期中成绩的变异所解释。

与决定系数相对应的就是非决定系数 $1-r^2$,非决定系数即为回归模型不能解释的因变量变异的百分比,它也等于残差平方和与总平方和的比率,即:

$$1 - r^2 = \frac{\mathrm{SS_E}}{\mathrm{SS_T}} = \frac{\sum(Y-\hat{Y})^2}{\sum(Y-\bar{Y})^2} \qquad (公式\ 13\text{-}19)$$

如在例 13-2 中,$r^2=0.609$,那么非决定系数 $1-r^2=0.391$。如果我们使用公式 13-19 计算,结果也是一样的。非决定系数表明,在该例中,这些学生期末成绩的变异中有 39.1% 是回归模型不能解释的,或者说不能由他们期中成绩的变异来解释。

在相关分析中我们就曾提到相关系数 r,那么回归分析中的决定系数与相关系数又有何联系呢?从符号上来看,决定系数就是相关系数的平方,也就是说,在一元线性回归中决定系数是因变量与自变量积差相关系数的平方。这一点我们从公式的转化中也可以看出来,相关系数的公式如下:

$$r = \frac{\sum(X-\bar{X})(Y-\bar{Y})}{N \cdot S_X \cdot S_Y} = \frac{\sum(X-\bar{X})(Y-\bar{Y})}{\sqrt{\sum(X-\bar{X})^2 \cdot \sum(Y-\bar{Y})^2}}$$

因此

$$r^2 = \frac{\left[\sum(X-\bar{X})(Y-\bar{Y})\right]^2}{\sum(X-\bar{X})^2 \cdot \sum(Y-\bar{Y})^2}$$

从公式 13-13 可知,回归平方和

$$\mathrm{SS_R} = \sum(\hat{Y}-\bar{Y})^2 = b^2\left[\sum X^2 - \frac{(\sum X)^2}{N}\right]$$

$$\left(\because b^2 = \left[\frac{\sum(X-\bar{X})(Y-\bar{Y})}{\sum(X-\bar{X})^2}\right]^2\right)$$

$$= \left[\frac{\sum(X-\bar{X})(Y-\bar{Y})}{\sum(X-\bar{X})^2}\right]^2 \cdot \sum(X-\bar{X})^2$$

$$= \frac{\left[\sum(X-\bar{X})(Y-\bar{Y})\right]^2}{\sum(X-\bar{X})^2}$$

把该式代入得

$$r^2 = \frac{\left[\sum(X-\bar{X})(Y-\bar{Y})\right]^2}{\sum(X-\bar{X})^2 \cdot \sum(Y-\bar{Y})^2} = \frac{\sum(\hat{Y}-\bar{Y})^2}{\sum(Y-\bar{Y})^2} = \frac{SS_R}{SS_T}$$

从这里我们又一次看到，回归分析是相关分析的继续与发展。可以证明，回归分析对所建回归方程进行的有效性检验，其本质还是对变量相关显著性的检验。应该指出的是，如果经方差分析检验回归方程无效，求取决定系数 r^2 是无意义的。

四、回归分析中应注意的问题

回归分析与相关分析有着密切的联系，因此经常会导致一个错误的观念，即认为两个变量之间如果有高相关的话，就意味着其中一个变量能够预测另一个变量。如果这两个变量在时间上是前后发生的，那么这个说法是完全正确的。但如果变量之间并没有任何直接的因果联系，而可能是由于第三变量的影响而发生的共同变化，即共变关系时，这种说法就是错误的。这是行为研究者容易犯的一个错误。

例如，假定研究已证实学生为了某次考试，花在学习上的时间数和他们随后在这次考试上取得的成绩之间有着高度的正相关。我们可能认为，学习所花的时间导致成绩的变化，即时间花得越多，成绩就越好。但实际上并不是如此。我们忽略了其他的可能性，例如有些学生取得好成绩是源于高智商，更强的动机，更好的学习习惯，以及其他很多方面。花较多的时间学习以及取得好的成绩可能只是这些因素的伴随品。

因此，只是相关研究并不能进行因果推论，这在相关分析中我们已经提出过。相关只是建立两个变量之间因果关系的必要条件，但不是充分条件。一般来说，建立一个因果关系要求实验条件是随机分配给被试，并且自变量应该是实验者可以控制的。例如，某些被试变量如性别是实验者不能控制，则不宜进行回归分析。因此回归分析对实验设计有着一定的要求。而相关研究则不需要这样的要求。

另外，在回归分析中还需注意的一点是自变量和因变量必须是等距或等比的数据类型，如果是其他数据类型，则需要转化成虚拟变量后才能进行回归分析。

第三节 多元线性回归分析简介

一元线性回归讨论的是两个变量的回归问题，即一个自变量对一个因变量的预测问题。在现实中，大多数影响因变量的因素不止一个。在回归分析中，如果自变量是两个或两个以上，就叫做多元回归分析。由于一种现象常常与多种其他现象相联系，用多个自变量的最优组合共同来预测（估计）因变量，比只用一个自变量进行预测（估计）更有效，更符合实际，因此多元回归分析可增强对因变量的分析估计的准确性。

多元线性回归分析（multiple linear regression analysis）的基本原理和基本计算过

程与一元线性回归分析相同,但由于自变量个数多,计算相当麻烦,一般在实际应用时要借助于计算机,因此我们只介绍多元线性回归分析的基本原理及过程。

一、多元线性回归模型

设因变量为 Y,自变量为 X_1 和 X_2,则回归方程的一般形式为:

$$\hat{Y} = a + b_1 X_1 + b_2 X_2 \tag{公式 13-20}$$

式中,$\hat{Y}$ 为因变量的估计值,是由 X_1 和 X_2 组合起来的一个共同估计值;a 为常数项,表示当所有的自变量取值均为 0 时因变量的估计值;b_1 和 b_2 为偏回归系数,表示当其他自变量取值固定时(所以在回归系数前加上"偏"字),某一个自变量每变化一个单位时,$\hat{Y}$ 的变化量。

建立回归方程的过程实际上就是求 a, b_1, b_2 的过程,与一元回归分析相同,也是用最小二乘法,即令 $\sum (Y - \hat{Y})^2 = \sum (Y - a - b_1 X_1 - b_2 X_2)^2$ 最小,利用求偏导数的方法确定 b_1 和 b_2:

$$\frac{\partial \left[\sum (Y - a - b_1 X_1 - b_2 X_2)^2 \right]}{\partial b_1} = 0$$

$$\frac{\partial \left[\sum (Y - a - b_1 X_1 - b_2 X_2)^2 \right]}{\partial b_2} = 0$$

常数 a 可由下式确定:

$$a = \bar{Y} - b_1 \bar{X}_1 - b_2 \bar{X}_2 \tag{公式 13-21}$$

在多元回归分析中,因为自变量有多个,且各个自变量的单位可能不同,因此在建立完回归方程得出每个自变量的偏回归系数后,不能直接比较它们在估计 Y 值时的贡献。例如,$b_1 > b_2$ 时,我们不能说自变量 X_1 比自变量 X_2 更能预测因变量的值。若要进行这种比较,需将原始数据分别转换成标准分数,然后以标准分数来建立回归方程,这时称为标准回归方程,一般形式为:

$$\hat{z}_Y = \beta_1 z_{X_1} + \beta_2 z_{X_2} \tag{公式 13-22}$$

式中,$\hat{z}_Y$ 表示因变量 Y 的标准分数的估计值,z_{X_1} 和 z_{X_2} 分别表示以标准分数出现的自变量,β_1 和 β_2 叫做标准偏回归系数(standardized regression coeffient)

与前面的一般回归方程相比,标准回归方程没有常数项,这是因为转化为标准分后,其平均数为 0,标准差为 1。根据公式 13-21,可发现这时计算得到的 $a=0$,因此可以省略。

因为做了标准化变化,排除了单位不同的影响,所以可以根据标准化回归系数的大小评价每个自变量对因变量的贡献大小。例如,如果 $\beta_1 > \beta_2$,可以认为自变量 X_1 对因变量 Y 的影响比自变量 X_2 更大。

二、多元线性回归的假设

多元线性回归分析的假设条件与一元回归分析大体相同,即线性、独立性和正态性假设。此时的正态性假设是指在给定一组 X 后,Y 的条件分布为正态分布。

在多元回归分析中,若自变量间存在相关性,称为多重共线性(multicollinearnality)。如果变量间有共线性问题,两个自变量的点会在同一条直线上,这时回归参数估计的标准误大大增加。因此回归分析应避免严重的多重共线性存在。在回归分析中,最好先呈现自变量之间的相关矩阵,以探讨变量间的相关情形,如果某些自变量间的相关系数太高,可考虑只挑选其中一个较重要的变量投入多元回归分析。

三、多元线性回归模型的检验

1. 回归方程的显著性检验

与一元回归分析相同,多元线性回归方程的检验也需进行方差分析:

$$SS_T = \sum(Y-\bar{Y})^2, \quad df_T = N-1$$

$$SS_R = \sum(\hat{Y}-\bar{Y})^2, \quad df_R = k \quad (k 为自变量的个数)$$

$$SS_E = SS_T - SS_R, \quad df_E = N-1-k$$

$$MS_R = \frac{SS_R}{df_R}, \quad MS_E = \frac{SS_E}{df_E}$$

$$F = \frac{MS_R}{MS_E}$$

回归方程显著,说明用两个自变量的线性组合来预测因变量是有效的。

2. 偏回归系数的显著性检验

每一个偏回归系数的检验与一元回归分析类似,也是使用 t 检验:

$$t = \frac{b_i - 0}{SE_{b_i}}$$

值得注意的是某一个偏回归系数不显著时回归方程可能仍然显著,因为在多元线性回归的检验中,方差分析是对整个回归方程的显著性检验,是整体检验,与单独进行每个偏回归系数的显著性检验不一定等效。也就是说,经方差分析,结果回归方程显著,但回归方程中每一个偏回归系数不一定都显著。这意味着凭经验选取的自变量中有的在回归方程中作用显著,有的却无足轻重,而最优的多元线性回归方程应该是方程显著,且每个自变量的偏回归系数都显著。因此,为了建立最优的多元线性回归方程,需要对自变量进行选择,作用不显著的自变量不必进入回归方程。一般选择自变量,建立最优回归方程的方法采用逐步回归法。

逐步回归的基本原理和过程是:按各个自变量对因变量作用的大小,从大至小逐个地引入回归方程。每引入一个自变量都要对回归方程中的每一个自变量(包括刚引入的那个)的作用进行显著性检验,若发现作用不显著的自变量,就要将其剔除(因为引入新的自变量后,原来方程中显著作用的自变量有可能变成不显著)。而每剔除一个自变量以后也要再对留在方程中的自变量做显著性检验,若发现又有自变量变得不显著时接着再剔除之。这样逐个地引入或剔除,直至没有自变量可引入也没有自变量应从方程中剔除时为止。这时的回归方程一般来说是最优的。

3. 多元决定系数

与一元回归分析类似,在解决了回归方程是否有效的问题后,还需要找出回归方程有效程度高低的指标,这个指标就是多元决定系数。与一元回归分析类似,它也是回归平方和与总平方和之比,使用它来解释回归模型中自变量组合的变异在因变量变异中所占比率,即:

$$r^2 = \frac{SS_R}{SS_T} = \frac{\sum(\hat{Y}-\bar{Y})^2}{\sum(Y-\bar{Y})^2}$$

决定系数 r^2 开方后得到 r,称为复相关系数,它表示因变量 Y 与 k 个自变量线性组合之间的相关。从回归方程 $\hat{Y}=a+b_1X_1+b_2X_2$ 可知,自变量的线性组合以 $\hat{Y}$ 来表示,因而复相关系数实际上就是实测值 Y 与估计值 $\hat{Y}$ 之间的相关系数。这个值的取值范围在 0—1 之间,越接近 1,表示 Y 与 $\hat{Y}$ 的相关越高,因此复相关系数也反映了回归方程对数据拟合程度的好坏。

【自测题】

一、单选题

1. 首先提出回归概念的是:_____
   A. 高斯　　　　　B. 达尔文　　　　　C. 高尔顿　　　　　D. 瑟斯顿
2. 以下对相关系数与回归系数的描述正确的是:_____
   A. $r=\sqrt{b_{Y \cdot X} \cdot b_{X \cdot Y}}$　　　　　B. $r=b_{Y \cdot X} \cdot b_{X \cdot Y}$
   C. $r=\sqrt{b_{Y \cdot X}+b_{X \cdot Y}}$　　　　　D. $r=b_{Y \cdot X}+b_{X \cdot Y}$
3. 从 X 推测 Y 或从 Y 推测 X 没有误差的情况是:_____
   A. $r=-1$　　　B. $r=0$　　　C. $r=+0.98$　　　D. $r=-0.01$
4. 在回归分析中,$\sum(Y-\bar{Y})^2$ 代表:_____
   A. 回归平方和　　　　　B. 误差平方和
   C. 总平方和　　　　　D. 以上都不对
5. 在回归分析中,$\sum(\hat{Y}-\bar{Y})^2$ 代表:_____
   A. 回归平方和　　　　　B. 误差平方和
   C. 总平方和　　　　　D. 以上都不对
6. 决定系数的取值范围是:_____

A. $0 \leqslant r^2 \leqslant 1$　　B. $-1 \leqslant r^2 \leqslant 1$　　C. $-1 \leqslant r^2 \leqslant 0$　　D. $-1 < r^2 < 1$

7. 下列关于决定系数的说法正确的是：_____
   A. 决定系数越大说明回归方程越不显著
   B. 决定系数越大说明回归平方和对总平方和的贡献越大
   C. 决定系数不可能为 1
   D. 决定系数不可能为 0

根据以下统计量数据，回答 8—10 题：

$$\bar{X}=35,\quad S_X=5,\quad \bar{Y}=50,\quad S_Y=10$$

8. 如果 $r=0, X=45$ 时 Y 的最佳预测值为：_____
   A. 40　　　　B. 50　　　　C. 60　　　　D. 70
9. 如果 $r=0.5, X=45$ 时 Y 的最佳预测值为：_____
   A. 40　　　　B. 50　　　　C. 60　　　　D. 70
10. 如果 $r=1, X=45$ 时 Y 的最佳预测值为：_____
    A. 40　　　　B. 50　　　　C. 60　　　　D. 70

二、名词解释

1. 回归系数
2. 最小二乘法
3. 决定系数
4. 偏回归系数
5. 多元决定系数

三、简答题

1. 简述回归分析与相关分析的关系。
2. 简述线性回归分析的基本假设。
3. 逐步回归分析的基本原理是什么？
4. 为何要对回归方程做 F 检验？
5. 多元线性回归分析基本假设是什么？

四、计算题

1. 已知 150 名 6 岁男童体重（X）与屈臂悬体时间（Y）的相关系数 $r=-0.35, \bar{X}=20$ kg，$\sigma_X=2.55$ kg，$\bar{Y}=42.7$ s，$\sigma_Y=8.2$ s，试估计体重 22.6 kg 的男童，屈臂悬体时间为多少秒。

2. 下表给出了某班 12 名同学两次考试的成绩。问：能否利用第一次考试的成绩来预测第二次考试的成绩？

学生	1	2	3	4	5	6	7	8	9	10	11	12
考试一	65	63	67	64	68	62	70	66	68	67	69	71
考试二	68	66	68	65	69	66	68	65	71	67	68	70

自测题参考答案

第 1 章

一、1. B 2. D 3. C 4. C 5. B 6. A 7. D 8. B 9. D 10. A 11. C

第 2 章

一、1. B 2. C 3. C 4. A 5. C 6. A 7. B 8. C 9. A 10. C

第 3 章

一、1. D 2. A 3. D 4. A 5. A 6. B 7. B 8. C 9. A 10. A

四、

1. A: $\bar{X}=15, M_d=14.25, M_o=14$　平均数

   B: $\bar{X}=7, M_d=6.16, M_o=6$　众数

   C: $\bar{X}=23, M_d=21.5, M_o=28$　平均数

   D: $\bar{X}=85, M_d=83.25, M_o=83,81$　平均数

   E: $\bar{X}=109, M_d=109, M_o=109$　平均数、中数和众数均可

   F: $\bar{X}=250, M_d=249.25, M_o=252$　平均数

   G: $\bar{X}=47, M_d=47.5, M_o=43$　平均数

2.

分组	f_i	X_i	$f_i X_i$
65—	1	67	67
60—	4	62	248
55—	6	57	342
50—	8	52	416
45—	16	47	752
40—	24	42	1008
35—	34	37	1258
30—	21	32	672
25—	16	27	432
20—	11	22	242
15—	9	17	153
10—	7	12	84

$$\overline{X} = \frac{\sum f_i X_i}{N} = 36.14$$

3. $\overline{X}_t = \dfrac{\sum W_i \overline{X}_i}{\sum W_i} = 508.43$

第 4 章

一、1. D 2. B 3. D 4. A 5. B 6. A 7. A 8. C 9. D 10. D

四、

1. A: $S = \sqrt{\dfrac{\sum X^2}{N} - \left(\dfrac{\sum X}{N}\right)^2} = 2.94$

B: $S = 2.31$

C: $S = 5.57$ 不适合计算标准差

D: $S = 0$ 不适合计算标准差

2.

考试科目	原始成绩		全体考生		z 分数	
	甲	乙	$\overline{X}$	S	甲	乙
语文	59	51	50	4	2.25	0.25
数学	75	79	74	10	0.1	0.5
英语	63	72	67	9	−0.44	0.56
$\sum$	197	201			1.91	1.31

甲的总标准分为 1.91, 乙的总标准分 1.31, 甲的总成绩优于乙。

第 5 章

一、1. C 2. D 3. B 4. C 5. D 6. B 7. A 8. B 9. A 10. A

四、

1. 积差相关：

学生	X	X^2	Y	Y^2	XY
1	80	6400	70	4900	5600
2	75	5625	66	4356	4950
3	70	4900	68	4624	4760
4	65	4225	64	4096	4160
5	60	3600	62	3844	3720
6	82	6724	62	3844	5084
7	70	4900	66	4356	4620

学生	X	X²	Y	Y²	XY
8	77	5929	78	6084	6006
9	85	7225	64	4096	5440
10	60	3600	66	4356	3960
$N=10$	$\sum X = 724$ $\left(\sum X\right)^2 = 524176$	$\sum X^2$ $= 53128$	$\sum Y = 666$ $\left(\sum Y\right)^2 = 443556$	$\sum Y^2$ $= 44556$	$\sum XY$ $= 48300$

(续表)

$$r = \frac{\sum XY - \frac{\sum X \sum Y}{N}}{\sqrt{\left[\sum X^2 - \frac{\left(\sum X\right)^2}{N}\right]\left[\sum Y^2 - \frac{\left(\sum Y\right)^2}{N}\right]}}$$

$$= \frac{48300 - \frac{724 \times 666}{10}}{\sqrt{\left(53128 - \frac{524176}{10}\right)\left(44556 - \frac{443556}{10}\right)}} = 0.22$$

等级相关：

被试	IQ 分数 (X)	领导能力 (Y)	R_X	R_Y	$D = R_X - R_Y$	D^2
1	80	70	8	9	−1	1
2	75	66	6	6	0	0
3	70	68	4.5	8	−3.5	12.25
4	65	64	3	3.5	−0.5	0.25
5	60	62	1.5	1.5	0	0
6	82	62	9	1.5	7.5	56.25
7	70	66	4.5	6	−1.5	2.25
8	77	78	7	10	−3	9
9	85	64	10	3.5	6.5	42.25
10	60	66	1.5	6	−4.5	20.25
$N=10$		$\sum$	55	55		143.5

因相同等级较多，用调整公式计算：

$$\sum x^2 = \frac{10^3 - 10}{12} - \left(\frac{2^3 - 2}{12} + \frac{2^3 - 2}{12}\right) = 81.5$$

$$\sum y^2 = \frac{10^3 - 10}{12} - \left(\frac{2^3 - 2}{12} + \frac{2^3 - 2}{12} + \frac{3^3 - 3}{12}\right) = 79.5$$

$$r_{RC} = \frac{\sum x^2 + \sum y^2 - \sum D^2}{2 \times \sqrt{\sum x^2 \times \sum y^2}} = \frac{81.5 + 79.5 - 143.5}{2 \times \sqrt{81.5 \times 79.5}} = \frac{17.5}{160.99} = 0.11$$

答：10 名学生的数学与化学成绩的积差相关系数为 0.22，等级相关系数为 0.11，该数据为正态等距数据，适合用积差相关进行分析。

2. 肯德尔等级相关

作品编号 $N=5$	专家 $K=4$				$\sum R_i$	$\sum R_i^2$
	1	2	3	4		
1	3	3	3	3	12	144
2	5	5	4	5	19	361
3	2	2	1	1	6	36
4	4	4	5	4	17	289
5	1	1	2	2	6	36
$\sum$					60	866

$$SS_R = \sum R_i^2 - \frac{(\sum R_i)^2}{N} = 866 - \frac{(60)^2}{5} = 146$$

$$W = \frac{SS_R}{\frac{1}{12}K^2(N^3-N)} = \frac{146}{\frac{1}{12}4^2(5^3-5)} = 0.91$$

答：从计算结果可知，4 名专家的鉴定具有一致性。

3. 点二列相关

$p = 7/16 = 0.4375$，$q = 9/16 = 0.5625$，$\bar{X}_p = 76.2$，$\bar{X}_q = 66.7$，$S_t = 12.94$

$$r_{pb} = \frac{\bar{X}_p - \bar{X}_q}{S_t} \times \sqrt{pq} = 0.364$$

答：该题得分与总分之间的相关程度为 0.364。

第 6 章

一、1. A 2. C 3. D 4. B 5. C 6. A 7. C 8. D 9. B 10. B

四、

1. (1) 0.375

   (2) 0.9375

   (3) 0.0039

2. 猜对的概率 $p=0.25$，猜错的概率 $q=0.75$，$N=100$，$\mu=Np=100\times0.25=25$，$\sigma=\sqrt{Npq}=\sqrt{100\times0.25\times0.75}=4.33$，根据正态分布理论，$\mu+1.645\sigma=25+1.645\times4.33=32.12\approx32$ ($=25+1.645\times4.275=32$)，即完全凭猜测，100 题中猜对 32 题

以上的可能性只有 5%。因此可认为答对 32 题以上者不是凭猜测,表明答题者真的会答,但做此结论,也仍有犯错误的可能。

3. (1) $P\{\mu-\sigma<X\leqslant\mu+\sigma\}=68.26\%$
   (2) $P\{\mu-3\sigma<X\leqslant\mu+3\sigma\}=99.74\%$
   (3) $P\{\mu-1.96\sigma<X\leqslant\mu-\sigma\}=13.37\%$
   (4) $P\{X<\mu+\sigma\}=84.13\%$

4. (1) 约 1616 人。(2) 约 3180 人。(3) 约 26487 人。

5.

等级	各等级界限(z)	P	人数
1	1σ 以上	0.1587	16
2	1σ——-1σ	0.6826	68
3	-1σ 以下	0.1587	16

第7章

一、1. B 2. D 3. B 4. C 5. C 6. D 7. A 8. C 9. B 10. B

四、

1. (1) $df=25, t_{0.05/2}=2.06, t_{0.05}=1.708$
   (2) $df=40, t_{0.01/2}=2.704, t_{0.01}=2.423$
   (3) $df=28, t_{0.05/2}=2.048, t_{0.05}=1.701$

2. $\sigma_{\bar{X}}=\dfrac{\sigma}{\sqrt{n}}=\dfrac{6}{\sqrt{50}}=0.85, z_{(1-0.05)/2}=1.96, z_{(1-0.01)/2}=2.58$

   $95\% \text{CI}_{\bar{X}}=54\pm1.96\times0.85=52.33-55.67, 99\%\text{CI}_{\bar{X}}=54\pm2.58\times0.85=51.81-56.19$

3. $\sigma_{\bar{X}}=\dfrac{\sigma}{\sqrt{n}}=\dfrac{7}{\sqrt{25}}=1.4, z_{(1-0.05)/2}=1.96, z_{(1-0.01)/2}=2.58$

   $95\%\text{CI}_{\bar{X}}=82\pm1.96\times1.4=79.26-84.74, 99\%\text{CI}_{\bar{X}}=82\pm2.58\times1.4=78.39-85.61$

4. $\sigma_{\bar{X}}=\dfrac{S_{n-1}}{\sqrt{n}}=\dfrac{9}{\sqrt{200}}=0.64$,由于 n 比较大,可近似用 z 值来代替,即 $95\%\text{CI}_{\bar{X}}=80\pm1.96\times0.64=78.75-81.25, 99\%\text{CI}_{\bar{X}}=80\pm2.58\times0.64=78.35-81.65$

第8章

一、1. A 2. D 3. A 4. B 5. A 6. D 7. D 8. B 9. C 10. C

四、

1. $\sigma_{\bar{X}} = \dfrac{\sigma_0}{\sqrt{n}} = 1.5$, $z = \dfrac{\bar{X} - \mu_0}{\sigma_{\bar{X}}} = 2$, $z_{0.05/2} = 1.96$, $z > z_{0.05/2}$, $p < 0.05$, 拒绝虚无假设, 即这次该科考试的总平均分高于以往水平。

2. $SE_{\bar{X}} = \dfrac{S}{\sqrt{n-1}} = \dfrac{10}{9.95} = 1.01$, $t = \dfrac{\bar{X} - \mu_0}{SE_{\bar{X}}} = 0.99$, $t_{0.05(99)} = 1.65$, $t < t_{0.05(99)}$, $p > 0.05$, 保留虚无假设, 即今年该市小学五年级语文统考成绩没有高于往年。

3. $t = \dfrac{r - 0}{\sqrt{\dfrac{1 - r^2}{n - 2}}} = \dfrac{0.68}{\sqrt{\dfrac{1 - 0.68^2}{30 - 2}}} = 4.91$, $df = 30 - 2 = 28$ 时, $t_{0.05/2} = 2.048$, $t > t_{0.05/2}$, $p < 0.05$, 拒绝虚无假设, 即该结果证实了已往研究结果, 学生的自我效能感与学习成绩之间存在相关关系。

第9章

一、1. A 2. B 3. D 4. C 5. B 6. D 7. C 8. A 9. C 10. C

四、

1. $z = \dfrac{(\bar{X}_1 - \bar{X}_2) - (\mu_1 - \mu_2)}{\sqrt{\dfrac{\sigma_1^2}{n_1} + \dfrac{\sigma_2^2}{n_2}}} = \dfrac{136 - 138}{\sqrt{\dfrac{6^2}{36} + \dfrac{5^2}{25}}} = \dfrac{-2}{1.41} = -1.41$, $z_{0.05/2} = 1.96$, $z < z_{0.05/2}$, $p > 0.05$, 保留虚无假设, 即两市小学毕业生的平均身高无显著差异。

2. $SE_{(\bar{X}_1 - \bar{X}_2)} = \sqrt{\dfrac{n_1 S_1^2 + n_2 S_2^2}{n_1 + n_2 - 2} \cdot \left(\dfrac{n_1 + n_2}{n_1 \cdot n_2}\right)} = 3.19$, $t = \dfrac{(\bar{X}_1 - \bar{X}_2) - (\mu_1 - \mu_2)}{SE_{\bar{X}_1 - \bar{X}_2}} = \dfrac{(80 - 73) - 0}{3.19} = 2.19$, $t_{0.05/2(110)} = 1.98$, $t > t_{0.05/2(110)}$, $p < 0.05$, 拒绝虚无假设, 认为个体的空间转换速度存在着性别的差异。

3. $t = \dfrac{(\bar{X}_1 - \bar{X}_2) - (\mu_1 - \mu_2)}{\sqrt{\dfrac{\sum d^2 - \dfrac{(\sum d)^2}{n}}{n(n - 1)}}} = 1.06$, $t_{0.05/2(9)} = 2.262$, $t < t_{0.05/2(9)}$, 保留虚无假设, 即两次测验的平均数无显著差异。

4. 由于两样本为独立样本, 且总体方差未知, 需进行方差齐性检验。
$\bar{X}_1 = 60.6$, $\hat{S}_1^2 = 50.93$, $\bar{X}_2 = 58.6$, $\hat{S}_2^2 = 78.27$
$F = \dfrac{\hat{S}_2^2}{\hat{S}_1^2} = \dfrac{78.27}{50.93} = 1.54$, $F_{0.05/2(9,9)} = 4.03$, $F < F_{0.05/2(9,9)}$, $p > 0.05$, 即两个总体方差齐性。

$$t = \frac{(\overline{X}_1 - \overline{X}_2) - (\mu_1 - \mu_2)}{\sqrt{\frac{\hat{S}_1^2}{n_1} + \frac{\hat{S}_2^2}{n_2}}} = \frac{60.6 - 58.6}{3.59} = 0.56, t_{0.05/2(18)} = 2.101, t < t_{0.05/2(18)}, 保留$$

虚无假设，即两次测验的平均数无显著差异。

第 10 章

一、1. D 2. A 3. A 4. D 5. C 6. A 7. D 8. B 9. A 10. C

四、

1.

$k=4$	衣料 1		衣料 2		衣料 3		衣料 4	
	X	X^2	X	X^2	X	X^2	X	X^2
	2.33	5.43	2.48	6.15	3.06	9.36	4	16
	2	4	2.34	5.48	3.06	9.36	5.13	26.32
	2.93	8.58	2.68	7.18	3	9	4.61	21.25
	2.73	7.45	2.34	5.48	2.66	7.08	3.8	14.44
	2.33	5.43	2.22	4.93	3.06	9.36	3.6	12.96
$\sum$	12.32	30.89	12.06	29.22	14.84	44.16	21.14	90.97
$(\sum X)^2$	151.78		145.44		220.23		446.90	
n_j	5		5		5		5	
$\frac{(\sum X)^2}{n_j}$	30.36		29.09		44.05		89.38	

$$\sum\sum X_{ij} = 60.36, \sum\sum X_{ij}^2 = 195.24$$

$$\sum n_j = 20, \sum \frac{(\sum X_{ij})^2}{n_j} = 192.88$$

四组各自的方差分别为：$\hat{S}_1^2 = 0.13, \hat{S}_2^2 = 0.03, \hat{S}_3^2 = 0.03, \hat{S}_4^2 = 0.40$

$F_{\max} = \frac{\hat{S}_{\max}^2}{\hat{S}_{\min}^2} = \frac{0.40}{0.03} = 13.33, k = 4, df = N - 1 = 4, F_{\max(0.05)} = 20.6, F_{\max} < F_{\max(0.05)}$，可以认为各组方差是齐性的，因此该数据可以进行方差分析。

$$SS_T = \sum\sum X_{ij}^2 - \frac{(\sum\sum X_{ij})^2}{\sum n_j} = 195.24 - \frac{60.36^2}{20} = 13.07$$

$$SS_B = \sum \frac{(\sum X_{ij})^2}{n_j} - \frac{(\sum\sum X_{ij})^2}{\sum n_j} = 192.88 - \frac{60.36^2}{20} = 10.70$$

$$SS_W = \sum\sum X_{ij}^2 - \sum \frac{(\sum X_{ij})^2}{n_j} = 195.24 - 192.88 = 2.36$$

$$MS_B = \frac{SS_B}{df_B} = \frac{10.70}{4-1} = 3.57$$

$$MS_W = \frac{SS_W}{df_W} = \frac{2.36}{4 \times (5-1)} = 0.15$$

$$F = \frac{MS_B}{MS_W} = \frac{3.57}{0.15} = 23.8$$

$F_{0.05(3,16)} = 3.24, F > F_{0.05(3,16)}$,拒绝虚无假设,即各种衣料棉花吸附十硼氢量有差异。

$k=4, n=5, df_W=16, MS_W=0.15, \alpha=0.05, q_{critical}=4.05, HSD=4.05\sqrt{\frac{0.15}{5}} = 0.70$

多重比较分析表

	$\overline{X}$	衣料1	衣料2	衣料3	衣料4
		2.46	2.41	2.97	4.23
衣料1	2.46	—	0.05	0.51	1.77*
衣料2	2.41		—	0.56	1.82*
衣料3	2.97			—	1.26*
衣料4	4.03				—

多重比较表明,衣料4吸附十硼氢量与其他3种都存在着差异,其他3种衣料之间不存在差异。

2.

$k=3$	A		B		C		R	R^2	R^2/k
	X	X^2	X	X^2	X	X^2			
1	11	121	14	196	8	64	33	1089	363
2	5	25	8	64	6	36	19	361	120.33
3	19	361	27	729	16	256	62	3844	1281.33
4	5	25	7	49	4	16	16	256	85.33
$\sum$	40	532	56	1038	34	372	130	5550	1849.99
$(\sum X)^2$	1600		3136		1156				
n_j	4		4		4				
$\frac{(\sum X)^2}{n_j}$	400		784		289				

$$\sum\sum X_{ij} = 130, \sum\sum X_{ij}^2 = 1942, \sum n_j = 12, \sum \frac{(\sum X_{ij})^2}{n_j} = 1473$$

$\hat{S}_1^2 = 44, \hat{S}_2^2 = 84.67, \hat{S}_3^2 = 27.67, F_{max} = \dfrac{\hat{S}_{max}^2}{\hat{S}_{min}^2} = \dfrac{84.67}{27.67} = 3.06, k = 3, df = 4 - 1 = 3,$
$F_{max(0.05)} = 15.5, F_{max} < F_{max(0.05)},$ 可以认为各组方差是齐性的，因此该数据可以进行方差分析：

$$SS_T = \sum\sum X_{ij}^2 - \dfrac{\left(\sum\sum X_{ij}\right)^2}{\sum n_j} = 1942 - \dfrac{130^2}{12} = 533.67$$

$$SS_B = \sum \dfrac{\left(\sum X_{ij}\right)^2}{n_j} - \dfrac{\left(\sum\sum X_{ij}\right)^2}{\sum n_j} = 1473 - \dfrac{130^2}{12} = 64.67$$

$$SS_R = \sum \dfrac{R^2}{k} - \dfrac{\left(\sum R\right)^2}{\sum n_j} = 1849.99 - \dfrac{130^2}{21} = 441.67$$

$$SS_E = \sum\sum X_{ij}^2 - \sum \dfrac{\left(\sum X_{ij}\right)^2}{n_j} - \sum \dfrac{R^2}{k} + \dfrac{\left(\sum R\right)^2}{\sum n_j}$$

$$= 1942 - 1473 - 1849.99 + \dfrac{130^2}{12} = 27.34$$

$df_T = nk - 1 = 11, \quad df_B = k - 1 = 2,$
$df_R = n - 1 = 3, \quad df_E = (k-1)(n-1) = 2 \times 3 = 6$

$MS_B = \dfrac{SS_B}{df_B} = \dfrac{64.67}{2} = 32.34, \quad MS_E = \dfrac{SS_E}{df_E} = \dfrac{27.34}{6} = 4.56$

$F_B = \dfrac{MS_B}{MS_E} = \dfrac{32.34}{4.56} = 7.09, F_{0.05(2,6)} = 5.14, F_B > F_{0.05(2,6)},$ 三个广告宣传片产生的效果有显著差异。

$k = 3, n = 4, df_E = 6, MS_E = 4.56, \alpha = 0.05, q_{critical} = 4.34, HSD = 4.34\sqrt{\dfrac{4.56}{4}} = 4.63$

多重比较分析表

	$\bar{X}$	A 10	B 14	C 8.5
A	10	—	4	1.5
B	14	—	—	5.5*
C	8.5	—	—	—

多重比较表明，B 广告的效果要优于 C 广告，但与 A 广告没有明显差别。

第 11 章

一、1. B 2. A 3. A 4. D 5. B 6. D 7. A 8. C 9. D 10. C

四、

1. $f_e = 87 \times \frac{1}{3} = 29, \chi^2 = \sum \frac{(f_o - f_e)^2}{f_e} = \frac{(35-29)^2}{29} + \frac{(40-29)^2}{29} + \frac{(12-29)^2}{29} = 15.38$

$\chi^2_{0.05(2)} = 5.99, \chi^2 > \chi^2_{0.05(2)}$，拒绝虚无假设，认为智力优秀学生在外倾、中间、内倾三种性格类型上的人数分布有显著差异。

2.

月饼种类	1	2	3	4	$\sum$
f_o	35	50	40	25	150
f_e	30	45	45	30	

$\chi^2 = \sum \frac{(f_o - f_e)^2}{f_e} = 2.78, \chi^2_{0.05(3)} = 7.81, \chi^2 < \chi^2_{0.05(3)}$，保留虚无假设，认为公众对这四种月饼的选择服从"顾客选择品种1、2、3、4的概率分别为0.2、0.3、0.3、0.2"的购物意愿分布。

3.

划分标准	各等级界限(z)	p	f_e	f_o
甲	1σ 以上	0.1587	8	16
乙	$1\sigma \text{——} -1\sigma$	0.6826	34	24
丙	-1σ 以下	0.1587	8	10

$\chi^2 = \sum \frac{(f_o - f_e)^2}{f_e} = 11.44, \chi^2_{0.05(2)} = 5.99, \chi^2 > \chi^2_{0.05(2)}$，拒绝虚无假设，认为该班学生的身体状况不符合正态分布。

4.

	男性候选人	女性候选人	
男性选举人	175(165)	75(85)	250
女性选举人	155(165)	95(85)	250
	330	170	500

（括号内为理论频数）

$\chi^2 = \sum \frac{(f_o - f_e)^2}{f_e} = 3.57, \chi^2_{0.05(1)} = 3.84, \chi^2 < \chi^2_{0.05(1)}$，保留虚无假设，认为选举人的性别不会对两个候选人产生不同的影响。

5.

后测	前测	
	拥护	反对
反对	$A=5$	$B=18$
拥护	$C=8$	$D=19$

$$\chi^2=\frac{(A-D)^2}{A+D}=\frac{(5-19)^2}{5+19}=8.17,\chi^2_{0.05(1)}=3.84,\chi^2>\chi^2_{0.05(1)},拒绝虚无假设,认为该班前后的评价具有差异性。$$

6.

国别	教养方式		
	民主	权威	放任
美国	13(10)	7(10)	10(10)
中国	7(10)	13(10)	10(10)

$$\chi^2=\sum\frac{(f_o-f_e)^2}{f_e}=3.6,df=2,\chi^2_{0.05(2)}=5.99,\chi^2<\chi^2_{0.05(2)},保留虚无假设,认为美国与中国家庭对子女的教养方式没有差异。$$

第 12 章

一、1. A 2. D 3. C 4. B 5. C 6. A 7. D 8. A 9. C 10. D

四、

1. 秩和检验法：

等级	1	2	3	4	5	6	7	8	9	10	11
A厂商产品	5	6		7					9	10	11
B厂商产品			6		7	8	8			10	

计算容量较小组（B 组）的秩和 $T=2.5+4.5+6.5+6.5+9.5=29.5$，查附表 10，$n_1=5,n_2=6$ 时，$T_1=19,T_2=41$。因 $19<29.5<41$，即 $T_1<T<T_2$，不能拒绝虚无假设，因此两厂商产品寿命没有差异。

2. 克-瓦氏 H 检验法：

秩次			
A	B	C	D
26.5	28	26.5	12
23.5	5.5	23.5	8
17.5	23.5	23.5	5.5
17.5	14	20.5	4
14	14	20.5	2
8	10.5	17.5	2
8	10.5	17.5	2
115	106	149.5	35.5

$$H = \frac{12}{28(28+1)} \sum_{i=1}^{k} \left(\frac{115^2}{7} + \frac{106^2}{7} + \frac{149.5^2}{7} + \frac{35.5^2}{7} \right) - 3(28+1) = 14.49$$

$a = 0.05, df = k - 1 = 4 - 1 = 3$，查 χ^2 分布表，求得 $\chi^2_{0.05(3)} = 7.81$，因实得的 $H > \chi^2_{0.05(3)}$，拒绝虚无假设，因此认为四种暗示训练后的推理测验成绩有显著差异。

3. 符号等级检验法

配对序号	A 饲料	B 饲料	$X_i - Y_i$	按 $|X_i - Y_i|$ 排等级	正号	负号
1	25	19	6	14.5	14.5	
2	30	32	−2	− 6.5		− 6.5
3	28	21	7	16	16	
4	34	34	0			
5	23	19	4	11.5	11.5	
6	25	25	0			
7	27	25	2	6.5	6.5	
8	35	31	4	11.5	11.5	
9	30	31	−1	−2.5		−2.5
10	28	26	2	6.5	6.5	
11	32	30	2	6.5	6.5	
12	29	25	4	11.5	11.5	
13	30	29	1	2.5	2.5	
14	30	31	−1	−2.5		−2.5
15	31	25	6	14.5	14.5	
16	29	25	4	11.5	11.5	
17	23	20	3	9	9	
18	26	25	1	2.5	2.5	
				∑	124.5	11.5

$f_{(+)} = 13, f_{(-)} = 3$，其中两个差值为 0，不计在内。因此 $N = f_{(+)} + f_{(-)} = 16$。$T_{(+)} = 124.5, T_{(-)} = 11.5$，因此 $T = T_{(-)} = 11.5$，查附表 13，当 $N = 16, p = 0.05$，双尾检验

时，T 临界值为 30。因实得的 T 值小于临界值，拒绝虚无假设，表明两者差异显著，因此认为饲料 A 是否对生猪的增重更有利。

4. 弗里德曼二因素等级方差分析

学生	教师				
	A	B	C	D	E
1	1	3	2	4	5
2	2	3	1	5	4
3	1	4	2	3	5
4	1	2	3	5	4
5	2	1	3	4	5
6	2	3	1	5	4
7	1	2	4	3	5
8	2	1	3	4	5
9	1	2	4	3	5
10	2	1	3	4	5
$\sum$	15	22	26	40	47

$n=10, k=5$，代入公式 12-16：

$$\chi_r^2 = \frac{12}{10 \times 5 \times (5+1)} \times (15^2 + 22^2 + 26^2 + 40^2 + 47^2) - 3 \times 10 \times (5+1)$$

$$= 27.76$$

$df = k-1 = 4$，$\chi_{0.05(4)}^2 = 9.49$，因实得 $\chi_r^2 > \chi_{0.05(4)}^2$，拒绝虚无假设，因此认为学生对某些教师比对其他教师更喜欢。

第 13 章

一、1. C 2. A 3. A 4. C 5. A 6. A 7. B 8. B 9. C 10. D

四、

1. $b_{Y \cdot X} = r \cdot \frac{S_Y}{S_X} = -0.35 \times \frac{8.2}{2.55} = -1.125$

   $a = \bar{Y} - b\bar{X} = 65.2$

   $\hat{Y} = 65.2 - 1.125(X)$

   $X = 22.6 \text{ kg}, \hat{Y} = 39.775$，即体重 22.6 kg 的男童，屈臂悬体的时间为 39.775 秒。

2. $\bar{X} = 66.67, \bar{Y} = 67.58$

   $b = \frac{\sum(X-\bar{X})(Y-\bar{Y})}{\sum(X-\bar{X})^2} = \frac{40.33}{84.67} = 0.48$

   $a = \bar{Y} - b\bar{X} = 35.58$

$\hat{Y} = 35.58 + 0.48X$

$\text{SS}_T = \sum Y^2 - \dfrac{(\sum Y)^2}{N} = 54849 - \dfrac{(811)^2}{12} = 38.92$

$\text{SS}_R = b^2 \left[\sum X^2 - \dfrac{(\sum X)^2}{N} \right] = 0.48^2 \left[53418 - \dfrac{(800)^2}{12} \right] = 0.48^2 \times 84.67 = 19.51$

$\text{SS}_E = \text{SS}_T - \text{SS}_R = 38.92 - 19.51 = 19.41$

$\text{MS}_R = \dfrac{\text{SS}_R}{df_R} = \dfrac{19.51}{1} = 19.51, \text{MS}_E = \dfrac{\text{SS}_E}{df_E} = \dfrac{19.41}{12-2} = 1.94$

$F = \dfrac{\text{MS}_R}{\text{MS}_E} = \dfrac{19.51}{1.94} = 10.06$

查 F 分布表(单尾), $F_{0.05(1,10)} = 4.96$, $F > F_{0.05(1,10)}$, 表明建立的回归方程是有效的, 即可以利用第一次考试的成绩来预测第二次考试的成绩。

附　　录

附表 1　正态分布表
（曲线下的面积与纵高）

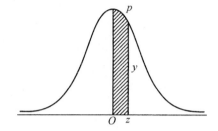

z	y	p	z	y	p	z	y	p
0.00	0.39894	0.00000	0.30	0.38139	0.11791	0.60	0.33322	0.22575
0.01	0.39892	0.00399	0.31	0.38023	0.12172	0.61	0.33121	0.22907
0.02	0.39886	0.00798	0.32	0.37903	0.12552	0.62	0.32918	0.23237
0.03	0.39876	0.01197	0.33	0.37780	0.12930	0.63	0.32713	0.23565
0.04	0.39862	0.01595	0.34	0.37654	0.13307	0.64	0.32506	0.23891
0.05	0.39844	0.01994	0.35	0.37524	0.13683	0.65	0.32297	0.24215
0.06	0.39822	0.02392	0.36	0.37391	0.14058	0.66	0.32086	0.24537
0.07	0.39797	0.02790	0.37	0.37255	0.14431	0.67	0.31874	0.24857
0.08	0.39767	0.03188	0.38	0.37115	0.14803	0.68	0.31659	0.25175
0.09	0.39733	0.03586	0.39	0.36973	0.15173	0.69	0.31443	0.25490
0.10	0.39695	0.03983	0.40	0.36827	0.15542	0.70	0.31225	0.25804
0.11	0.39654	0.04380	0.41	0.36678	0.15910	0.71	0.31006	0.26115
0.12	0.39608	0.04776	0.42	0.36526	0.16276	0.72	0.30785	0.26424
0.13	0.39559	0.05172	0.43	0.36371	0.16640	0.73	0.30563	0.26730
0.14	0.39505	0.05567	0.44	0.36213	0.17003	0.74	0.30339	0.27035
0.15	0.39448	0.05962	0.45	0.36053	0.17364	0.75	0.30114	0.27337
0.16	0.39387	0.06356	0.46	0.35889	0.17724	0.76	0.29887	0.27637
0.17	0.39322	0.06749	0.47	0.35723	0.18082	0.77	0.29659	0.27935
0.18	0.39253	0.07142	0.48	0.35553	0.18439	0.78	0.29431	0.28230
0.19	0.39181	0.07535	0.49	0.35381	0.18793	0.79	0.29200	0.28524
0.20	0.39104	0.07926	0.50	0.35207	0.19146	0.80	0.28969	0.28814
0.21	0.39024	0.08317	0.51	0.35029	0.19497	0.81	0.28737	0.29103
0.22	0.38940	0.08706	0.52	0.34849	0.19847	0.82	0.28504	0.29389
0.23	0.38853	0.09095	0.53	0.34667	0.20194	0.83	0.28269	0.29673
0.24	0.38762	0.09483	0.54	0.34482	0.20540	0.84	0.28034	0.29955
0.25	0.38667	0.09871	0.55	0.34294	0.20884	0.85	0.27798	0.30234
0.26	0.38568	0.10257	0.56	0.34105	0.21226	0.86	0.27562	0.30511
0.27	0.38466	0.10642	0.57	0.33912	0.21566	0.87	0.27324	0.30785
0.28	0.38361	0.11026	0.58	0.33718	0.21904	0.88	0.27086	0.31057
0.29	0.38251	0.11409	0.59	0.33521	0.22240	0.89	0.28848	0.31327

附表1 续

z	y	p	z	y	p	z	y	p
0.90	0.26609	0.31594	1.30	0.17137	0.40320	1.70	0.09405	0.45543
0.91	0.26369	0.31859	1.31	0.16915	0.40490	1.71	0.09246	0.45637
0.92	0.26129	0.32121	1.32	0.16694	0.40658	1.72	0.09089	0.45728
0.93	0.25888	0.32381	1.33	0.16474	0.40824	1.73	0.08933	0.45818
0.94	0.25647	0.32639	1.34	0.16256	0.40988	1.74	0.08780	0.45907
0.95	0.25406	0.32894	1.35	0.16038	0.41149	1.75	0.08628	0.45994
0.96	0.25164	0.33147	1.36	0.15822	0.41309	1.76	0.08478	0.46080
0.97	0.24923	0.33398	1.37	0.15608	0.41466	1.77	0.08329	0.46164
0.98	0.24681	0.33646	1.38	0.15395	0.41621	1.78	0.08183	0.46246
0.99	0.24439	0.33891	1.39	0.15183	0.41774	1.79	0.08038	0.46327
1.00	0.24197	0.34134	1.40	0.14973	0.41924	1.80	0.07895	0.46407
1.01	0.23955	0.34375	1.41	0.14764	0.42073	1.81	0.07754	0.46485
1.02	0.23713	0.34614	1.42	0.14556	0.42220	1.82	0.07614	0.46562
1.03	0.23471	0.34850	1.43	0.14350	0.42364	1.83	0.07477	0.46638
1.04	0.23230	0.35083	1.44	0.14146	0.42507	1.84	0.07341	0.46712
1.05	0.22988	0.35314	1.45	0.13943	0.42647	1.85	0.07206	0.46784
1.06	0.22747	0.35543	1.46	0.13742	0.42786	1.86	0.07074	0.46856
1.07	0.22506	0.35769	1.47	0.13542	0.42922	1.87	0.06943	0.46926
1.08	0.22265	0.35993	1.48	0.13344	0.43056	1.88	0.06814	0.46995
1.09	0.22025	0.36214	1.49	0.13147	0.43189	1.89	0.06687	0.47062
1.10	0.21785	0.36433	1.50	0.12952	0.43319	1.90	0.06562	0.47128
1.11	0.21546	0.36650	1.51	0.12758	0.43448	1.91	0.06439	0.47193
1.12	0.21307	0.36864	1.52	0.12566	0.43574	1.92	0.06316	0.47257
1.13	0.21069	0.37076	1.53	0.12376	0.43699	1.93	0.06195	0.47320
1.14	0.20831	0.37286	1.54	0.12188	0.43822	1.94	0.06077	0.47381
1.15	0.20594	0.37493	1.55	0.12001	0.43943	1.95	0.05959	0.47441
1.16	0.20357	0.37698	1.56	0.11816	0.44062	1.96	0.05844	0.47500
1.17	0.20121	0.37900	1.57	0.11632	0.44179	1.97	0.05730	0.47558
1.18	0.19886	0.38100	1.58	0.11450	0.44295	1.98	0.05618	0.47615
1.19	0.19652	0.38298	1.59	0.11270	0.44408	1.99	0.05508	0.47670
1.20	0.19419	0.38493	1.60	0.11092	0.44520	2.00	0.05399	0.47725
1.21	0.19186	0.38686	1.61	0.10915	0.44630	2.01	0.05292	0.47778
1.22	0.18954	0.38877	1.62	0.10741	0.44738	2.02	0.05186	0.47831
1.23	0.18724	0.39065	1.63	0.10567	0.44845	2.03	0.05082	0.47882
1.24	0.18494	0.39251	1.64	0.10396	0.44950	2.04	0.04980	0.47932
1.25	0.18265	0.39435	1.65	0.10226	0.45053	2.05	0.04879	0.47982
1.26	0.18037	0.39617	1.66	0.10059	0.45154	2.06	0.04780	0.48030
1.27	0.17810	0.39796	1.67	0.09893	0.45254	2.07	0.04682	0.48077
1.28	0.17585	0.39973	1.68	0.09728	0.45352	2.08	0.04586	0.48124
1.29	0.17360	0.40147	1.69	0.09566	0.45449	2.09	0.04491	0.48169

附表1 续

z	y	p	z	y	p	z	y	p
2.10	0.04398	0.48214	2.50	0.01753	0.49379	2.90	0.00595	0.49813
2.11	0.04307	0.48257	2.51	0.01709	0.49396	2.91	0.00578	0.49819
2.12	0.04217	0.48300	2.52	0.01667	0.49413	2.92	0.00562	0.49825
2.13	0.04128	0.48341	2.53	0.01625	0.49430	2.93	0.00545	0.49831
2.14	0.04041	0.48382	2.54	0.01585	0.49446	2.94	0.00530	0.49836
2.15	0.03955	0.48422	2.55	0.01545	0.49461	2.95	0.00514	0.49841
2.16	0.03871	0.48461	2.56	0.01506	0.49477	2.96	0.00499	0.49846
2.17	0.03788	0.48500	2.57	0.01468	0.49492	2.97	0.00485	0.49851
2.18	0.03706	0.48537	2.58	0.01431	0.49506	2.98	0.00471	0.49856
2.19	0.03626	0.48574	2.59	0.01394	0.49520	2.99	0.00457	0.49861
2.20	0.03547	0.48610	2.60	0.01358	0.49534	3.00	0.00443	0.49865
2.21	0.03470	0.48645	2.61	0.01323	0.49547	3.01	0.00430	0.49869
2.22	0.03394	0.48679	2.62	0.01289	0.49560	3.02	0.00417	0.49874
2.23	0.03319	0.48713	2.63	0.01256	0.49573	3.03	0.00405	0.49878
2.24	0.03246	0.48745	2.64	0.01223	0.49585	3.04	0.00393	0.49882
2.25	0.03174	0.48778	2.65	0.01191	0.49598	3.05	0.00381	0.49886
2.26	0.03103	0.48809	2.66	0.01160	0.49609	3.06	0.00370	0.49889
2.27	0.03034	0.48840	2.67	0.01130	0.49621	3.07	0.00358	0.49893
2.28	0.02965	0.48870	2.68	0.01100	0.49632	3.08	0.00348	0.49897
2.29	0.02898	0.48899	2.69	0.01071	0.49643	3.09	0.00337	0.49900
2.30	0.02833	0.48928	2.70	0.01042	0.49653	3.10	0.00327	0.49903
2.31	0.02768	0.48956	2.71	0.01014	0.49664	3.11	0.00317	0.49906
2.32	0.02705	0.48983	2.72	0.00987	0.49674	3.12	0.00307	0.49910
2.33	0.02643	0.49010	2.73	0.00961	0.49683	3.13	0.00298	0.49913
2.34	0.02582	0.49036	2.74	0.00935	0.49693	3.14	0.00288	0.49916
2.35	0.02522	0.49061	2.75	0.00909	0.49702	3.15	0.00279	0.49918
2.36	0.02463	0.49086	2.76	0.00885	0.49711	3.16	0.00271	0.49921
2.37	0.02406	0.49111	2.77	0.00861	0.49720	3.17	0.00262	0.49924
2.38	0.02349	0.49134	2.78	0.00837	0.49728	3.18	0.00254	0.49926
2.39	0.02294	0.49158	2.79	0.00814	0.49736	3.19	0.00246	0.49929
2.40	0.02239	0.49180	2.80	0.00792	0.49744	3.20	0.00238	0.49931
2.41	0.02186	0.49202	2.81	0.00770	0.49752	3.21	0.00231	0.49934
2.42	0.02134	0.49224	2.82	0.00748	0.49760	3.22	0.00224	0.49936
2.43	0.02083	0.49245	2.83	0.00727	0.49767	3.23	0.00216	0.49938
2.44	0.02033	0.49266	2.84	0.00707	0.49774	3.24	0.00210	0.49940
2.45	0.01984	0.49286	2.85	0.00687	0.49781	3.25	0.00203	0.49942
2.46	0.01936	0.49305	2.86	0.00668	0.49788	3.26	0.00196	0.49944
2.47	0.01889	0.49324	2.87	0.00649	0.49795	3.27	0.00190	0.49946
2.48	0.01842	0.49343	2.88	0.00631	0.49801	3.28	0.00184	0.49948
2.49	0.01797	0.49361	2.89	0.00613	0.49807	3.29	0.00178	0.49950

附表1 续

z	y	p	z	y	p	z	y	p
3.30	0.00172	0.49952	3.55	0.00073	0.49981	3.80	0.00029	0.49993
3.31	0.00167	0.49953	3.56	0.00071	0.49981	3.81	0.00028	0.49993
3.32	0.00161	0.49955	3.57	0.00068	0.49982	3.82	0.00027	0.49993
3.33	0.00156	0.49957	3.58	0.00066	0.49983	3.83	0.00026	0.49994
3.34	0.00151	0.49958	3.59	0.00063	0.49983	3.84	0.00025	0.49994
3.35	0.00146	0.49960	3.60	0.00061	0.49984	3.85	0.00024	0.49994
3.36	0.00141	0.49961	3.61	0.00059	0.49985	3.86	0.00023	0.49994
3.37	0.00136	0.49962	3.62	0.00057	0.49985	3.87	0.00022	0.49995
3.38	0.00132	0.49964	3.63	0.00055	0.49986	3.88	0.00021	0.49995
3.39	0.00127	0.49965	3.64	0.00053	0.49986	3.89	0.00021	0.49995
3.40	0.00123	0.49966	3.65	0.00051	0.49987	3.90	0.00020	0.49995
3.41	0.00119	0.49968	3.66	0.00049	0.49987	3.91	0.00019	0.49995
3.42	0.00115	0.49969	3.67	0.00047	0.49988	3.92	0.00018	0.49996
3.43	0.00111	0.49970	3.68	0.00046	0.49988	3.93	0.00018	0.49996
3.44	0.00107	0.49971	3.69	0.00044	0.49989	3.94	0.00017	0.49996
3.45	0.00104	0.49972	3.70	0.00042	0.49989	3.95	0.00016	0.49996
3.46	0.00100	0.49973	3.71	0.00041	0.49990	3.96	0.00016	0.49996
3.47	0.00097	0.49974	3.72	0.00039	0.49990	3.97	0.00015	0.49996
3.48	0.00094	0.49975	3.73	0.00038	0.49990	3.98	0.00014	0.49997
3.49	0.00090	0.49976	3.74	0.00037	0.49991	3.99	0.00014	0.49997
3.50	0.00087	0.49977	3.75	0.00035	0.49991			
3.51	0.00084	0.49978	3.76	0.00034	0.49992			
3.52	0.00081	0.49978	3.77	0.00033	0.49992			
3.53	0.00079	0.49979	3.78	0.00031	0.49992			
3.54	0.00076	0.49980	3.79	0.00030	0.49992			

附表 2 一万个随机数字表

	00~04	05~09	10~14	15~19	20~24	25~29	30~34	35~39	40~44	45~49
00	88758	66605	33843	43623	62774	25517	09560	41880	85126	60755
01	35661	42832	16240	77410	20686	26656	59698	86241	13152	49187
02	26335	03771	64115	88133	40721	06787	95962	60841	91788	86386
03	60826	74718	56527	29508	91975	13695	25215	72237	06337	73439
04	95044	99896	13763	31764	93970	60987	14692	71039	34165	21297
05	83746	47694	06143	42741	38338	97694	69300	99864	19641	15083
06	27998	42562	65402	10056	81668	48744	08400	83124	19896	18805
07	82686	32323	74625	14510	85927	28017	80588	14756	54937	76379
08	18386	13862	10988	04197	18770	72757	71418	81133	69503	44037
09	21717	13141	22707	68165	58440	19187	08421	23872	03036	34208
10	18446	83052	31842	08634	11887	86070	08464	20565	74390	36541
11	66027	75177	47398	66423	70160	16232	67343	36205	50036	59411
12	51420	96779	54309	87456	78967	79638	68869	49062	02196	55109
13	27045	62626	73159	91149	96509	44204	92237	29969	49315	11804
14	13094	17725	14103	00067	68843	63565	93578	24756	10814	15185
15	92382	62518	17752	53163	63852	44840	02592	88572	03107	90169
16	16215	50809	49326	77232	90155	69955	93892	70445	00906	57002
17	09342	14528	64727	71403	84156	34083	35613	35670	10549	07468
18	38148	79001	03509	79424	39625	73315	18811	86230	99682	82896
19	23689	19997	72382	15247	80205	58090	43804	94548	83693	22799
20	25407	37726	73099	51057	68733	75768	77991	72641	95386	70138
21	25349	69456	19693	85568	93876	18661	69018	10332	83137	88237
22	02322	77491	56095	03055	37738	18216	81781	32245	84081	18436
23	15072	33261	99219	43307	39239	79712	94753	41450	30994	53912
24	27002	31036	85278	74547	84809	36252	09373	69471	15606	77209

附表 2 续

	50~54	55~59	60~64	65~69	70~74	75~79	80~84	85~89	90~94	95~99
00	70896	44520	64720	49898	78088	76740	47460	83150	78905	59870
01	56809	42909	25853	47624	29486	14196	75841	00393	42390	24847
02	66109	84775	07515	49949	61482	91836	48126	80778	21302	24975
03	18071	36263	14053	52526	44347	04923	68100	57805	19521	15345
04	98732	15120	91754	12657	74675	78500	01247	49719	47635	55514
05	36075	83967	22268	77971	31169	68584	21336	72541	66959	39708
06	04110	45061	78062	18911	27855	09419	56459	00695	70323	04538
07	75658	58509	24479	10202	13150	95946	55087	38398	18718	95561
08	87403	19142	27208	35149	34889	27003	14181	44813	17784	41036
09	00005	52142	65021	64438	69610	12154	98422	65320	79996	01935
10	43674	47103	48814	40823	78252	82403	93424	05236	54588	27757
11	68597	68874	35567	98463	99671	05634	81533	47406	17228	44455
12	91874	70208	06308	40719	02772	69589	79936	07514	44950	35190
13	73854	19470	53014	29375	62256	77488	74388	53949	49607	19816
14	65926	34117	55344	68155	38099	56009	03515	05926	35584	42328
15	40005	35246	49440	40295	44390	83043	26090	80201	02934	49260
16	46686	29890	14821	69783	34733	11803	64845	32065	14527	38702
17	02717	61518	39583	72863	50707	96115	07416	05041	36756	61065
18	17048	22281	35573	28944	96889	51823	57268	03866	27658	91950
19	75304	53248	42151	93928	17343	88322	28683	11252	10355	65175
20	97844	62947	62230	30500	92816	85232	27222	91701	11057	83257
21	07611	71163	82212	20653	21499	51496	40715	78952	33029	64207
22	47744	04603	44522	62783	39347	72310	41460	31052	40814	94297
23	54293	43576	88116	67416	34908	15238	40561	73940	56850	31078
24	67556	93979	73363	00300	11217	74405	18937	79000	68834	48307

附表 2 续

	00~04	05~09	10~14	15~19	20~24	25~29	30~34	35~39	40~44	45~49
25	66181	83316	40386	54316	29505	86032	34563	93204	72973	90760
26	09779	01822	45537	13128	51128	82703	75350	25179	86104	40638
27	10791	07706	87481	26107	24857	27805	42710	63471	08804	23455
28	74833	55767	31312	76611	67389	04691	39687	13596	88730	86850
29	17583	24038	83701	28570	63561	00098	60784	76098	84217	34997
30	45601	46977	39325	09286	41133	34031	94867	11849	75171	57682
31	60683	33112	65995	64203	18070	65437	13624	90896	80945	71987
32	29956	81169	18877	15296	94368	16317	34239	03643	66081	12242
33	91713	84235	75296	69875	82414	05197	66596	13083	46278	73498
34	85704	86588	82837	67822	95963	83021	90732	32661	64751	83903
35	17921	26111	35375	86494	48266	01888	65735	05315	79328	13367
36	13929	76341	80488	89827	48277	07229	71953	16128	65074	28782
37	03248	18880	21667	01311	61806	80201	47889	83052	31029	06023
38	50583	17972	12690	00452	93766	16414	01212	27964	02766	28786
39	10636	46975	09449	45986	34672	46916	63881	83117	53947	95218
40	43896	41278	42205	10425	66560	59967	90139	73563	29875	79033
41	76714	80963	74907	16890	15492	27489	06067	22287	19760	13056
42	22393	46719	02083	64248	45177	57562	49243	31748	64278	05731
43	70942	92042	22776	47761	13503	16037	30875	80754	47491	96012
44	92011	60326	86346	26738	01983	04186	41388	03848	78354	14964
45	66456	00126	45683	67607	70796	04889	98128	13599	93710	23974
46	96292	44248	20898	02227	76512	53185	03057	61375	10760	26889
47	19680	07146	53951	10935	23333	76233	13706	20502	60405	09745
48	67347	51442	24536	60151	05498	64678	87569	65066	17790	55413
49	95888	59255	06898	99137	50871	81265	42223	83303	48694	81953

附表 2 续

	50～54	55～59	60～64	65～69	70～74	75～79	80～84	85～89	90～94	95～99
25	86581	73041	95809	73986	49408	53316	90841	73808	53421	82315
26	28020	86282	83365	76600	11261	74354	20968	60770	12141	09539
27	42578	32471	37840	30872	75074	79027	57813	62831	54715	26693
28	47290	15997	86163	10571	81911	92124	92971	80860	41012	58666
29	24856	63911	13221	77028	06573	33667	30732	47280	12926	27276
30	16352	24836	60799	76281	83402	44709	78930	82969	84468	36910
31	89060	79852	97854	28324	39638	86936	06702	74304	39873	19496
32	07637	30412	04921	26471	09605	07355	20466	49793	40539	21077
33	37711	47786	37468	31963	16908	50283	80884	08252	72655	58926
34	82994	53232	58202	73318	62471	49650	15888	73370	89748	69181
35	31722	67288	12110	04776	15168	68862	92347	90789	66961	04162
36	93819	78050	19364	38037	25706	90879	05215	00260	14426	88207
37	65557	24496	04713	23688	26623	41356	47049	60676	72236	01214
38	88001	91382	05129	36041	10257	55558	89979	58061	28957	10701
39	96648	70303	18191	62404	26558	92804	15415	02865	52449	78509
40	04118	51573	59356	02426	35010	37104	98316	44602	96478	08433
41	19317	27753	39431	26996	04465	69695	61374	06317	42225	62025
42	37182	91221	17307	68507	85725	81898	22588	22241	80337	89033
43	82990	03607	29560	60413	59743	75000	03806	13741	79671	25416
44	97294	21997	11217	98087	79124	52275	31088	32085	23089	21498
45	86771	69504	13345	42544	59616	07867	78717	82840	74669	21515
46	26046	55559	12200	95106	56496	76662	44880	89457	84209	01332
47	39689	05999	92200	79024	70271	93352	90272	94495	26842	54477
48	83265	89573	01437	43786	52986	49041	17952	35035	88985	84671
49	15128	35791	11296	45319	06330	82027	90808	54351	43091	30387

附表 2 续

	00~04	05~09	10~14	15~19	20~24	25~29	30~34	35~39	40~44	45~49
50	54441	64681	93190	00993	62130	44484	46293	60717	50239	76319
51	08573	52937	84274	95106	89117	65849	41356	65549	78787	50442
52	81067	68052	14270	19718	88499	63303	13533	91882	51136	60828
53	39737	58891	75278	98046	52284	40164	72442	77824	72900	14886
54	34958	76090	08827	61623	31114	86952	83645	91786	29633	78294
55	61417	72424	92626	71952	69709	81259	58472	43409	84454	88648
56	99187	14149	57474	32268	85424	90378	34682	47606	89295	02420
57	13130	13064	36485	48133	35319	05720	76317	70953	50823	06793
58	65563	11831	82402	46929	91446	72037	17205	89600	59084	55718
59	28737	49502	06060	52100	43704	50839	22538	56768	83467	19313
60	50353	74022	59767	49927	45882	74099	18758	57510	58560	07050
61	65208	96466	29917	22862	69972	35178	32911	08172	06277	62795
62	21323	38148	26696	81741	25131	20087	67452	19670	35898	50636
63	67875	29831	59330	46570	69768	36671	01031	95995	68417	68665
64	82631	26260	86554	31881	70512	37899	38851	40568	54284	24056
65	91989	39633	59039	12526	37730	68848	71399	28513	69018	10289
66	12950	31418	93425	69756	34036	55097	97241	92480	49745	42461
67	00328	27427	95474	97217	05034	26676	49629	13594	50525	13485
68	63986	16698	82804	04524	39919	32381	67488	05223	89537	59490
69	55775	75005	57912	20977	35722	51931	89565	77579	93085	06467
70	24761	56877	56357	78809	40748	69727	56652	12462	40528	75269
71	43820	80926	26795	57553	28319	25376	51795	26123	51102	89853
72	66669	02880	02987	33615	54206	20013	75872	88678	17726	60640
73	49944	66725	19779	50416	42800	71733	82025	28504	15593	51799
74	71003	87598	61296	95019	21568	86134	66096	65403	47166	78638

附表 2 续

	50~54	55~59	60~64	65~69	70~74	75~79	80~84	85~89	90~94	95~99
50	58649	85086	16502	97541	76611	94229	34987	86718	87208	05426
51	97306	52449	55596	66739	36525	97563	29469	31235	79278	10831
52	09942	79344	78160	11015	55777	22047	57615	15717	86239	36578
53	83842	28631	74893	47911	92170	38181	30416	54860	44120	73031
54	73778	30395	20163	76111	13712	33449	99224	18206	51418	70006
55	88381	56550	47467	59663	61117	39716	32927	06168	06217	45477
56	31044	21404	15968	21357	30772	81482	38807	67231	84283	63552
57	00909	63827	91328	81106	11740	50193	86806	21931	18054	49601
58	69882	37028	41732	37425	80832	03320	20690	32653	90145	03029
59	26059	78324	22501	73825	16927	31545	15695	74216	98372	28547
60	38573	98078	38982	33078	93524	45606	53463	20391	81637	37269
61	70624	00063	81455	16924	12848	23801	55481	78978	26795	10553
62	49806	23976	05640	29804	38988	25024	76951	02341	63219	75864
63	05461	67523	48316	14613	08541	35231	38312	14969	67279	50502
64	76582	62153	53801	51219	30424	32599	89099	83959	68408	20147
65	16660	80470	75062	75588	24384	37870	20018	11428	32265	07692
66	60166	42424	97470	88451	81270	40070	72959	26220	59939	31127
67	28953	03272	31460	41691	57736	52052	22762	96323	27616	53123
68	47536	86439	95210	96386	38704	55484	07426	70675	06888	81203
69	73457	26657	26983	72410	30244	77711	25652	09375	66218	64077
70	11190	66193	66287	09116	48140	37669	02932	50799	17255	06181
71	57062	78964	44455	14036	36098	40773	11688	33150	07459	36127
72	99624	67254	67302	18991	97687	54099	94884	42283	63258	50651
73	97521	83669	85968	16135	30133	51312	17831	75016	80278	68953
74	40273	04838	13661	64757	17461	78085	60094	27010	80945	66439

附表 2 续

	00~04	05~09	10~14	15~19	20~24	25~29	30~34	35~39	40~44	45~49
75	52715	04593	69484	93411	38046	13000	04293	60830	03914	75357
76	21998	31729	89963	11573	49442	69467	40265	55066	36024	25705
77	58970	96827	18377	31564	23555	86338	79250	43168	96929	97732
78	67592	59149	42554	42719	13553	48560	81167	10747	92552	19867
79	18298	18429	09357	69436	11237	88039	81020	00428	75731	37779
80	88420	28841	42628	84647	59024	52032	31251	72017	43875	48320
81	07627	88424	23381	29680	14027	75905	27037	22113	77873	78711
82	37917	93581	04979	21041	95252	624150	05937	81670	44894	47262
83	14783	95119	68464	08726	74818	91700	05961	23554	74649	50540
84	05378	32640	64562	15303	13168	23189	88198	63617	58566	56047
85	19640	96709	22047	07825	40583	99500	39989	96593	32254	37158
86	20514	11081	51131	56469	33947	77703	35679	45774	06776	67062
87	96763	56249	81243	62416	84451	14696	38195	70435	45948	67690
88	49439	61075	31558	59740	52759	55323	95226	01385	20158	54054
89	16294	50548	71317	32168	86071	47314	65393	56367	46910	51269
90	31381	94301	79273	32843	05862	36211	93960	00671	67631	23952
91	98032	87203	03227	66021	99666	98368	39222	36056	81992	20121
92	40700	31826	94774	11366	81391	33602	69608	84119	93204	26825
93	68692	66849	29366	77540	14978	06508	10824	65416	23629	63029
94	19047	10784	19607	20296	31804	72984	60060	50353	23260	58909
95	82867	69266	50733	62630	00956	61500	89913	30049	82321	62367
96	26528	28928	52600	72997	80943	04084	86662	90025	14360	64867
97	51166	00607	49962	30724	81707	14548	25844	47336	17492	02207
98	97245	15440	55182	15368	85136	98869	33712	95152	30973	96889
99	54998	88830	95639	45104	72676	28220	82576	57381	34438	24565

附表 2 续

	50~54	55~59	60~64	65~69	70~74	75~79	80~84	85~89	90~94	95~99
75	57260	06176	49963	29760	69546	61336	39429	41985	18572	98128
76	03451	47098	63495	71227	79304	29753	99131	18419	71791	81515
77	62331	20492	15393	84270	24396	32962	21632	92965	38670	44923
78	32290	51079	06512	38806	93327	80086	19088	59887	98416	24918
79	28014	80428	92853	31333	32648	16734	43418	90124	15086	48444
80	18950	16091	29543	65817	07002	73115	94115	20271	50250	25061
81	17403	69503	01866	13049	07263	13039	83844	80143	39048	62654
82	27999	50489	66613	21843	71746	65868	16208	46781	93402	12323
83	87076	53174	12165	84495	47947	60706	64034	31635	65169	93070
84	89044	45974	14524	46906	26052	51851	84197	61694	57429	63395
85	98048	64400	24705	75711	36232	57624	41424	77366	52790	84705
86	09345	12956	49770	80311	32319	48238	16952	92088	51222	82865
87	07086	77628	76195	47584	62411	40397	71857	54823	26536	56792
88	93128	25657	46872	11206	06831	87944	97914	64670	45760	34353
89	85137	70964	29947	27795	25547	37682	96105	26848	09389	64326
90	32798	39024	13814	98546	46585	84108	74603	94812	73968	58766
91	62496	26371	89880	52078	47781	95260	83464	65942	99761	53727
92	62707	81825	40987	97656	89714	52177	23778	07482	91678	40128
93	05500	28982	86124	19954	80818	94935	61924	31828	79369	23507
94	79476	31445	59498	85132	24582	26024	24002	63718	79164	43556
95	10653	29954	97568	91541	33139	84525	72271	02546	64818	14381
96	30524	06495	00886	40666	68574	49574	19705	16429	90981	08103
97	69050	22019	74066	14500	14506	06423	38332	32191	32663	85323
98	27908	78802	63446	07674	98871	63831	72449	42705	26513	19883
99	64520	16618	47409	19574	78136	46047	01277	79146	95759	36781

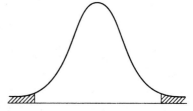

附表 3　t 分布表

df	最大 t 值的概率（双侧界限）								
	0.5	0.4	0.3	0.2	0.1	0.05	0.02	0.01	0.001
1	1.000	1.376	1.963	3.078	6.314	12.706	31.821	63.657	636.619
2	0.816	1.061	1.386	1.886	2.920	4.303	6.965	9.925	31.598
3	0.765	0.978	1.250	1.638	2.353	3.182	4.541	5.841	12.941
4	0.741	0.941	1.190	1.533	2.132	2.776	3.747	4.604	8.610
5	0.727	0.920	1.156	1.476	2.015	2.571	3.365	4.032	6.859
6	0.718	0.906	1.134	1.440	1.943	2.447	3.143	3.707	5.959
7	0.711	0.896	1.119	1.415	1.896	2.365	2.998	3.499	5.405
8	0.706	0.889	1.108	1.397	1.860	2.306	2.896	3.355	5.041
9	0.703	0.883	1.100	1.383	1.833	2.262	2.821	3.250	4.781
10	0.700	0.879	1.093	1.372	1.812	2.228	2.764	3.169	4.587
11	0.697	0.876	1.088	1.363	1.796	2.201	2.718	3.106	4.437
12	0.695	0.873	1.083	1.356	1.782	2.179	2.681	3.055	4.318
13	0.694	0.870	1.079	1.350	1.771	2.160	2.650	3.012	4.221
14	0.692	0.868	1.076	1.345	1.761	2.145	2.624	2.977	4.140
15	0.691	0.866	1.074	1.341	1.753	2.131	2.602	2.947	4.073
16	0.690	0.865	1.071	1.337	1.746	2.120	2.583	2.921	4.015
17	0.689	0.863	1.069	1.333	1.740	2.110	2.567	2.898	3.965
18	0.688	0.862	1.067	1.330	1.734	2.101	2.552	2.878	3.922
19	0.688	0.861	1.066	1.328	1.729	2.093	2.539	2.861	3.883
20	0.687	0.860	1.064	1.325	1.725	2.086	2.528	2.845	3.850
21	0.686	0.859	1.063	1.323	1.721	2.080	2.518	2.831	3.819
22	0.686	0.858	1.061	1.321	1.717	2.074	2.508	2.819	3.792
23	0.685	0.858	1.060	1.319	1.714	2.069	2.500	2.807	3.767
24	0.685	0.857	1.059	1.318	1.711	2.064	2.492	2.797	3.745
25	0.684	0.856	1.058	1.316	1.708	2.060	2.485	2.787	3.725

附表3 续

df	最大 t 值的概率(双侧界限)								
	0.5	0.4	0.3	0.2	0.1	0.05	0.02	0.01	0.001
26	0.684	0.856	1.058	1.315	1.706	2.056	2.479	2.779	3.707
27	0.684	0.855	1.057	1.314	1.703	2.052	2.473	2.771	3.690
28	0.683	0.855	1.056	1.313	1.701	2.048	2.467	2.763	3.674
29	0.683	0.854	1.055	1.311	1.699	2.045	2.462	2.756	3.659
30	0.683	0.854	1.055	1.310	1.697	2.042	2.457	2.750	3.646
40	0.681	0.851	1.050	1.303	1.684	2.021	2.423	2.704	3.551
60	0.679	0.848	1.046	1.296	1.671	2.000	2.390	2.660	3.460
120	0.677	0.845	1.041	1.289	1.658	1.980	2.358	2.617	3.373
∞	0.674	0.842	1.036	1.282	1.645	1.960	2.326	2.576	3.291
df	0.25	0.2	0.15	0.1	0.05	0.025	0.01	0.005	0.0005
	更大 t 值的概率(单侧界限)								

附表 4 相关系数 r 值的 Zr 转换表

r	Zr	r	Zr	r	Zr	r	Zr	r	Zr
0.000	0.000	0.200	0.203	0.400	0.424	0.600	0.693	0.800	1.099
0.005	0.005	0.205	0.208	0.405	0.430	0.605	0.701	0.805	1.113
0.010	0.010	0.210	0.213	0.410	0.436	0.610	0.709	0.810	1.127
0.015	0.015	0.215	0.218	0.415	0.442	0.615	0.717	0.815	1.142
0.020	0.020	0.220	0.224	0.420	0.448	0.620	0.725	0.820	1.157
0.025	0.025	0.225	0.229	0.425	0.454	0.625	0.733	0.825	1.172
0.030	0.030	0.230	0.234	0.430	0.460	0.630	0.741	0.830	1.188
0.035	0.035	0.235	0.239	0.435	0.466	0.635	0.750	0.835	1.204
0.040	0.040	0.240	0.245	0.440	0.472	0.640	0.758	0.840	1.221
0.045	0.045	0.245	0.250	0.445	0.478	0.645	0.767	0.845	1.238
0.050	0.050	0.250	0.255	0.450	0.485	0.650	0.775	0.850	1.256
0.055	0.055	0.255	0.261	0.455	0.491	0.655	0.784	0.855	1.274
0.060	0.060	0.260	0.266	0.460	0.497	0.660	0.793	0.860	1.293
0.065	0.065	0.265	0.271	0.464	0.504	0.665	0.802	0.865	1.313
0.070	0.070	0.270	0.277	0.470	0.510	0.670	0.811	0.870	1.333
0.075	0.075	0.275	0.282	0.475	0.517	0.675	0.820	0.875	1.354
0.080	0.080	0.280	0.288	0.480	0.523	0.680	0.829	0.880	1.376
0.085	0.085	0.285	0.293	0.485	0.530	0.685	0.838	0.885	1.398
0.090	0.090	0.290	0.299	0.490	0.536	0.690	0.848	0.890	1.422
0.095	0.095	0.295	0.304	0.495	0.543	0.695	0.858	0.895	1.447
0.100	0.100	0.300	0.310	0.500	0.549	0.700	0.867	0.900	1.472
0.105	0.105	0.305	0.315	0.505	0.556	0.705	0.877	0.905	1.499
0.110	0.110	0.310	0.321	0.510	0.563	0.710	0.887	0.910	1.528
0.115	0.116	0.315	0.326	0.515	0.570	0.715	0.897	0.915	1.557
0.120	0.121	0.320	0.332	0.520	0.576	0.720	0.908	0.920	1.589
0.125	0.126	0.325	0.337	0.525	0.583	0.725	0.918	0.925	1.623
0.130	0.131	0.330	0.343	0.530	0.590	0.730	0.929	0.930	1.658
0.135	0.136	0.335	0.348	0.535	0.597	0.735	0.940	0.935	1.697
0.140	0.141	0.340	0.354	0.540	0.604	0.740	0.950	0.940	1.738
0.145	0.146	0.345	0.360	0.545	0.611	0.745	0.962	0.945	1.783
0.150	0.151	0.350	0.365	0.550	0.618	0.750	0.973	0.950	1.832
0.155	0.156	0.355	0.371	0.555	0.626	0.755	0.984	0.955	1.886
0.160	0.161	0.360	0.377	0.560	0.633	0.760	0.996	0.960	1.946
0.165	0.167	0.365	0.383	0.565	0.640	0.765	1.008	0.965	2.014
0.170	0.172	0.370	0.388	0.570	0.648	0.770	1.020	0.970	2.092
0.175	0.177	0.375	0.394	0.575	0.655	0.775	1.033	0.975	2.185
0.180	0.182	0.380	0.400	0.580	0.662	0.780	1.045	0.980	2.298
0.185	0.187	0.385	0.406	0.585	0.670	0.785	1.058	0.985	2.443
0.190	0.192	0.390	0.412	0.590	0.678	0.790	1.071	0.990	2.647
0.195	0.198	0.395	0.418	0.595	0.685	0.795	1.085	0.995	2.994

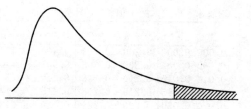

附表5 F分布表（单侧检验）

分母 df	α	分子 df											
		1	2	3	4	5	6	7	8	9	10	11	12
1	0.05	161	200	216	225	230	234	237	239	241	242	243	244
	0.01	4052	4999	5403	5625	5764	5859	5928	5981	6022	6056	6082	6016
2	0.05	18.51	19.00	19.16	19.25	19.30	19.33	19.36	19.37	19.38	19.39	19.40	19.41
	0.01	98.49	99.01	99.17	99.25	99.30	99.33	99.34	99.36	99.38	99.40	99.41	99.42
3	0.05	10.13	9.55	9.28	9.12	9.01	8.94	8.88	8.84	8.81	8.78	8.76	8.74
	0.01	34.12	30.81	29.46	28.71	28.24	27.91	27.67	27.49	27.34	27.23	27.13	27.05
4	0.05	7.71	6.94	9.59	6.39	6.26	6.16	6.09	6.04	6.00	5.96	5.93	5.91
	0.01	21.20	18.00	16.69	15.98	15.52	15.21	14.98	14.80	14.66	14.54	14.45	14.37
5	0.05	6.61	5.79	5.41	5.19	5.05	4.95	4.88	4.82	4.78	4.74	4.70	4.68
	0.01	16.26	13.27	12.06	11.39	10.97	10.67	10.45	10.27	10.15	10.05	9.96	9.89
6	0.05	5.99	5.14	4.76	4.53	4.39	4.28	4.21	4.15	4.10	4.06	4.03	4.00
	0.01	13.74	10.92	9.78	9.15	8.75	8.47	8.26	8.10	7.98	7.87	7.79	7.72
7	0.05	5.59	4.74	4.35	4.12	3.97	3.87	3.79	3.73	3.68	3.63	3.60	3.57
	0.01	12.25	9.55	8.45	7.85	7.46	7.19	7.00	6.84	6.71	6.62	6.54	6.47
8	0.05	5.32	4.46	4.07	3.84	3.69	3.58	3.50	3.44	3.39	3.34	3.31	3.28
	0.01	11.26	8.65	7.59	7.01	6.63	6.37	6.19	6.03	5.91	5.82	5.74	5.67
9	0.05	5.12	4.26	3.86	3.63	3.48	3.37	3.29	3.23	3.18	3.13	3.10	3.07
	0.01	10.56	8.02	6.99	6.42	6.06	5.80	5.62	5.47	5.35	5.26	5.18	5.11
10	0.05	4.96	4.10	3.71	3.48	3.33	3.22	3.14	3.07	3.02	2.97	2.94	2.91
	0.01	10.04	7.56	6.55	5.99	5.64	5.39	5.21	5.06	4.95	4.85	4.78	4.71
11	0.05	4.84	3.98	3.59	3.36	3.20	3.09	3.01	2.95	2.90	2.86	2.82	2.79
	0.01	9.65	7.20	6.22	5.67	5.32	5.07	4.88	4.74	4.63	4.54	4.46	4.40
12	0.05	4.75	3.88	3.49	3.26	3.11	3.00	2.92	2.85	2.80	2.76	2.72	2.96
	0.01	9.33	6.93	5.95	5.41	5.06	4.82	4.65	4.50	4.39	4.30	4.22	4.16

附表 5 续

分子 df											
14	16	20	24	30	40	50	75	100	200	500	∞
245	246	248	249	250	251	252	253	253	254	254	254
6142	6169	6208	6234	6258	6286	6302	6323	6334	6352	6361	6366
19.42	19.43	19.44	19.45	19.46	19.47	19.47	19.48	19.49	19.49	19.50	19.50
99.43	99.44	99.45	99.46	99.47	99.48	99.48	99.49	99.49	99.49	99.50	99.50
8.71	8.69	8.66	8.64	8.62	8.60	8.58	8.57	8.56	8.54	8.54	8.53
26.92	26.83	26.69	26.60	26.50	26.41	26.30	26.27	26.23	26.18	26.14	26.12
5.87	5.84	5.80	5.77	5.74	5.71	5.70	5.68	5.66	5.65	5.64	5.63
14.24	14.15	14.02	13.93	13.83	13.74	13.69	13.61	13.57	13.52	13.48	13.46
4.64	4.60	4.56	4.53	4.50	4.46	4.44	4.42	4.40	4.38	4.40	4.36
9.77	9.68	9.55	9.47	9.38	9.29	9.24	9.17	9.13	9.07	9.04	9.02
3.96	3.92	3.87	3.84	3.81	3.77	3.75	3.72	3.71	3.69	3.68	3.67
7.60	7.52	7.39	7.31	7.23	7.14	7.09	7.02	6.99	6.94	6.90	6.88
3.52	3.49	3.44	3.41	3.38	3.34	3.32	3.29	3.28	3.25	3.24	3.23
6.35	6.27	6.15	6.07	5.98	5.90	5.85	5.78	5.75	5.70	5.67	5.65
3.23	3.20	3.15	3.12	3.08	3.05	3.03	3.00	2.98	2.96	2.94	2.93
5.56	5.48	5.36	5.28	5.20	5.11	5.06	5.00	4.96	4.91	4.88	4.86
3.02	2.98	2.93	2.90	2.86	2.82	2.80	2.77	2.76	2.73	2.72	2.71
5.00	4.92	4.80	4.73	4.64	4.56	4.51	4.45	4.41	4.36	4.33	4.31
2.86	2.82	2.77	2.74	2.70	2.67	2.64	2.61	2.59	2.56	2.55	2.54
4.60	4.52	4.41	4.33	4.25	4.17	4.12	4.05	4.01	3.96	3.93	3.91
2.74	2.70	2.65	2.61	2.57	2.53	2.50	2.47	2.45	2.42	2.41	2.40
4.29	4.21	4.10	4.02	3.94	3.86	3.80	3.74	3.70	3.66	3.62	3.60
2.64	2.60	2.54	2.50	2.46	2.42	2.40	2.36	2.35	2.32	2.31	2.30
4.05	3.98	3.86	3.78	3.70	3.61	3.56	3.49	3.46	3.41	3.38	3.36

附表 5 续

分母 df	α	分子 df											
		1	2	3	4	5	6	7	8	9	10	11	12
13	0.05	4.67	3.80	3.41	3.18	3.02	2.92	2.84	2.77	2.72	2.67	2.63	2.60
	0.01	9.07	6.70	5.74	5.20	4.86	4.62	4.44	4.30	4.19	4.10	4.02	3.96
14	0.05	4.60	3.74	3.34	3.11	2.96	2.85	2.77	2.70	2.65	2.60	2.56	2.53
	0.01	8.86	6.51	5.56	5.03	4.69	4.46	4.28	4.14	4.03	3.94	3.86	3.80
15	0.05	4.54	3.68	3.29	3.00	2.90	2.79	2.70	2.64	2.59	2.55	2.51	2.48
	0.01	8.68	6.36	5.42	4.89	4.56	4.32	4.14	4.00	3.89	3.80	3.73	3.67
16	0.05	4.49	3.63	3.24	3.01	2.85	2.74	2.66	2.59	2.54	2.49	2.45	2.42
	0.01	8.53	6.23	5.29	4.77	4.44	4.20	4.03	3.89	3.78	3.69	3.61	3.55
17	0.05	4.45	3.59	3.20	2.96	2.81	2.70	2.62	2.55	2.50	2.45	2.41	2.38
	0.01	8.40	6.11	5.18	4.67	4.34	4.10	3.93	3.79	3.68	3.59	3.52	3.45
18	0.05	4.41	3.55	3.16	2.93	2.77	2.66	2.58	2.51	2.46	2.41	2.37	2.34
	0.01	8.28	6.01	5.09	4.58	4.25	4.01	3.85	3.71	3.60	3.51	3.44	3.37
19	0.05	4.38	3.52	3.13	2.90	2.74	2.63	2.55	2.48	2.43	2.38	2.34	2.31
	0.01	8.18	5.93	5.01	4.50	4.17	3.94	3.77	3.63	3.52	3.43	3.36	3.30
20	0.05	4.35	3.49	3.10	2.87	2.71	2.60	2.52	2.45	2.40	2.35	2.31	2.28
	0.01	8.10	5.85	4.94	4.43	4.10	3.87	3.71	3.56	3.45	3.37	3.30	3.23
21	0.05	4.32	3.47	3.07	2.84	2.68	2.57	2.49	2.42	2.37	2.32	2.28	2.25
	0.01	8.02	5.78	4.87	4.37	4.04	3.81	3.65	3.51	3.40	3.31	3.24	3.17
22	0.05	4.30	3.44	3.05	2.82	2.66	2.55	2.47	2.40	2.35	2.30	2.26	2.23
	0.01	7.94	5.72	4.82	4.31	3.99	3.76	3.59	3.45	3.35	3.26	3.18	3.12
23	0.05	4.28	3.42	3.03	2.80	2.64	2.53	2.45	2.38	2.32	2.28	2.24	2.20
	0.01	7.88	5.66	4.76	4.26	3.94	3.71	3.54	3.41	3.30	3.21	3.14	3.07
24	0.05	4.26	3.40	3.01	2.78	2.62	2.51	2.43	2.36	2.30	2.26	2.22	2.18
	0.01	7.82	5.61	4.72	4.22	3.90	3.67	3.50	3.36	3.25	3.17	3.09	3.03
25	0.05	4.24	3.38	2.99	2.76	2.60	2.49	2.41	2.34	2.28	2.24	2.20	2.16
	0.01	7.77	5.57	4.68	4.18	3.86	3.63	3.46	3.32	3.21	3.13	3.05	2.99
26	0.05	4.22	3.37	2.89	2.74	2.59	2.47	2.39	2.32	2.27	2.22	2.18	2.15
	0.01	5.72	5.53	4.64	4.14	3.82	3.59	3.42	3.29	3.17	3.09	3.02	2.96
27	0.05	4.21	3.35	2.96	2.73	2.57	2.46	2.37	2.30	2.25	2.20	2.16	2.13
	0.01	7.68	5.49	4.60	4.11	3.79	3.56	3.39	3.26	3.14	3.06	2.98	2.93

附表 5 续

分子 df											
14	16	20	24	30	40	50	75	100	200	500	∞
2.55	2.51	2.46	2.42	2.38	2.34	2.32	2.28	2.26	2.24	2.22	2.21
3.85	3.78	3.67	3.59	3.51	3.42	3.37	3.30	3.27	3.21	3.18	3.16
2.48	2.44	2.39	2.35	2.31	2.27	2.24	2.21	2.19	2.16	2.14	2.13
3.70	3.62	3.51	3.43	3.34	3.26	3.21	3.14	3.11	3.06	3.02	3.00
2.43	2.39	2.33	2.29	2.25	2.21	2.18	2.15	2.12	2.10	2.08	2.07
3.56	3.48	3.36	3.29	3.20	3.12	3.07	3.00	2.97	2.92	2.89	2.87
2.37	2.33	2.28	2.24	2.20	2.16	2.13	2.09	2.07	2.04	2.02	2.01
3.45	3.37	3.25	3.18	3.10	3.01	2.96	2.89	2.86	2.80	2.77	2.75
2.33	2.29	2.23	2.19	2.15	2.11	2.08	2.04	2.02	1.99	1.97	1.96
3.35	3.27	3.16	3.08	3.00	2.92	2.86	2.79	2.76	2.70	2.67	2.65
2.29	2.25	2.19	2.15	2.11	2.07	2.04	2.00	1.98	1.95	1.93	1.92
3.27	3.19	3.07	3.00	2.91	2.83	2.78	2.71	2.68	2.62	2.59	2.57
2.26	2.21	2.15	2.11	2.07	2.02	2.00	1.96	1.94	1.91	1.90	1.88
3.19	3.12	3.00	2.92	2.84	2.76	2.70	2.63	2.60	2.54	2.51	2.49
2.23	2.18	2.12	2.08	2.04	1.99	1.96	1.92	1.90	1.87	1.85	1.84
3.13	3.05	2.94	2.86	2.77	2.69	2.63	2.56	2.53	2.47	2.44	2.42
2.20	2.15	2.09	2.05	2.00	1.96	1.93	1.89	1.87	1.84	1.82	1.81
3.07	2.99	2.88	2.80	2.72	2.63	2.58	2.51	2.47	2.42	2.38	2.36
2.18	2.13	2.07	2.03	1.98	1.93	1.91	1.87	1.84	1.81	1.80	1.78
3.02	2.94	2.83	2.75	2.67	2.58	2.53	2.46	2.42	2.37	2.33	2.31
2.14	2.10	2.04	2.00	1.96	1.91	1.88	1.84	1.82	1.79	1.77	1.76
2.97	2.89	2.78	2.70	2.62	2.53	2.48	2.41	2.37	2.32	2.28	2.26
2.13	2.09	2.02	1.98	1.94	1.89	1.86	1.82	1.80	1.76	1.74	1.73
2.93	2.85	2.74	2.66	2.58	2.49	2.44	2.36	2.33	2.27	2.23	2.21
2.11	2.06	2.00	1.96	1.92	1.87	1.84	1.80	1.77	1.74	1.72	1.71
2.89	2.81	2.70	2.62	2.54	2.45	2.40	2.32	2.29	2.23	2.19	2.17
2.10	2.05	1.99	1.95	1.90	1.85	1.82	1.78	1.76	1.72	1.70	1.69
2.86	2.77	2.66	2.58	2.50	2.41	2.36	2.28	2.25	2.19	2.15	2.13
2.08	2.03	1.97	1.93	1.88	1.84	1.80	1.76	1.74	1.71	1.68	1.67
2.83	2.74	2.63	2.55	2.47	2.38	2.33	2.25	2.21	2.16	2.12	2.10

附表 5 续

分母 df	α	分子 df											
		1	2	3	4	5	6	7	8	9	10	11	12
28	0.05	4.20	3.34	2.95	2.71	2.56	2.44	2.36	2.29	2.24	2.19	2.15	2.12
	0.01	7.64	5.45	4.57	4.07	3.76	3.53	3.36	3.23	3.11	3.03	2.95	2.90
29	0.05	4.18	3.33	2.93	2.70	2.54	2.43	2.35	2.28	2.22	2.18	2.14	2.10
	0.01	7.60	5.52	4.54	4.04	3.73	3.50	3.33	3.20	3.08	3.00	2.92	2.87
30	0.05	4.17	3.32	2.92	2.69	2.53	2.42	2.34	2.27	2.21	2.16	2.12	2.09
	0.01	7.56	5.39	4.51	4.02	3.70	3.47	3.30	3.17	3.06	2.98	2.90	2.84
32	0.05	4.15	3.30	2.90	2.67	2.51	2.40	2.32	2.25	2.19	2.14	2.10	2.07
	0.01	7.50	5.34	4.46	2.97	3.66	3.42	3.25	3.12	3.01	2.94	2.86	2.80
34	0.05	4.13	3.28	2.88	2.65	2.49	2.38	2.30	2.23	2.17	2.12	2.08	2.05
	0.01	7.44	5.29	4.42	3.93	3.61	3.38	3.21	3.08	2.97	2.89	2.82	2.76
36	0.05	4.11	3.26	2.86	2.63	2.48	2.36	2.28	2.21	2.15	2.10	2.06	2.03
	0.01	7.39	5.25	4.38	3.89	3.58	3.35	3.18	3.04	2.94	2.86	2.78	2.72
38	0.05	4.10	3.25	2.85	2.62	2.46	2.35	2.26	2.19	2.14	2.09	2.05	2.02
	0.01	7.35	5.21	4.34	3.86	3.54	3.32	3.15	3.02	2.91	2.82	2.75	2.69
40	0.05	4.08	3.23	2.84	2.61	2.45	2.34	2.25	2.18	2.12	2.07	2.04	2.00
	0.01	7.31	5.18	4.34	3.83	3.51	3.29	3.12	2.99	2.88	2.80	2.73	2.66
42	0.05	4.07	3.22	2.83	2.59	2.44	2.32	2.24	2.17	2.11	2.06	2.02	1.99
	0.01	7.27	5.15	4.29	3.80	3.49	3.26	3.10	2.96	2.86	2.77	2.70	2.64
44	0.05	4.06	3.21	2.82	2.58	2.43	2.31	2.23	2.16	2.10	2.05	2.01	1.98
	0.01	7.24	5.12	4.26	3.78	3.46	3.24	3.07	2.94	2.84	2.75	2.68	2.62
46	0.05	4.05	3.20	2.81	2.57	2.42	2.30	2.22	2.14	2.09	2.04	2.00	1.97
	0.01	7.21	5.10	4.24	3.76	3.44	3.22	3.05	2.92	2.82	2.73	2.66	2.60
48	0.05	4.04	3.19	2.80	2.56	2.41	2.30	2.21	2.14	2.08	2.03	1.99	1.96
	0.01	7.19	5.08	4.22	3.74	3.42	3.20	3.04	2.90	2.80	2.71	2.64	2.58
50	0.05	4.03	3.18	2.79	2.56	2.40	2.29	2.20	2.13	2.07	2.02	1.98	1.95
	0.01	7.17	5.06	4.20	3.72	3.41	3.18	3.02	2.88	2.78	2.70	2.62	2.56
55	0.05	4.02	3.17	2.78	2.54	2.38	2.27	2.18	2.11	2.05	2.00	1.97	1.93
	0.01	7.12	5.01	4.16	3.68	3.37	3.15	2.98	2.85	2.75	2.66	2.59	2.53
60	0.05	4.00	3.15	2.76	2.52	2.37	2.25	2.17	2.10	2.04	1.99	1.95	1.92
	0.01	7.08	4.98	4.13	3.65	3.34	3.12	2.95	2.82	2.72	2.63	2.56	2.50

附表 5 续

分子 df											
14	16	20	24	30	40	50	75	100	200	500	∞
2.06	2.02	1.96	1.91	1.87	1.81	1.78	1.75	1.72	1.69	1.67	1.65
2.80	2.71	2.60	2.52	2.44	2.35	2.30	2.22	2.18	2.13	2.09	2.06
2.05	2.00	1.94	1.90	1.85	1.80	1.77	1.73	1.71	1.68	1.65	1.64
2.77	2.68	2.57	2.49	2.41	2.32	2.27	2.19	2.15	2.10	2.06	2.03
2.04	1.99	1.93	1.89	1.84	1.79	1.76	1.72	1.69	1.66	1.64	1.62
2.74	2.66	2.55	2.47	2.38	2.29	2.24	2.16	2.13	2.07	2.03	2.01
2.02	1.97	1.91	1.86	1.82	1.76	1.74	1.69	1.67	1.64	1.61	1.59
2.70	2.62	2.51	2.42	2.34	2.25	2.20	2.12	2.08	2.02	1.98	1.96
2.00	1.95	1.89	1.84	1.80	1.74	1.71	1.67	1.64	1.61	1.59	1.57
2.66	2.58	2.47	2.38	2.30	2.21	2.15	2.08	2.04	1.98	1.94	1.91
1.89	1.93	1.87	1.82	1.78	1.72	1.69	1.65	1.62	1.59	1.56	1.55
2.62	2.54	2.43	2.35	2.26	2.17	2.12	2.04	2.00	1.94	1.90	1.87
1.96	1.92	1.85	1.80	1.76	1.71	1.67	1.63	1.60	1.57	1.54	1.53
2.59	2.51	2.40	2.32	2.22	2.14	2.08	2.00	1.97	1.90	1.86	1.84
1.95	1.90	1.84	1.79	1.74	1.69	1.66	1.61	1.59	1.55	1.53	1.51
2.56	2.49	2.37	2.29	2.20	2.11	2.05	1.97	1.94	1.88	1.84	1.81
1.94	1.89	1.82	1.78	1.73	1.68	1.64	1.60	1.57	1.54	1.51	1.49
2.54	2.46	2.35	2.26	2.17	2.08	2.02	1.94	1.91	1.85	1.80	1.78
1.92	1.88	1.81	1.76	1.72	1.66	1.63	1.58	1.56	1.52	1.50	1.48
2.52	2.44	2.32	2.24	2.15	2.06	2.00	1.92	1.78	1.82	1.78	1.75
1.91	1.87	1.80	1.75	1.71	1.65	1.62	1.57	1.54	1.51	1.48	1.46
2.50	2.42	2.30	2.22	2.13	2.04	1.98	1.90	1.86	1.80	1.76	1.72
1.90	1.86	1.79	1.74	1.70	1.64	1.61	1.56	1.53	1.50	1.47	1.45
2.48	2.40	2.28	2.20	2.11	2.02	1.96	1.88	1.84	1.78	1.73	1.70
1.90	1.85	1.78	1.74	1.69	1.63	1.60	1.55	1.52	1.48	1.46	1.44
2.46	2.39	2.26	2.18	2.10	2.00	1.94	1.86	1.82	1.76	1.71	1.68
1.88	1.83	1.76	1.72	1.67	1.61	1.58	1.52	1.50	1.46	1.43	1.41
2.43	2.35	2.23	2.15	2.06	1.96	1.90	1.82	1.78	1.71	1.66	1.64
1.86	1.81	1.75	1.70	1.65	1.59	1.56	1.50	1.48	1.44	1.41	1.39
2.40	2.32	2.20	2.12	2.03	1.93	1.87	1.79	1.74	1.68	1.63	1.60

附表 5 续

分母 df	α	分子 df											
		1	2	3	4	5	6	7	8	9	10	11	12
65	0.05	3.99	3.14	2.75	2.51	2.36	2.24	2.15	2.08	2.02	1.98	1.94	1.90
	0.01	7.04	4.95	4.10	3.62	3.31	3.09	2.93	2.79	2.70	2.61	2.54	2.47
70	0.05	3.98	3.13	2.74	2.50	2.35	2.32	2.14	2.07	2.01	1.97	1.93	1.89
	0.01	7.01	4.92	4.08	3.60	3.29	3.07	2.91	2.77	2.67	2.59	2.51	2.45
80	0.05	3.96	3.11	2.72	2.48	2.33	2.21	2.12	2.05	1.99	1.95	1.91	1.88
	0.01	6.96	4.88	4.04	3.56	3.25	3.04	2.87	2.74	2.64	2.55	2.48	2.41
100	0.05	3.94	3.09	2.70	2.46	2.30	2.19	2.10	2.03	1.97	1.92	1.88	1.85
	0.01	6.90	4.82	3.98	3.51	3.20	2.99	2.82	2.69	2.59	2.51	2.43	2.36
125	0.05	3.92	3.07	2.68	2.44	2.29	2.17	2.08	2.01	1.95	1.90	1.86	1.83
	0.01	6.84	4.78	3.94	3.47	3.17	2.95	2.79	2.65	2.56	2.47	2.40	2.33
150	0.05	3.81	3.06	2.67	2.43	2.27	2.16	2.07	2.00	1.94	1.89	1.85	1.82
	0.01	6.81	4.75	3.91	3.44	3.13	2.92	2.76	2.62	2.53	2.44	2.37	2.30
200	0.05	3.89	3.04	2.65	2.41	2.26	2.14	2.05	1.98	1.92	1.87	1.83	1.80
	0.01	6.76	4.71	3.88	3.41	3.11	2.90	2.73	2.60	2.50	2.41	2.34	2.28
400	0.05	3.86	3.02	2.62	2.39	2.23	2.12	2.03	1.96	1.90	1.85	1.81	1.78
	0.01	6.70	4.66	3.83	3.36	3.06	2.85	2.69	2.55	2.46	2.37	2.29	2.23
1000	0.05	3.85	3.00	2.61	2.38	2.22	2.10	2.02	1.95	1.89	1.84	1.80	1.76
	0.01	6.66	4.62	3.80	3.34	3.04	2.82	2.66	2.53	2.43	2.34	2.26	2.20
∞	0.05	3.84	3.99	2.60	2.37	2.21	2.90	2.01	1.94	1.88	1.83	1.79	1.75
	0.01	6.64	4.60	3.78	3.32	3.02	2.80	2.64	2.51	2.41	2.32	2.24	2.18

附表 5 续

分子 df											
14	16	20	24	30	40	50	75	100	200	500	∞
1.85	1.80	1.73	1.68	1.63	1.57	1.54	1.49	1.46	1.42	1.39	1.37
2.37	2.30	2.18	2.09	2.00	1.90	1.84	1.76	1.71	1.64	1.60	1.56
1.84	1.79	1.72	1.67	1.62	1.56	1.53	1.47	1.45	1.40	1.37	1.35
2.35	2.28	2.15	2.07	1.98	1.88	1.82	1.74	1.69	1.62	1.56	1.53
1.82	1.77	1.70	1.65	1.60	1.54	1.51	1.45	1.42	1.38	1.35	1.32
2.32	2.24	2.11	2.03	1.94	1.84	1.78	1.70	1.65	1.57	1.52	1.49
1.79	1.75	1.68	1.63	1.57	1.51	1.48	1.42	1.39	1.34	1.30	1.28
2.26	2.19	2.06	1.98	1.89	1.79	1.73	1.64	1.59	1.51	1.46	1.43
1.77	1.72	1.65	1.60	1.55	1.49	1.45	1.39	1.36	1.31	1.27	1.25
2.23	2.15	2.03	1.94	1.85	1.75	1.68	1.59	1.54	1.46	1.40	1.37
1.76	1.71	1.64	1.59	1.54	1.47	1.44	1.37	1.34	1.29	1.25	1.22
2.20	2.12	2.00	1.91	1.83	1.72	1.66	1.56	1.51	1.43	1.37	1.33
1.74	1.69	1.62	1.57	1.52	1.45	1.42	1.35	1.32	1.26	1.22	1.19
2.17	2.09	1.97	1.88	1.79	1.69	1.62	1.53	1.48	1.39	1.33	1.28
1.72	1.67	1.60	1.54	1.49	1.42	1.38	1.32	1.28	1.22	1.16	1.13
2.12	2.04	1.92	1.84	1.74	1.64	1.57	1.47	1.42	1.32	1.24	1.19
1.70	1.05	1.58	1.53	1.47	1.41	1.36	1.30	1.26	1.19	1.13	1.08
2.09	2.01	1.89	1.81	1.71	1.61	1.54	1.44	1.38	1.28	1.19	1.11
1.69	1.64	1.57	1.52	1.46	1.40	1.35	1.28	1.24	1.17	1.11	1.00
2.07	1.99	1.87	1.79	1.69	1.59	1.52	1.41	1.36	1.25	1.15	1.00

附表6 F 分布表（双侧检验）

（表内横行数值上面 $\alpha=0.05$，下面 $\alpha=0.01$）

分母 df	分子 df								
	1	2	3	4	5	6	7	8	9
1	647.8 16211.0	799.5 20000.0	864.2 21615.0	899.6 22500.0	921.8 23056.0	937.1 23437.0	948.2 23715.0	956.7 23925.0	963.3 24091.0
2	38.51 199.5	39.00 199.0	39.17 199.2	39.25 199.2	39.30 199.3	39.33 199.3	39.36 199.4	39.37 199.4	39.39 199.4
3	17.44 55.55	16.04 49.80	15.44 47.47	15.10 46.19	14.88 45.39	14.73 44.84	14.62 44.43	14.54 44.13	14.47 43.88
4	12.22 31.33	10.65 26.28	9.98 24.26	9.60 23.15	9.36 22.46	9.20 21.97	9.07 21.62	8.98 21.35	8.90 21.14
5	10.01 22.78	8.43 18.31	7.76 16.53	7.39 15.56	7.15 14.94	6.98 14.51	6.85 14.20	6.76 13.96	6.68 13.77
6	8.81 18.63	7.26 14.54	6.60 12.92	6.23 12.03	5.99 11.46	5.82 11.07	5.70 10.79	5.60 10.57	5.52 10.39
7	8.07 16.24	6.54 12.40	5.89 10.88	5.52 10.05	5.29 9.52	5.12 9.16	4.99 8.89	4.90 8.68	4.82 8.51
8	7.57 14.69	6.06 11.04	5.42 9.60	5.05 8.81	4.82 8.30	4.65 7.95	4.53 7.69	4.43 7.50	4.36 7.34
9	7.21 13.61	5.71 10.11	5.08 8.72	4.72 7.96	4.48 7.47	4.32 7.13	4.20 6.88	4.10 6.69	4.03 6.54

附表 6 续

分子 df									
10	12	15	20	24	30	40	60	120	∞
968.6	976.7	984.9	993.1	997.2	1001.0	1006.0	1010.0	1014.0	1018.0
24224	24426.0	24630.0	24836.0	24940.0	25044.0	25148.0	25253.0	25359.0	2546.5
39.40	39.41	39.43	39.45	39.46	39.46	39.47	39.48	39.49	39.50
199.4	199.4	199.4	199.4	199.5	199.5	199.5	199.5	199.5	199.50
14.42	14.34	14.25	14.17	14.12	14.08	14.04	13.99	13.95	13.90
43.69	43.39	43.08	42.78	42.62	42.47	42.31	42.15	41.99	41.83
8.84	8.75	8.66	8.56	8.51	8.46	8.41	8.36	8.31	8.26
20.97	20.70	20.44	20.17	20.03	19.89	19.75	19.61	19.47	19.32
6.62	6.52	6.43	6.33	6.28	6.23	6.18	6.12	6.07	6.02
13.62	13.38	13.15	12.90	12.78	12.66	12.53	12.40	12.27	12.14
5.46	5.37	5.27	5.17	5.12	5.07	5.01	4.96	4.90	4.85
10.25	10.03	9.81	9.59	9.47	9.36	9.24	9.12	9.00	8.88
4.76	4.67	4.57	4.47	4.42	4.36	4.31	4.25	4.20	4.14
8.38	8.18	7.97	7.75	7.65	7.53	7.42	7.31	7.19	7.08
4.30	4.20	4.10	4.00	3.95	3.89	3.84	3.78	3.73	3.67
7.21	7.01	6.81	6.61	6.50	6.40	6.29	6.18	6.06	5.95
3.96	3.87	3.77	3.67	3.61	3.56	3.51	3.45	3.39	3.33
6.42	6.23	6.03	5.83	5.73	5.62	5.52	5.41	5.30	5.19

附表6 续

分母 df	分子 df								
	1	2	3	4	5	6	7	8	9
10	6.94 12.83	5.46 9.43	4.83 8.08	4.47 7.34	4.24 6.87	4.07 6.54	3.95 6.30	3.85 6.12	3.78 5.97
12	6.55 11.75	5.10 8.51	4.47 7.23	4.12 6.52	3.89 6.07	3.73 5.76	3.61 5.52	3.51 5.35	3.44 5.20
15	6.20 10.80	4.77 7.70	4.15 6.48	3.80 5.80	3.58 5.37	3.41 5.07	3.29 4.85	3.20 4.67	3.12 4.54
20	5.87 9.94	4.46 6.99	3.86 5.82	3.51 5.17	3.29 4.76	3.13 4.47	3.01 4.26	2.91 4.09	2.84 3.96
24	5.72 9.55	4.32 6.66	3.72 5.52	3.38 4.89	3.15 4.49	2.99 4.20	2.87 3.83	2.78 3.99	2.70 3.69
30	5.57 9.18	4.18 6.35	3.59 5.24	3.25 4.62	3.03 4.23	2.87 3.95	2.75 3.74	2.65 3.58	2.57 3.45
40	5.42 8.83	4.05 6.07	3.46 4.98	3.13 4.37	2.90 3.99	2.74 3.71	2.62 3.51	2.53 3.35	2.45 3.22
60	5.29 8.49	3.93 5.79	3.34 4.73	3.01 4.14	2.79 3.76	2.63 3.49	2.51 3.29	2.41 3.13	2.33 3.01
120	5.15 8.18	3.80 5.54	3.23 4.50	2.89 3.92	2.67 3.55	2.52 3.28	2.39 3.09	2.30 2.93	2.22 2.81
∞	5.02 7.88	3.69 5.30	3.12 4.28	2.79 3.72	2.57 3.35	2.41 3.09	2.29 2.90	2.19 2.74	2.11 2.62

附表6 续

分子 df									
10	12	15	20	24	30	40	60	120	∞
3.72	3.62	3.52	3.42	3.37	3.31	3.26	3.20	3.14	3.08
5.85	5.66	5.47	5.27	5.17	5.07	4.97	4.86	4.75	4.64
3.37	3.28	3.18	3.07	3.02	2.96	2.91	2.85	2.79	2.72
5.09	4.91	4.72	4.53	4.43	4.33	4.23	4.12	4.01	3.90
3.06	2.96	2.86	2.76	2.70	2.64	2.59	2.52	2.46	2.40
4.42	4.25	4.07	3.88	3.79	3.69	3.58	3.48	3.37	3.26
2.77	2.68	2.57	2.46	2.41	2.35	2.29	2.22	2.16	2.09
3.85	3.68	3.50	3.32	3.22	3.12	3.02	2.92	2.81	2.69
2.64	2.54	2.44	2.33	2.27	2.21	2.15	2.08	2.01	1.94
3.59	3.42	3.25	3.06	2.97	2.87	2.77	2.66	2.55	2.43
2.51	2.41	2.31	2.20	2.14	2.07	2.01	1.94	1.87	1.79
3.34	3.18	3.01	2.82	2.73	2.63	2.52	2.42	2.30	2.18
2.39	2.29	2.18	2.07	2.01	1.94	1.88	1.80	1.72	1.64
3.12	2.95	2.78	2.60	2.50	2.40	2.30	2.18	2.06	1.93
2.27	2.17	2.06	1.94	1.88	1.82	1.74	1.67	1.58	1.48
2.90	2.74	2.57	2.39	2.29	2.19	2.08	1.96	1.83	1.69
2.16	2.05	1.94	1.82	1.76	1.69	1.61	1.53	1.43	1.31
2.71	2.54	2.37	2.19	2.09	1.98	1.87	1.75	1.61	1.43
2.05	1.94	1.83	1.71	1.64	1.57	1.48	1.39	1.27	1.00
2.52	2.36	2.19	2.00	1.90	1.79	1.67	1.53	1.36	1.00

附表7 F_{max} 的临界值（哈特莱方差齐性检验）

$$F_{max} = 最大\ \sigma^2 / 最小\ \sigma^2$$

σ_i^2 的 df	α	k = 变异数的数目										
		2	3	4	5	6	7	8	9	10	11	12
4	0.05	9.60	15.5	20.6	25.2	29.5	33.6	37.5	41.4	44.6	48.0	51.4
	0.01	23.2	37.0	49.0	59.0	69.0	79.0	89.0	97.0	106.0	113.0	120.0
5	0.05	7.15	10.8	13.7	16.3	18.7	20.8	22.9	24.7	26.5	28.2	29.9
	0.01	14.9	22.0	28.0	33.0	38.0	42.0	46.0	50.0	54.0	57.0	60.0
6	0.05	5.82	8.38	10.4	12.1	13.7	15.0	16.3	17.5	18.6	19.7	20.7
	0.01	11.1	15.5	19.1	22.0	25.0	27.0	30.0	32.0	34.0	36.0	37.0
7	0.05	4.99	6.94	8.44	9.70	10.8	11.8	12.7	13.5	14.3	15.1	15.8
	0.01	8.89	12.1	14.5	16.5	18.4	20.0	22.0	23.0	24.0	26.0	27.0
8	0.05	4.43	6.00	7.18	8.12	9.03	9.78	10.5	11.1	11.7	12.2	12.7
	0.01	7.50	9.9	11.7	13.2	14.5	15.8	16.9	17.9	18.9	19.8	21.0
9	0.05	4.03	5.34	6.31	7.11	7.80	8.41	8.95	9.45	9.91	10.3	10.7
	0.01	6.54	8.5	9.9	11.1	12.1	13.1	13.9	14.7	15.3	16.0	16.6
10	0.05	3.72	4.85	5.67	6.34	6.92	7.42	7.87	8.28	8.66	9.01	9.34
	0.01	5.85	7.4	8.6	9.6	10.4	11.1	11.8	12.4	12.9	13.4	13.9
12	0.05	3.28	4.16	4.79	5.30	5.72	6.09	6.42	6.72	7.00	7.25	7.48
	0.01	4.91	6.1	6.9	7.6	8.2	8.7	9.1	9.5	9.9	10.2	10.6
15	0.05	2.86	3.54	4.01	4.37	4.68	4.95	5.19	5.40	5.59	5.77	5.93
	0.01	4.07	4.9	5.5	6.0	6.4	6.7	7.1	7.3	7.5	7.8	8.0
20	0.05	2.46	2.95	3.29	3.54	3.76	3.94	4.10	4.24	4.37	4.49	4.59
	0.01	3.32	3.8	4.3	4.6	4.9	5.1	5.3	5.5	5.6	5.8	5.9
30	0.05	2.07	2.40	2.61	2.78	2.91	3.02	3.12	3.21	3.29	3.36	3.39
	0.01	2.63	3.0	3.3	3.4	3.6	3.7	3.8	3.9	4.0	4.1	4.2
60	0.05	1.67	1.85	1.96	2.04	2.11	2.17	2.22	2.26	2.30	2.33	2.36
	0.01	1.96	2.2	2.3	2.4	2.4	2.5	2.5	2.6	2.6	2.7	2.7
∞	0.05	1.00	1.00	1.00	1.00	1.00	1.00	1.00	1.00	1.00	1.00	1.00
	0.01	1.00	1.00	1.00	1.00	1.00	1.00	1.00	1.00	1.00	1.00	1.00

附表 8　HSD 检验中 q 的临界值

误差项的 df	α	\multicolumn{9}{c}{$k=$处理的数目}								
		2	3	4	5	6	7	8	9	10
5	0.05	3.64	4.60	5.22	5.67	6.03	6.33	6.58	6.80	6.99
	0.01	5.70	6.98	7.80	8.42	8.91	9.32	9.67	9.97	10.24
6	0.05	3.46	4.34	4.90	5.30	5.63	5.90	6.12	6.32	6.49
	0.01	5.24	6.33	7.03	7.56	7.97	8.32	8.61	8.87	9.10
7	0.05	3.34	4.16	4.68	5.06	5.36	5.61	5.82	6.00	6.16
	0.01	4.95	5.92	6.54	7.01	7.37	7.68	7.94	8.17	8.37
8	0.05	3.26	4.04	4.53	4.89	5.17	5.40	5.60	5.77	5.92
	0.01	4.75	5.64	6.20	6.62	6.96	7.24	7.47	7.68	7.86
9	0.05	3.20	3.95	4.41	4.76	5.02	5.24	5.43	5.59	5.74
	0.01	4.60	5.43	5.96	6.35	6.66	6.91	7.13	7.33	7.49
10	0.05	3.15	3.88	4.33	4.65	4.91	5.12	5.30	5.46	5.60
	0.01	4.48	5.27	5.77	6.14	6.43	6.67	6.87	7.05	7.21
11	0.05	3.11	3.82	4.26	4.57	4.82	5.03	5.20	5.35	5.49
	0.01	4.39	5.15	5.62	5.97	6.25	6.48	6.67	6.84	6.99
12	0.05	3.08	3.77	4.20	4.51	4.75	4.95	5.12	5.27	5.39
	0.01	4.32	5.05	5.50	5.84	6.10	6.32	6.51	6.67	6.81
13	0.05	3.06	3.73	4.15	4.45	4.69	4.88	5.05	5.19	5.32
	0.01	4.26	4.96	5.40	5.73	5.98	6.19	6.37	6.53	6.67
14	0.05	3.03	3.70	4.11	4.41	4.64	4.83	4.99	5.13	5.25
	0.01	4.21	4.89	5.32	5.63	5.88	6.08	6.26	6.41	6.54
15	0.05	3.01	3.67	4.08	4.37	4.59	4.78	4.94	5.08	5.20
	0.01	4.17	4.84	5.25	5.56	5.80	5.99	6.16	6.31	6.44
16	0.05	3.00	3.65	4.05	4.33	4.56	4.74	4.90	5.03	5.15
	0.01	4.13	4.79	5.19	5.49	5.72	5.92	6.08	6.22	6.35
17	0.05	2.98	3.63	4.02	4.30	4.52	4.70	4.86	4.99	5.11
	0.01	4.10	4.74	5.14	5.43	5.66	5.85	6.01	6.15	6.27
18	0.05	2.97	3.61	4.00	4.28	4.49	4.67	4.82	4.96	5.07
	0.01	4.07	4.70	5.09	5.38	5.60	5.79	5.94	6.08	6.20
19	0.05	2.96	3.59	3.98	4.25	4.47	4.65	4.79	4.92	5.04
	0.01	4.05	4.67	5.05	5.33	5.55	5.73	5.89	6.02	6.14
20	0.05	2.95	3.58	3.96	4.23	4.45	4.62	4.77	4.90	5.01
	0.01	4.02	4.64	5.02	5.29	5.51	5.69	5.84	5.97	6.09
24	0.05	2.92	3.53	3.90	4.17	4.37	4.54	4.68	4.81	4.92
	0.01	3.96	4.55	4.91	5.17	5.37	5.54	5.69	5.81	5.92
30	0.05	2.89	3.49	3.85	4.10	4.30	4.46	4.60	4.72	4.82
	0.01	3.89	4.45	4.80	5.05	5.24	5.40	5.54	5.65	5.76
40	0.05	2.86	3.44	3.79	4.04	4.23	4.39	4.52	4.63	4.73
	0.01	3.82	4.37	4.70	4.93	5.11	5.26	5.39	5.50	5.60
60	0.05	2.83	3.40	3.74	3.98	4.16	4.31	4.44	4.55	4.65
	0.01	3.76	4.28	4.59	4.82	4.99	5.13	5.25	5.36	5.45
120	0.05	2.80	3.36	3.68	3.92	4.10	4.24	4.36	4.47	4.56
	0.01	3.70	4.20	4.50	4.71	4.87	5.01	5.12	5.21	5.30
∞	0.05	2.77	3.31	3.63	3.86	4.03	4.17	4.29	4.39	4.47
	0.01	3.64	4.12	4.40	4.60	4.76	4.88	4.99	5.08	5.16

附表 9 χ^2 分布表

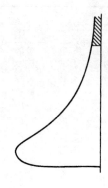

df	\multicolumn{12}{c}{χ^2 大于表内所列 χ^2 值的概率}
	0.995	0.990	0.975	0.950	0.900	0.750	0.500	0.250	0.100	0.050	0.025	0.010	0.005
1	0.00004	0.00016	0.00098	0.0039	0.0158	0.102	0.455	1.32	2.71	3.84	5.02	6.63	7.88
2	0.0100	0.0201	0.0506	0.103	0.211	0.575	1.39	2.77	4.61	5.99	7.38	9.21	10.6
3	0.0717	0.115	0.216	0.352	0.584	1.21	2.37	4.11	6.25	7.81	9.35	11.3	12.8
4	0.207	0.297	0.484	0.711	1.06	1.92	3.36	5.39	7.78	9.49	11.1	13.3	14.9
5	0.412	0.554	0.831	1.15	1.61	2.67	4.35	6.63	9.24	11.1	12.8	15.1	16.7
6	0.676	0.872	1.24	1.64	2.20	3.45	5.35	7.84	10.6	12.6	14.4	16.8	18.5
7	0.989	1.24	1.69	2.17	2.83	4.25	6.35	9.04	12.0	14.1	16.0	18.5	20.3
8	1.34	1.65	2.18	2.73	3.49	5.07	7.34	10.2	13.4	15.5	17.5	20.1	22.0
9	1.73	2.09	2.70	3.33	4.17	5.90	8.34	11.4	14.7	16.9	19.0	21.7	23.6
10	2.16	2.56	3.25	3.94	4.87	6.74	9.34	12.5	16.0	18.3	20.5	23.2	25.2
11	2.60	3.05	3.82	4.57	5.58	7.58	10.3	13.7	17.3	19.7	21.9	24.7	26.8
12	3.07	3.57	4.40	5.23	6.30	8.44	11.3	14.8	18.5	21.0	23.3	26.2	28.3
13	3.57	4.11	5.01	5.89	7.04	9.30	12.3	16.0	19.8	22.4	24.7	27.7	29.8
14	4.07	4.66	5.63	6.57	7.79	10.2	13.3	17.1	21.1	23.7	26.1	29.1	31.3
15	4.60	5.23	6.26	7.26	8.55	11.0	14.3	18.2	22.3	25.0	27.5	30.6	32.8

附表 9 续

χ^2 大于表内所列 χ^2 值的概率

df	0.995	0.990	0.975	0.950	0.900	0.750	0.500	0.250	0.100	0.050	0.025	0.010	0.005
16	5.14	5.81	6.91	7.96	9.31	11.9	15.3	19.4	23.5	26.3	28.8	32.0	34.3
17	5.70	6.41	7.56	8.67	10.1	12.8	16.3	20.5	24.8	27.6	30.2	33.4	35.7
18	6.26	7.01	8.23	9.39	10.9	13.7	17.3	21.6	26.0	28.9	31.5	34.8	37.2
19	6.84	7.63	8.91	10.1	11.7	14.6	18.3	22.7	27.2	30.1	32.9	36.2	38.6
20	7.43	8.29	9.59	10.9	12.4	15.5	19.3	23.8	28.4	31.4	34.2	37.6	40.0
21	8.03	8.90	10.3	11.6	13.2	16.3	20.3	24.9	29.6	32.7	35.5	38.9	41.4
22	8.64	9.54	11.0	12.3	14.0	17.2	21.3	26.0	30.8	33.9	36.8	40.3	42.8
23	9.26	10.2	11.7	13.1	14.8	18.1	22.3	27.1	32.0	35.2	38.1	41.6	44.2
24	9.89	10.9	12.4	13.8	15.7	19.0	23.3	28.2	33.2	36.4	39.4	43.0	45.6
25	10.5	11.5	13.1	14.6	16.5	19.9	24.3	29.3	34.4	37.7	40.6	44.3	46.9
26	11.2	12.2	13.8	15.4	17.3	20.8	25.3	30.4	35.6	38.9	41.9	45.6	48.3
27	11.8	12.9	14.6	16.2	18.1	21.7	26.3	31.5	36.7	40.1	43.2	47.0	49.6
28	12.5	13.6	15.3	16.9	18.9	22.7	27.3	32.6	37.9	41.3	44.5	48.3	51.0
29	13.1	14.3	16.0	17.7	19.8	23.6	28.3	33.7	39.1	42.6	45.7	49.6	52.3
30	13.8	15.0	16.8	18.5	20.6	24.5	29.3	34.8	40.3	43.8	47.0	50.9	53.7
40	20.7	22.2	24.4	26.5	29.1	33.7	39.3	45.6	51.8	55.8	59.3	63.7	66.8
50	28.0	29.7	32.4	34.8	37.7	42.9	49.3	56.3	63.2	67.5	71.4	76.2	79.5
60	35.5	37.5	40.5	43.2	46.5	52.3	59.3	67.0	74.4	79.1	83.3	88.4	92.0

附表 10　秩和检验表

n_1	n_2	T_1	T_2	n_1	n_2	T_1	T_2	n_1	n_2	T_1	T_2
				4	4	11	25	6	7	28	56
2	4	3	11	4	4	12	24	6	7	30	54
				4	5	12	28	6	8	29	61
2	5	3	13	4	5	13	27	6	8	32	58
2	6	3	15	4	6	12	32	6	9	31	65
2	6	4	14	4	6	14	30	6	9	33	63
2	7	3	17	4	7	13	35	6	10	33	69
2	7	4	16	4	7	15	33	6	10	35	67
2	8	3	19	4	8	14	38	7	7	37	68
2	8	4	18	4	8	16	36	7	7	39	66
2	9	3	21	4	9	15	41	7	8	39	73
2	9	4	20	4	9	17	39	7	8	41	71
2	10	4	22	4	10	16	44	7	9	41	78
2	10	5	21	4	10	18	42	7	9	43	76
				5	5	18	37	7	10	43	83
3	3	6	15	5	5	19	36	7	10	46	80
3	4	6	18	5	6	19	41	8	8	49	87
3	4	7	17	5	6	20	40	8	8	52	84
3	5	6	21	5	7	20	45	8	9	51	63
3	5	7	20	5	7	22	43	8	9	54	90
3	6	7	23	5	8	21	49	8	10	54	98
3	6	8	22	5	8	23	47	8	10	57	95
3	7	8	25	5	9	22	53	9	9	63	108
3	7	9	24	5	9	25	50	9	9	66	105
3	8	8	28	5	10	24	56	9	10	66	114
3	8	9	27	5	10	26	54	9	10	69	111
3	9	9	30	6	6	26	52	10	10	79	131
3	9	10	29	6	6	28	50	10	10	83	127
3	10	9	33								
3	10	11	31								

注：表中数值上行表示 0.025 显著性水平；下行表示 0.05 显著性水平。
（此表为单侧检验）

附表 11 H 检验表

（克·瓦单因素等级方差分析时大于 H 观察值的概率）

样本大小			H	p	样本大小			H	p
n_1	n_2	n_3			n_1	n_2	n_3		
2	1	1	2.7000	0.500	4	3	2	6.4444	0.003
								6.3000	0.011
2	2	1	3.6000	0.200				5.4444	0.046
								5.4000	0.051
2	2	2	4.5714	0.067				4.5111	0.093
			3.7143	0.200				4.4444	0.102
3	1	1	3.2000	0.300	4	3	3	6.7455	0.010
								6.7091	0.013
3	2	1	4.2857	0.100				5.7909	0.046
			3.8571	0.133				5.7273	0.050
								4.7091	0.092
3	2	2	5.3572	0.029				4.7000	0.101
			4.7143	0.048					
			4.5000	0.067	4	4	1	6.6667	0.010
			4.4643	0.105				6.1667	0.022
								4.9667	0.048
3	3	1	5.1429	0.043				4.8667	0.054
			4.5734	0.100				4.1667	0.082
			4.0000	0.129				4.0667	0.102
								7.0364	0.006
3	3	2	6.2500	0.011				6.8727	0.011
			5.3611	0.032	4	4	2	6.8727	0.011
			5.1389	0.061				5.4545	0.046
			4.5556	0.100				5.2664	0.052
			4.2500	0.121				4.5545	0.098
								4.4455	0.103
3	3	3	7.2000	0.004					
			6.4889	0.011	4	4	3	7.1439	0.010
			5.6889	0.029				7.1364	0.011
			5.6000	0.050				5.5985	0.049
			5.0667	0.086				5.5758	0.051
			4.6222	0.100				4.5455	0.099
								4.4773	0.102
4	1	1	3.5714	0.200				7.6538	0.008
4	2	1	4.8214	0.057	4	4	4	7.5385	0.011
			4.5000	0.076				5.6923	0.049
			4.0179	0.114				5.6538	0.054
								4.6539	0.097
4	2	2	6.0000	0.014				4.5001	0.104
			5.3333	0.033				3.8571	0.143
			5.1250	0.052					
			4.4583	0.100	5	1	1	5.2500	0.036
			4.1667	0.105	5	2	1	5.0000	0.048
4	3	1	5.8333	0.021				4.4500	0.071
			5.2083	0.050				4.2000	0.095
			5.0000	0.057				4.0500	0.119
			4.0556	0.093					
			3.8880	0.129					

附表 11 续

样本大小			H	p	样本大小			H	p
n_1	n_2	n_3			n_1	n_2	n_3		
5	2	2	6.5333	0.008				4.5487	0.099
			6.1333	0.013				4.5231	0.103
			5.1600	0.034					
			5.0400	0.056	5	4	4	7.7604	0.009
			4.3733	0.090				7.7440	0.011
			4.2933	0.122				5.6571	0.049
								5.6176	0.050
5	3	1	6.4000	0.012				4.6187	0.100
			4.9600	0.048				4.5527	0.102
			4.8711	0.052					
			4.0178	0.095	5	5	1	7.3091	0.009
			3.8400	0.123				6.8364	0.011
								5.1273	0.046
5	3	2	6.9091	0.009				4.9091	0.053
			6.8218	0.010				4.1091	0.086
			5.2509	0.049				4.0364	0.105
			5.1055	0.052					
			4.6509	0.091	5	5	2	7.3385	0.010
			4.4945	0.101				7.2692	0.010
								5.3385	0.047
5	3	3	7.0788	0.009				5.2462	0.051
			6.9818	0.011				4.6231	0.097
			5.6485	0.049				4.5077	0.100
			5.5152	0.051					
			4.5333	0.097	5	5	3	7.5780	0.010
			4.4121	0.109				7.5429	0.010
								5.7055	0.046
5	4	1	6.9545	0.008				5.6264	0.051
			6.8400	0.011				4.5451	0.100
			4.9855	0.044				4.5363	0.102
			4.8600	0.056					
			3.9873	0.098	5	5	4	7.8229	0.010
			3.9600	0.102				7.7914	0.010
								5.6657	0.049
5	4	2	7.2045	0.009				5.6429	0.050
			7.1182	0.010				4.5229	0.099
			5.2727	0.049				4.5200	0.101
			5.2682	0.050					
			4.5409	0.098	5	5	5	8.0000	0.009
			4.5182	0.101				7.9800	0.010
								5.7800	0.049
5	4	3	7.4449	0.010				5.6600	0.051
			7.3949	0.011				4.5600	0.100
			5.6564	0.049				4.5000	0.102
			5.6308	0.050					

附表 12　符号检验表

N 对子数	0.01	0.05	0.10	N 对子数	0.01	0.05	0.10	N 对子数	0.01	0.05	0.10
1				31	7	9	10	61	20	23	23
2				32	8	9	10	62	20	22	24
3				33	8	10	11	63	20	23	24
4				34	9	10	11	64	21	23	24
5			0	35	9	11	12	65	21	24	25
6		0	0	36	9	11	12	66	22	24	25
7		0	0	37	10	12	13	67	22	25	26
8	0	0	1	38	10	12	13	68	22	25	26
9	0	1	1	39	11	12	13	68	23	25	27
10	0	1	1	40	11	13	14	70	23	26	27
11	0	1	2	41	11	13	14	71	24	26	28
12	1	2	2	42	12	14	15	72	24	27	28
13	1	2	3	43	12	14	15	73	25	27	28
14	1	2	3	44	13	15	16	74	25	28	29
15	2	3	3	45	13	15	16	75	25	28	29
16	2	3	4	46	13	15	16	76	26	28	30
17	2	4	4	47	14	16	17	77	26	29	30
18	3	4	5	48	14	16	17	78	27	29	31
19	3	4	5	49	15	17	18	79	27	30	31
20	3	5	5	50	15	17	18	80	28	30	32
21	4	5	6	51	15	18	19	81	28	31	32
22	4	5	6	52	16	18	19	82	28	31	33
23	4	6	7	53	16	18	20	83	29	32	33
24	5	6	7	54	17	19	20	84	29	32	33
25	5	7	7	55	17	19	20	85	30	32	34
26	6	7	8	56	17	20	21	86	30	33	34
27	6	7	8	57	18	20	21	87	31	33	35
28	6	8	9	58	18	21	22	88	31	34	35
29	7	8	9	59	19	21	22	89	31	34	36
30	7	9	10	60	19	21	23	90	32	35	36

注：此表为单尾检验，双尾检验的概率应为 0.02, 0.10, 0.20。

附表13　符号等级检验表

N	单尾检验显著水平		
	0.025	0.01	0.005
	双尾检验显著水平		
	0.05	0.02	0.01
6	0	—	—
7	2	0	—
8	4	2	0
9	6	3	2
10	8	5	3
11	11	7	5
12	14	10	7
13	17	13	10
14	21	16	13
15	25	20	16
16	30	24	20
17	35	28	23
18	40	33	28
19	46	38	32
20	52	43	38
21	59	49	43
22	66	56	49
23	73	62	55
24	81	69	61
25	89	77	68

附表 14 弗里德曼双向等级方差分析 χ_r^2 值表

（大于 χ_r^2 值的概率）$k=3$

\multicolumn{2}{c}{$n=2$}	\multicolumn{2}{c}{$n=3$}	\multicolumn{2}{c}{$n=4$}	\multicolumn{2}{c}{$n=5$}
χ_r^2	p	χ_r^2	p	χ_r^2	p	χ_r^2	p
0	1.000	0.000	1.000	0.0	1.000	0.0	1.000
1	0.833	0.667	0.944	0.5	0.931	0.4	0.954
3	0.500	2.000	0.528	1.5	0.653	1.2	0.691
4	0.167	2.667	0.361	2.0	0.431	1.6	0.522
		4.667	0.194	3.5	0.273	2.8	0.367
		6.000	0.028	4.5	0.125	3.6	0.182
				6.0	0.069	4.8	0.124
				6.5	0.042	5.2	0.093
				8.0	0.0046	6.4	0.039
						7.6	0.024
						8.4	0.0085
						10.0	0.00077

\multicolumn{2}{c}{$n=6$}	\multicolumn{2}{c}{$n=7$}	\multicolumn{2}{c}{$n=8$}	\multicolumn{2}{c}{$n=9$}
χ_r^2	p	χ_r^2	p	χ_r^2	p	χ_r^2	p
0.00	1.000	0.000	1.000	0.00	1.000	0.000	1.000
0.33	0.956	0.286	0.964	0.25	0.967	0.222	0.971
1.00	0.740	0.857	0.768	0.75	0.794	0.667	0.814
1.33	0.570	1.143	0.620	1.00	0.654	0.889	0.765
2.33	0.430	2.000	0.486	1.75	0.531	1.556	0.569
3.00	0.252	2.571	0.305	2.25	0.355	2.000	0.398
4.00	0.184	3.429	0.237	3.00	0.285	2.667	0.328
4.33	0.142	3.714	0.192	3.25	0.236	2.889	0.278
5.33	0.072	4.571	0.112	4.00	0.149	3.556	0.187
6.33	0.052	5.429	0.085	4.75	0.120	4.222	0.154
7.00	0.029	6.000	0.052	5.25	0.079	4.667	0.107
8.33	0.012	7.143	0.027	6.25	0.047	5.556	0.069
9.00	0.0081	7.714	0.021	6.75	0.038	6.000	0.057
9.33	0.0055	8.000	0.016	7.00	0.030	6.222	0.048
10.33	0.0017	8.857	0.0084	7.75	0.018	6.889	0.031
12.00	0.00013	10.286	0.0036	9.00	0.0099	8.000	0.019
		10.571	0.0027	9.25	0.0080	8.222	0.016
		11.143	0.0012	9.75	0.0048	8.667	0.010
		12.286	0.00032	10.75	0.0024	9.556	0.0060
		14.000	0.000021	12.00	0.0011	10.667	0.0035
				12.25	0.00086	10.889	0.0029
				13.00	0.00026	11.556	0.0013
				14.25	0.000061	12.667	0.00066
				16.00	0.0000036	13.556	0.00035
						14.000	0.00020
						14.222	0.000097

附表 14 续

$k=4$

n=2		n=3		n=4			
χ_r^2	p	χ_r^2	p	χ_r^2	p	χ_r^2	p
						14.889	0.00054
						16.222	0.000011
						18.000	0.0000006
0.0	1.000	0.2	1.000	0.0	1.000	5.7	0.141
0.6	0.958	0.6	0.958	0.3	0.992	6.0	0.105
1.2	0.834	1.0	0.910	0.6	0.928	6.3	0.094
1.8	0.792	1.8	0.727	0.9	0.900	6.6	0.077
2.4	0.625	2.2	0.608	1.2	0.800	6.9	0.068
3.0	0.542	2.6	0.524	1.5	0.754	7.2	0.054
3.0	0.542	2.6	0.524	1.5	0.754	7.2	0.054
3.6	0.458	3.4	0.446	1.8	0.677	7.5	0.052
4.2	0.375	3.8	0.342	2.1	0.649	7.8	0.036
4.8	0.208	4.2	0.300	2.4	0.524	8.1	0.033
5.4	0.167	5.0	0.207	2.7	0.508	8.4	0.019
6.0	0.042	5.4	0.175	3.0	0.432	8.7	0.014
		5.8	0.148	3.3	0.389	9.3	0.012
		6.6	0.075	3.6	0.355	9.6	0.0069
		7.0	0.054	3.9	0.324	9.9	0.0062
		7.4	0.033	4.5	0.242	10.2	0.0027
		8.2	0.017	4.8	0.200	10.8	0.0016
		9.0	0.0017	5.1	0.190	11.1	0.00094
				5.4	0.158	12.0	0.00072

主要参考文献

1. Richard P. Runyon, Kay A. Coleman, David J. Pittenger. Fundamentals of Behavioral Statistics. 第九版. 北京:人民邮电出版社,2004.
2. David J. Pittenger. 心理统计学习指南. 林丰勋译注. 北京:人民邮电出版社,2006.
3. Arthur Aron, Elaine N. Aron, Elliot Coup. Statistics for Psychology. 第 4 版. 北京:世界图书出版公司,2006.
4. 张厚粲,徐建平. 现代心理与教育统计学. 北京:北京师范大学出版社,2004.
5. 温忠麟. 心理与教育统计. 广州:广东高等教育出版社,2006.
6. 张敏强. 教育与心理统计学. 北京:人民教育出版社,1996.
7. 韩昭. 心理统计. 北京:原子能出版社,2004.